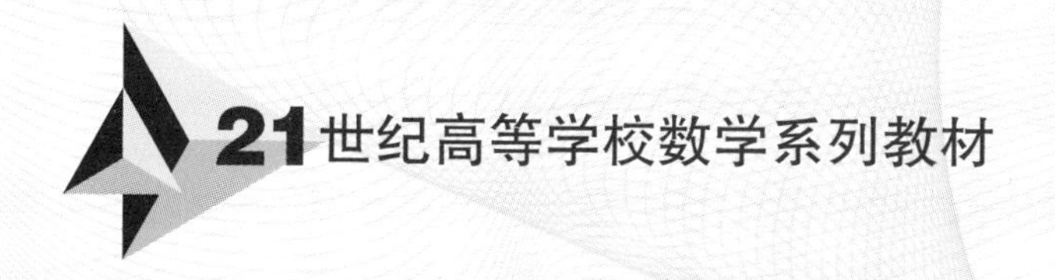

（第二版）

# 实变函数论

■ 侯友良 王茂发 编著

图书在版编目(CIP)数据

实变函数论/侯友良,王茂发编著.—2版.—武汉:武汉大学出版社,2017.6(2024.1重印)
21世纪高等学校数学系列教材
ISBN 978-7-307-16751-3

Ⅰ.实… Ⅱ.①侯… ②王… Ⅲ.实变函数论—高等学校—教材 Ⅳ.O174.1

中国版本图书馆CIP数据核字(2017)第067169号

责任编辑:胡 艳　　责任校对:李孟潇　　版式设计:马 佳

出版发行:武汉大学出版社 (430072 武昌 珞珈山)
(电子邮箱:cbs22@whu.edu.cn 网址:www.wdp.com.cn)
印刷:武汉科源印刷设计有限公司
开本:787×1092 1/16　印张:12.25　字数:283千字　插页:1
版次:2008年9月第1版　2017年6月第2版
2024年1月第2版第5次印刷
ISBN 978-7-307-16751-3　定价:28.00元

# 前　　言

实变函数论的中心内容是 Lebesgue 测度与积分理论. 在数学分析课程中，我们已经熟悉 Riemann 积分. Riemann 积分在处理连续函数和几何、物理中的计算问题时是很成功和有效的. 但 Riemann 积分理论也有一些理论上的缺陷. 主要表现在对被积函数的连续性要求过高，积分与极限两种运算交换顺序以及累次积分交换顺序不便，可积函数空间不是完备的，等等. 随着数学理论的不断发展和深入，这些缺陷显得愈发严重，阻碍了分析学的进一步发展，因此有必要加以改进，或者用一种新的积分代替之. 从 19 世纪后期开始，不少数学家，包括 Jordan，Borel 等为此作出了努力，取得了部分成功. 20 世纪初，法国数学家 Lebesgue 成功地建立了测度理论，并且在测度论的基础上，建立了一种新的积分，称为 Lebesgue 积分. Lebesgue 积分是 Riemann 积分的推广与发展. 与 Riemann 积分比较，Lebesgue 积分在理论上更完善、更深刻，在计算上更灵活，从根本上克服了上面提到的 Riemann 积分的一些缺陷. Lebesgue 积分的创立，为近代分析奠定了基石，对 20 世纪数学的发展产生了极大的影响. 许多数学分支，如泛函分析、概率论、调和分析等，都是在 Lebesgue 测度与积分理论的基础上产生或发展起来的. 如今，Lebesgue 测度与积分理论已经成为现代分析必不可少的理论基础.

现代数学的许多分支如概率论、泛函分析、群上调和分析等越来越多地用到抽象测度论. 对数学学科各专业的学生而言，掌握抽象测度论的基础知识，已经变得越来越重要. 因此，本书除重点介绍 $\mathbf{R}^n$ 上的 Lebesgue 测度与积分理论外，也简要介绍抽象测度论的基础知识，这二者大体是平行的和相似的. 在学习了 $\mathbf{R}^n$ 上的测度与积分理论后，一般空间上相应的概念和定理是很容易理解的. 这些内容包含在本书第 2 章、第 3 章和第 4 章这三章的最后一节中. 这部分内容作为有兴趣的读者进一步学习时参考，初学者可以跳过这部分内容，而不会影响其他部分内容的学习.

“实变函数论”这门课程一直是学生感到比较难学的课程之一. 为了减轻读者的学习困难，本书在编写上作了一些努力. 在本书的引言部分，对 Riemann 积分理论的局限性和建立新积分理论的必要性、Lebesgue 积分的主要思想，以及“实变函数论”这门课程的主要内容作了简要介绍，这对学习本课程是有益的. 本书在内容选取上，侧重实变函数论的基础和核心的部分，难易适中. 在结构安排上，注意理论展开的系统性和条理性，并且将基础的部分和较难的部分适当分开，便于在教学上酌情取舍，也便于初学者在学习上循序渐进. 在文字叙述上，力求严谨简明、清晰易读. 对重要的概念和定理作了较多的背景和思路的说明，对定理的证明较为详细，能够简化的证明尽量简化. 在一些基础和重要的章节，给出了较多的例子. 本书使用了 $\sigma$-代数的概念和 $\sigma$-代数的证明方法. 这样做的好处是，一方面，可以使得某些概念叙述得更简洁更清晰，可以简化某些定理的证明；另一方面，也便于与抽象测度论相衔接. 本书中除了关于抽象测度论部分的内容外，还有部分内容也不是初学者必须掌握的，这部分内容一般都打上了 * 号，放在每节的末尾.

本书配备了较多的习题. 这些习题分为 A、B 两类. A 类习题中大部分是比较基础的，读者应该努力完成其中的大部分. B 类习题中有一些较难，有一些涉及非基础部分的知识，有余力的读者可以做做这部分习题. 本书对大部分习题给出了提示或解答要点，供读者参考.

实变函数论是现代分析数学必不可少的理论基础，因此这门课程是数学各专业的必修课. 学好这门课程对于数学各专业的学生十分重要. 在实变函数论中，充满了许多新的思想、新的方法和深邃的结论. 这一方面增加了这门课程的魅力；另一方面又使得初学者难以适应，对于概念和定理的理解，对于一些习题的完成，都感到比较困难. 但只要付出了努力，就能学好这门课程，并且获益良多，为今后进一步的学习打下坚实的基础.

这次再版该书，在第一版基础上，除了在内容和文字上作了部分修改外，对习题和书末的习题的简答与提示作了较多的修改.

本书在编写过程中，参考了国内外一些同类教材，其中有些列入了参考文献中. 在此，对这些文献的作者表示感谢. 书中不足之处，请广大读者不吝指正.

作　者

2017 年 3 月

# 目　　录

# 引　　言

在开始学习实变函数论的内容之前，我们先要对 Riemann 积分理论的局限性和建立新的积分理论的必要性有所认识，大致了解一下新积分的主要思想，以及实变函数论这门课程的主要内容. 这对学习这门课程是有益的.

## 1. Riemann 积分理论的局限性

在数学分析课程中我们已经熟悉 Riemann 积分. Riemann 积分在处理连续函数和几何、物理中的计算问题时是很成功的和有效的. 但 Riemann 积分也有一些理论上的缺陷. 下面在几个主要方面作一简要分析.

(1) 可积函数对连续性的要求

设 $f(x)$是定义在区间$[a,b]$上的有界实值函数. 又设

$$a=x_0<x_1<\cdots<x_n=b$$

是区间$[a,b]$的一个分划. 对每个 $i=1,2,\cdots,n$，令

$$m_i=\inf\{f(x):x\in[x_{i-1},x_i]\},$$
$$M_i=\sup\{f(x):x\in[x_{i-1},x_i]\}.$$

并且令 $\Delta x_i=x_i-x_{i-1}$，$\lambda=\max\limits_{1\leqslant i\leqslant n}\Delta x_i$. 则 $f(x)$ 在$[a,b]$上可积的充要条件是

$$\lim_{\lambda\to 0}\sum_{i=1}^{n}(M_i-m_i)\Delta x_i=0. \tag{1}$$

其几何意义就是当分割越来越细时，曲线 $y=f(x)$ 的下方图形(曲边梯形) 的外接阶梯形与内接阶梯形的面积之差趋于零，如图 1 所示. 由于在包含 $f(x)$ 的间断点的区间$[x_{i-1},x_i]$上，当 $\lambda\to 0$ 时函数的振幅 $M_i-m_i$ 不趋于零，为使得式(1) 成立，包含间断点的那些小区间$[x_{i-1},x_i]$的总长必须可以任意小. 因此为保证 $f(x)$ 在$[a,b]$上可积，$f(x)$ 必须有较好的连续性. 简单地说，就是 $f(x)$ 在$[a,b]$上的间断点不能太多. 这样就使得很多连续性不好的函数不可积了. 单从这一点看，这已经是 Riemann 积分的不够完美之处. 而且由于 Riemann 积分的可积函数类过于狭小，这导致了下面要说的 Riemann 积分的进一步的缺陷.

(2) 积分与极限运算顺序的交换

在数学分析中，经常会遇到积分运算与极限运算交换顺序的问题. 设$\{f_n(x)\}$是$[a,b]$上的可积函数列，并且$\lim\limits_{n\to\infty}f_n(x)=f(x)$ $(x\in[a,b])$. 一般情况下，$f(x)$ 未必在$[a,b]$上可积. 即使 $f(x)$ 在$[a,b]$上可积，也未必成立下面的等式：

$$\lim_{n\to\infty}\int_a^b f_n(x)\mathrm{d}x=\int_a^b f(x)\mathrm{d}x. \tag{2}$$

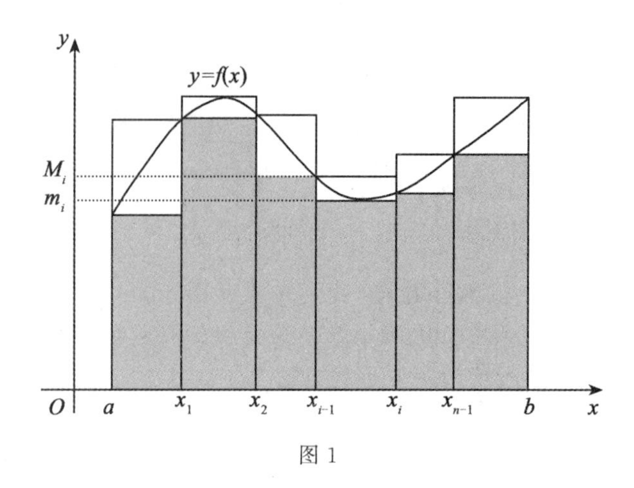


图 1

为使 $f(x)$ 在$[a,b]$上可积并且式(2)成立，一个充分条件是每个 $f_n$ 在$[a,b]$上连续，并且$\{f_n(x)\}$在$[a,b]$上一致收敛于 $f(x)$(这不是必要条件，例如考虑区间$[0,1]$上的函数列 $f_n(x)=x^n(n=1,2,\cdots)$). 这个条件太强并且不易验证. 另外，在累次积分交换积分顺序方面也有类似的情况.

(3) 可积函数空间的完备性

我们知道实数集 $\mathbf{R}^1$ 有一个很重要的性质，就是每个 Cauchy 数列都是收敛的，这个性质称为实数集的完备性. 这个性质在数学分析中具有基本的重要性. 空间的完备性也可以引入到更一般的距离空间中来. 设 $R[a,b]$ 是区间$[a,b]$上 Riemann 可积函数的全体. 在 $R[a,b]$ 上定义距离

$$d(f,g)=\int_a^b |f(x)-g(x)|\,\mathrm{d}x \quad (f,g\in R[a,b]).$$

称 $R[a,b]$ 为一个距离空间. 与在 $\mathbf{R}^1$ 上一样，在距离空间上可以讨论一些与距离有关的内容，如极限理论. 设$\{f_n\}$是 $R[a,b]$ 中的序列，$f\in R[a,b]$. 若$\lim\limits_{n\to\infty}d(f_n,f)=0$，则称$\{f_n\}$按距离收敛于$f$. $R[a,b]$ 中序列$\{f_n\}$称为 Cauchy 序列，若对任意 $\varepsilon>0$，存在自然数 $N$，使得当 $m,n>N$ 时，$d(f_m, f_n)<\varepsilon$. 有例子表明，在 $R[a,b]$ 中并非每个 Cauchy 序列都是收敛的，即 $R[a,b]$ 不是完备的. 因此 $R[a,b]$ 不是作为研究分析理论的理想空间.

以上几点表明，Riemann 积分理论存在一些不足之处. 随着数学理论的不断发展和深入，这些不足之处甚至成了致命的缺陷. 因此有必要加以改进，或用一种新的积分代替之. 许多数学家为此作出了努力. 20 世纪初，法国数学家 H.L. Lebesgue(1875—1941)成功地建立了测度理论，并且在此基础上，建立了一种新的积分，称之为 Lebesgue 积分. Lebesgue 积分消除了上述提到的 Riemann 积分的那些缺陷. Lebesgue 积分的创立，对 20 世纪数学的发展产生了极大的影响. 许多数学分支如泛函分析、概率论、调和分析等都是在 Lebesgue 积分理论的基础上产生或发展起来的. Lebesgue 测度与积分理论已经成为现代分析学必不可少的理论基础.

**2. Lebesgue 积分思想的大体描述**

设 $f(x)$ 是定义在区间 $[a,b]$ 上的有界实值函数. 为简单计，这里只考虑 $f(x)\geqslant 0$ 的情形. 注意到此时 Riemann 积分 $\int_a^b f(x)\mathrm{d}x$ 的几何意义就是曲线 $y=f(x)$ 的下方图形

$$\underline{G}(f)=\{(x,y):a\leqslant x\leqslant b,0\leqslant y\leqslant f(x)\}$$

的面积. 除了可以用 Riemann 积分计算 $\underline{G}(f)$ 的面积外，我们还可以用下面的方式计算 $\underline{G}(f)$ 的面积. 设 $m$ 和 $M$ 分别是 $f(x)$ 在 $[a,b]$ 上的下确界和上确界. 对 $f(x)$ 的值域区间 $[m,M]$ 的任意一个分划

$$m=y_0<y_1<\cdots<y_n=M$$

和每个 $i=1,2,\cdots,n$，令

$$E_i=\{x\in[a,b]:y_{i-1}\leqslant f(x)<y_i\}.$$

则每个 $E_i$ 是区间 $[a,b]$ 的子集. 用 $|E_i|$ 表示 $E_i$ 的"长度"(注意这里我们并没有给出 $|E_i|$ 的确切涵义). 作和式

$$\sum_{i=1}^{n}y_{i-1}|E_i|.$$

这个和式相当于 $\underline{G}(f)$ 面积的一个近似值，如图 2 所示. 令

$$\lambda=\max\{y_i-y_{i-1}:1\leqslant i\leqslant n\}.$$

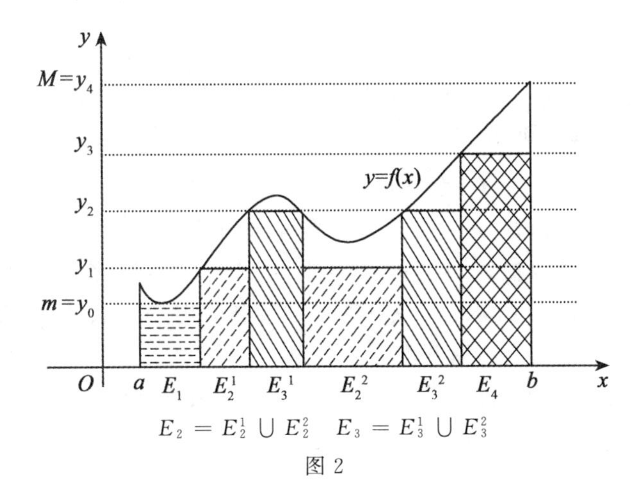


$E_2=E_2^1\cup E_2^2\quad E_3=E_3^1\cup E_3^2$

图 2

定义 $f(x)$ 在区间 $[a,b]$ 上的 Lebesgue 积分为

$$(\mathrm{L})\int_a^b f(x)\mathrm{d}x=\lim_{\lambda\to 0}\sum_{i=1}^{n}y_{i-1}|E_i|,\tag{3}$$

当然这里要求上述极限存在. 这样定义的积分 $(\mathrm{L})\int_a^b f(x)\mathrm{d}x$ 同样是曲线 $y=f(x)$ 的下方图形 $\underline{G}(f)$ 的面积. 这样定义积分的好处在于，不管 $f(x)$ 的连续性如何，在每个 $E_i$ 上 $f(x)$ 的振幅都小于或等于 $\lambda$，这使得很多连续性不好的函数(例如 Dirichlet 函

数）也可积了.

Lebesgue 本人打了一个很形象的比喻，说明两种不同的积分之间的区别. 假如我现在要数一笔钱，我可以有两种不同的方法. 第一种方法是一张一张地将各种面值不同的钞票的币值加起来，得到钱的总数. 第二种方法是先数出每种面值的钞票各有多少张，用每种钞票的面值乘以该种钞票的张数，再求和就得到钱的总数. Riemann积分的定义方式相当于第一种数钱的方法，而 Lebesgue 积分的定义方式相当于第二种数钱的方法.

但是，按照 Lebesgue 的方式定义积分有一个很大的困难，就是要给出 $|E_i|$ 的确切意义. $|E_i|$ 应该是一种类似区间长度的东西. 但是一般情况下 $E_i$ 不是区间，而是直线上一些分散而杂乱无章的点构成的集. 因此必须对直线上比区间更一般的集，给出一种类似于区间长度的度量. 为此 Lebesgue 建立了测度理论. 测度理论对直线上相当广泛的一类集，给出一种类似于区间长度的度量. 这样，在式(3)中 $|E_i|$ 就可以用 $E$ 的测度代替，从而在测度理论的基础上建立了 Lebesgue 积分理论.

事实表明，Lebesgue 积分远比 Riemann 积分更深刻、更强有力. Lebesgue 测度理论以及在此基础上建立的 Lebesgue 积分理论，极大地促进了分析数学的发展，成为现代分析学的基石.

**3. 实变函数论的主要内容**

实变函数论的主要内容是 Lebesgue 测度与积分理论. 如前所述，为定义 Lebesgue 积分，必须先建立测度理论. 由于测度理论要经常地遇到集合的运算和欧氏空间上的各种点集，因此第 1 章介绍集合论和欧氏空间上点集的知识. 然后在第 2 章介绍测度理论. 由于测度理论只能对直线上一部分集合即所谓“可测集”给出测度. 因此要定义 $f(x)$ 的 Lebesgue 积分，$f(x)$ 必须满足如下的条件：如上面提到的形如

$$E_i=\{x: y_{i-1}\leqslant f(x)<y_i\}$$

的集合都是可测集. 满足这样条件的函数称为可测函数. 只有对可测函数才能定义新的积分. 因此在第 3 章我们要讨论可测函数的性质. 作了这些准备后，第 4 章就可以定义 Lebesgue 积分了，并讨论 Lebesgue 积分的性质及其应用. 总之，实变函数论的内容就是围绕建立 Lebesgue 积分理论而展开的.

上面简单介绍了实变函数论的主要思想和大致内容. 在完成了本课程的学习后，将会对这里所述内容有更好的理解.

# 第1章　集合与$\mathbf{R}^n$中的点集

集合论是德国数学家 Cantor(1845—1918)于 19 世纪后期所创立的，已经成为一门独立的数学分支. 集合论是现代数学的基础，其概念与方法已经广泛地渗透到现代数学的各个分支. 在实变函数论中经常出现各种各样的集合与集合的运算. 本章介绍今后要用到的集合论的一些基本知识，包括集合与集合的运算，可列集和基数等. 本章还要介绍具有某些运算封闭性的集类如代数和$\sigma$-代数等，以及$\mathbf{R}^n$中的一些常见的点集.

## 1.1　集合与集合的运算

### 1.1.1　集合的基本概念

集合是数学最基础的概念之一，不能用其他更基础的数学概念严格定义之，只能给予一种描述性的说明. 以某种方式给定的一些事物的全体称为一个集合(简称为集). 集中的成员称为这个集的元素.

一般用大写字母如$A,B,C$等表示集，用小写字母如$a,b,c$等表示集中的元素. 若$a$是集$A$的元素，则用记号$a\in A$(读做$a$属于$A$)表示. 若$a$不是集$A$的元素，则用记号$a\notin A$(读做$a$不属于$A$)表示.

不含任何元素的集称为空集，用符号$\varnothing$表示. 本书约定分别用$\mathbf{R}^1$，$\mathbf{Q}$，$\mathbf{N}$和$\mathbf{Z}$表示实数集、有理数集、自然数集(不包括 0)和整数集.

表示一个集的方法一般有两种. 第一种方法是列举法，即列出给定集的全部元素. 例如

$$A=\{0,1,2,3,4,5\},$$
$$B=\{1,\cos x,\sin x,\cos 2x,\sin 2x,\cdots,\cos nx,\sin nx,\cdots\}.$$

另一种方法是描述法. 当集$A$是由具有某种性质 P 的元素的全体所构成时，用下面的方式表示集$A$：

$$A=\{x: x\text{ 具有性质 P}\}.$$

例如

$$A=\{x\in\mathbf{R}^1: x\sin x\geqslant 0\}.$$

设$A$和$B$是两个集. 如果$A$和$B$具有完全相同的元素，则称$A$与$B$相等，记为$A=B$. 如果$A$的元素都是$B$的元素，则称$A$为$B$的子集，记为$A\subset B$(读做$A$包含于$B$)，或$B\supset A$(读做$B$包含$A$). 若$A\subset B$并且$A\neq B$，则称$A$为$B$的真子集. 按照这个

定义，空集$\varnothing$是任何集的子集. 由定义知道 $A=B$ 当且仅当 $A\subset B$ 并且$B\subset A$.

例如：

$$\{x\in\mathbf{R}^1: x=k\pi, k\in\mathbf{Z}\}=\{x\in\mathbf{R}^1: \sin x=0\},$$
$$\{x\in\mathbf{R}^1: x=2k\pi, k\in\mathbf{Z}\}\subset\{x\in\mathbf{R}^1: \sin x=0\}.$$

设 $X$ 是一个给定的集. 由 $X$ 的所有子集构成的集称为 $X$ 的幂集，记为$\mathscr{P}(X)$.

例如，设 $X=\{a,b,c\}$是由 3 个元素构成的集，则

$$\mathscr{P}(X)=\{\varnothing,\{a\},\{b\},\{c\},\{a,b\},\{a,c\},\{b,c\},X\}.$$

一般地，若 $X$ 是由 $n$ 个元素构成的集，则 $X$ 有 $2^n$ 个不同的子集.

### 1.1.2　集合的运算

设 $A$ 和 $B$ 是两个集. 由 $A$ 和 $B$ 的所有元素构成的集称为 $A$ 与 $B$ 的并集，简称为并，记为 $A\cup B$. 即

$$A\cup B=\{x: x\in A \text{ 或者 } x\in B\}.$$

由同时属于 $A$ 和 $B$ 的元素构成的集称为 $A$ 与 $B$ 的交集，简称为交，记为 $A\cap B$. 即

$$A\cap B=\{x: x\in A \text{ 并且 } x\in B\}.$$

如图 1-1 所示. 若 $A\cap B=\varnothing$，则称 $A$ 与 $B$ 不相交. 此时称 $A\cup B$ 为 $A$ 与 $B$ 的不相交并.

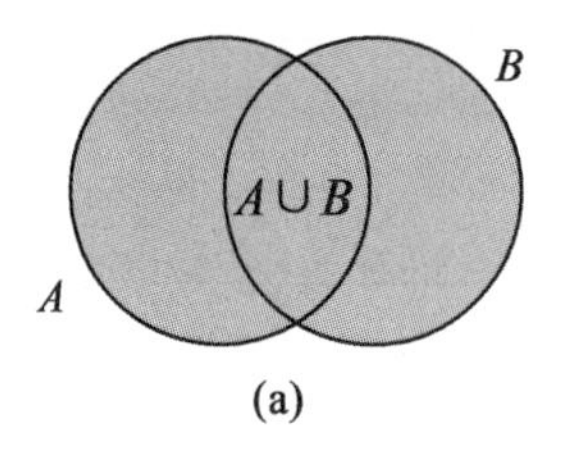


(a)

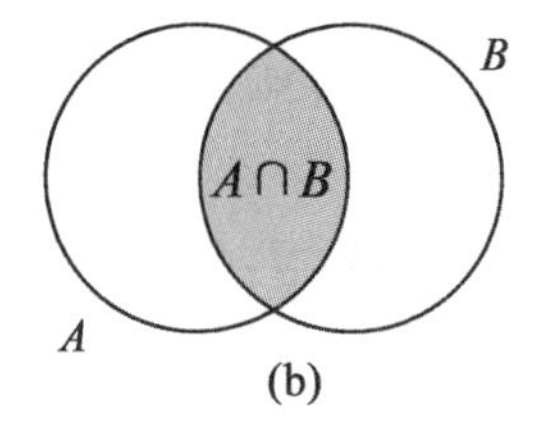


(b)

图 1-1

设 $I$ 是一非空集($I$ 可以是有限集或无限集). 若对每个 $\alpha\in I$ 都对应一个集 $A_\alpha$，则称$\{A_\alpha\}_{\alpha\in I}$为集族，称 $I$ 为指标集. 特别地，若指标集是自然数集 $\mathbf{N}$，则称$\{A_n\}_{n\in\mathbf{N}}$为集列，$\{A_n\}_{n\in\mathbf{N}}$一般简写为$\{A_n\}$.

设$\{A_\alpha\}_{\alpha\in I}$是一个集族. 这一族集的并集和交集分别定义为

$$\bigcup_{\alpha\in I}A_\alpha=\{x: \text{存在 } \alpha\in I, \text{ 使得 } x\in A_\alpha\},$$
$$\bigcap_{\alpha\in I}A_\alpha=\{x: \text{对每个 } \alpha\in I, \ x\in A_\alpha\}.$$

特别地，若$\{A_n\}$是一个集列，则$\bigcup\limits_{n\in\mathbf{N}}A_n$ 和$\bigcap\limits_{n\in\mathbf{N}}A_n$ 可以分别记成$\bigcup\limits_{n=1}^{\infty}A_n$ 和$\bigcap\limits_{n=1}^{\infty}A_n$，分别称为$\{A_n\}$的可列并和可列交.

容易证明并与交运算具有如下性质：

(1) 交换律：$A\cup B=B\cup A$，$A\cap B=B\cap A$.

(2) 结合律：$(A\cup B)\cup C=A\cup(B\cup C)$，$(A\cap B)\cap C=A\cap(B\cap C)$.

(3) 分配律：$A\cap(B\cup C)=(A\cap B)\cup(A\cap C)$，$A\cup(B\cap C)=(A\cup B)\cap(A\cup C)$. 分配律可以推广到一族集的并与交的情形，即

$$A\cap\Big(\bigcup_{\alpha\in I}B_\alpha\Big)=\bigcup_{\alpha\in I}(A\cap B_\alpha),$$

$$A\cup\Big(\bigcap_{\alpha\in I}B_\alpha\Big)=\bigcap_{\alpha\in I}(A\cup B_\alpha).$$

设 $A$ 和 $B$ 是两个集. 由 $A$ 中的那些不属于 $B$ 的元素构成的集称为 $A$ 与 $B$ 的差集，记为 $A-B$ 或 $A\backslash B$. 即

$$A-B=\{x: x\in A \text{ 并且 } x\notin B\}.$$

此外，称集 $(A-B)\cup(B-A)$ 为 $A$ 与 $B$ 的对称差集，记为 $A\triangle B$. 对称差集 $A\triangle B$ 的大小反映了 $A$ 与 $B$ 差别的大小.

通常我们所讨论的集都是某一固定集 $X$ 的子集，$X$ 称为全集(或全空间). 称全集 $X$ 与其子集 $A$ 的差集 $X-A$ 为 $A$ 的余集，记为 $A^C$. 如图 1-2 所示.

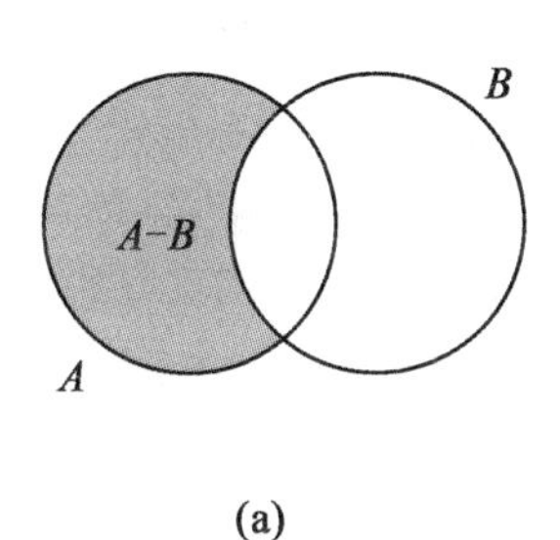

(a)

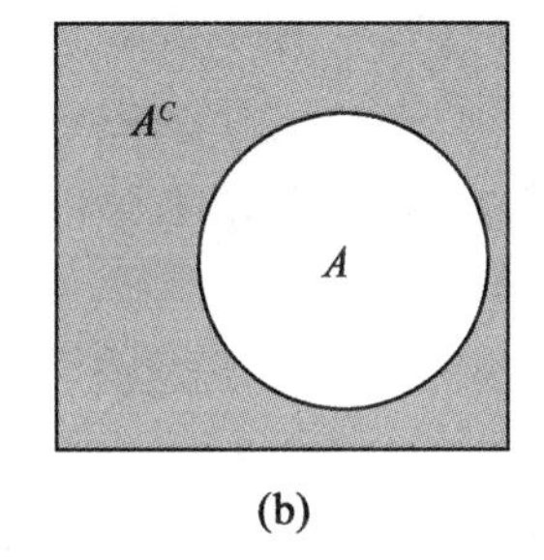

(b)

图 1-2

关于差运算和余运算成立有以下性质：

(4) $A-B=A\cap B^C$.

(5) $(A^C)^C=A$.

(6) $A\cup A^C=X$，$A\cap A^C=\varnothing$.

(7) $X^C=\varnothing$，$\varnothing^C=X$.

(8) $(A\cup B)^C=A^C\cap B^C$，$(A\cap B)^C=A^C\cup B^C$.

上述最后一个性质称为 De Morgan 公式. De Morgan 公式对一族集的并与交也成立. 这个公式今后要经常用到，我们将其叙述为如下的定理.

**定理 1.1**(De Morgan 公式) 设 $\{A_\alpha\}_{\alpha\in I}$ 是一族集，则

(1) $\Big(\bigcup_{\alpha\in I}A_\alpha\Big)^C=\bigcap_{\alpha\in I}A_\alpha^C$ (并的余集等于余集的交)；

(2) $\Big(\bigcap_{\alpha\in I}A_\alpha\Big)^C=\bigcup_{\alpha\in I}A_\alpha^C$ (交的余集等于余集的并).

**证** 设 $x\in\Big(\bigcup_{\alpha\in I}A_\alpha\Big)^C$，则 $x\notin\bigcup_{\alpha\in I}A_\alpha$. 于是对任意 $\alpha\in I$，$x\notin A_\alpha$. 即对任意 $\alpha\in I$，$x\in A_\alpha^C$. 因此 $x\in\bigcap_{\alpha\in I}A_\alpha^C$. 这表明

$$\left(\bigcup_{\alpha\in I}A_\alpha\right)^C\subset\bigcap_{\alpha\in I}A_\alpha^C.$$

上述推理可以反过来，即从 $x\in\bigcap_{\alpha\in I}A_\alpha^C$ 可以推出 $x\in\left(\bigcup_{\alpha\in I}A_\alpha\right)^C$. 这表明

$$\bigcap_{\alpha\in I}A_\alpha^C\subset\left(\bigcup_{\alpha\in I}A_\alpha\right)^C.$$

因此结论(1)成立. 类似地可以证明结论(2). ■

定理 1.1 的证明过程是证明两个集相等的典型方法. 下面再举两个例子.

**例 1**　设 $\{f_n\}$ 是 $\mathbf{R}^1$ 上的一列实值函数，满足

$$f_1(x)\leqslant f_2(x)\leqslant\cdots\leqslant f_n(x)\leqslant f_{n+1}(x)\leqslant\cdots\quad(x\in\mathbf{R}^1),$$

并且 $\lim\limits_{n\to\infty}f_n(x)=f(x)\,(x\in\mathbf{R}^1)$. 则对任意实数 $a$ 有

$$\{x:f(x)>a\}=\bigcup_{n=1}^{\infty}\{x:f_n(x)>a\}.\tag{1.1}$$

**证**　对给定的 $x\in\mathbf{R}^1$，若 $x\in\{x:f(x)>a\}$，则 $f(x)>a$. 由于 $\lim\limits_{n\to\infty}f_n(x)=f(x)$，当 $n_0$ 充分大时，$f_{n_0}(x)>a$. 因此 $x\in\{x:f_{n_0}(x)>a\}$. 这表明

$$\{x:f(x)>a\}\subset\bigcup_{n=1}^{\infty}\{x:f_n(x)>a\}.$$

另一方面，对任意自然数 $n$，由于 $f(x)\geqslant f_n(x)\,(x\in\mathbf{R}^1)$，因此 $\{x:f_n(x)>a\}\subset\{x:f(x)>a\}$. 从而

$$\bigcup_{n=1}^{\infty}\{x:f_n(x)>a\}\subset\{x:f(x)>a\}.$$

这就证明了式(1.1)成立.

在给出下面的例子之前，先解释一下多重可列并可列交的意义. 设对每个自然数 $n$ 和 $k$ 对应有一个集 $A_{n,k}$. 则 $\bigcup\limits_{n=1}^{\infty}\bigcap\limits_{k=1}^{\infty}A_{n,k}$ 表示 $\bigcup\limits_{n=1}^{\infty}\left(\bigcap\limits_{k=1}^{\infty}A_{n,k}\right)$. 换言之，若令 $B_n=\bigcap\limits_{k=1}^{\infty}A_{n,k}$，则

$$\bigcup_{n=1}^{\infty}\bigcap_{k=1}^{\infty}A_{n,k}=\bigcup_{n=1}^{\infty}\left(\bigcap_{k=1}^{\infty}A_{n,k}\right)=\bigcup_{n=1}^{\infty}B_n.$$

对于更多重的可列并和可列交运算，可以作类似的理解.

**例 2**　设 $\{f_n\}$ 是定义在 $\mathbf{R}^n$ 上的一列实值函数. 令 $A=\{x\in\mathbf{R}^n:\lim\limits_{n\to\infty}f_n(x)=0\}$. 则

$$A=\bigcap_{k=1}^{\infty}\bigcup_{m=1}^{\infty}\bigcap_{n=m}^{\infty}\left\{x\in\mathbf{R}^n:|f_n(x)|<\frac{1}{k}\right\}.\tag{1.2}$$

**证**　对于给定的 $x\in\mathbf{R}^n$，$\lim\limits_{n\to\infty}f_n(x)=0$ 的充要条件是，对任意正整数 $k\geqslant1$，存在正整数 $m\geqslant1$，使得对任意正整数 $n\geqslant m$ 有 $|f_n(x)|<\dfrac{1}{k}$，因此

$$\begin{aligned}x\in A&\Leftrightarrow\forall k\geqslant1,\ \exists m\geqslant1,\ \text{使得}\ \forall n\geqslant m,\ x\in\left\{x:|f_n(x)|<\frac{1}{k}\right\}\\&\Leftrightarrow\forall k\geqslant1,\ \exists m\geqslant1,\ \text{使得}\ x\in\bigcap_{n=m}^{\infty}\left\{x:|f_n(x)|<\frac{1}{k}\right\}\\&\Leftrightarrow\forall k\geqslant1,\ x\in\bigcup_{m=1}^{\infty}\bigcap_{n=m}^{\infty}\left\{x:|f_n(x)|<\frac{1}{k}\right\}\end{aligned}$$

$$\Leftrightarrow x \in \bigcap_{k=1}^{\infty} \bigcup_{m=1}^{\infty} \bigcap_{n=m}^{\infty} \left\{x: |f_n(x)| < \frac{1}{k}\right\}.$$

因此式(1.2)成立.

在例 2 中，集 $A$ 的表达式(1.2)看起来较复杂，但式(1.2)右端的集是通过比较简单的集$\left\{x: |f_n(x)| < \frac{1}{k}\right\}$的运算得到的，以后我们会看到集的这种表示方法是很有用的.

设 $A_1, A_2, \cdots, A_n$ 是 $n$ 个集. 由有序 $n$ 元组的全体所成的集

$$\{(x_1, x_2, \cdots, x_n): x_1 \in A_1, x_2 \in A_2, \cdots, x_n \in A_n\}$$

称为 $A_1, A_2, \cdots, A_n$ 的直积集(简称为直积)，记为 $A_1 \times A_2 \times \cdots \times A_n$.

例如，平面 $\mathbf{R}^2$ 可以看做是 $\mathbf{R}^1$ 与 $\mathbf{R}^1$ 的直积，即 $\mathbf{R}^2 = \mathbf{R}^1 \times \mathbf{R}^1$. 而 $\mathbf{Q} \times \mathbf{Q}$ 是平面上以有理数为坐标的点所成的集，$\mathbf{Q} \times \mathbf{Q}$ 中的点称为有理点. 又例如

$$[a, b] \times [c, d] = \{(x, y): a \leqslant x \leqslant b,\ c \leqslant y \leqslant d\}$$

就是平面上的矩形.

### 1.1.3 集列的极限

设$\{A_n\}$是一个集列. 称集

$$\{x: x \text{ 属于} \{A_n\} \text{中的无限多个}\}$$

为集列$\{A_n\}$的上极限，记为$\overline{\lim\limits_{n\to\infty}} A_n$. 称集

$$\{x: x \text{ 至多不属于} \{A_n\} \text{中的有限多个}\}$$

为集列$\{A_n\}$的下极限，记为 $\underline{\lim\limits_{n\to\infty}} A_n$.

显然，$\underline{\lim\limits_{n\to\infty}} A_n \subset \overline{\lim\limits_{n\to\infty}} A_n$. 若 $\underline{\lim\limits_{n\to\infty}} A_n = \overline{\lim\limits_{n\to\infty}} A_n$，则称集列$\{A_n\}$存在极限，并且称集

$$A \xlongequal{\text{def}} \underline{\lim_{n\to\infty}} A_n = \overline{\lim_{n\to\infty}} A_n$$

为集列$\{A_n\}$的极限，记为$\lim\limits_{n\to\infty} A_n$.

**定理 1.2** 设$\{A_n\}$是一个集列. 则

$$\overline{\lim_{n\to\infty}} A_n = \bigcap_{n=1}^{\infty} \bigcup_{k=n}^{\infty} A_k, \tag{1.3}$$

$$\underline{\lim_{n\to\infty}} A_n = \bigcup_{n=1}^{\infty} \bigcap_{k=n}^{\infty} A_k. \tag{1.4}$$

**证** 我们有

$$x \in \overline{\lim_{n\to\infty}} A_n \Leftrightarrow x \text{ 属于} \{A_n\} \text{中的无限多个}$$

$$\Leftrightarrow \text{对任意 } n \geqslant 1\text{，存在 } k \geqslant n\text{，使得 } x \in A_k$$

$$\Leftrightarrow \text{对任意 } n \geqslant 1, x \in \bigcup_{k=n}^{\infty} A_k \Leftrightarrow x \in \bigcap_{n=1}^{\infty} \bigcup_{k=n}^{\infty} A_k.$$

因此式(1.3)成立. 类似地可以证明式(1.4). ■

设$\{A_n\}$是一个集列. 若对每个 $n \geqslant 1$，均有 $A_n \subset A_{n+1}$，则称$\{A_n\}$是单调递增的，记

为$A_n\uparrow$. 若对每个$n\geqslant 1$，均有$A_n\supset A_{n+1}$，则称$\{A_n\}$是单调递减的，记为$A_n\downarrow$. 单调递增和单调递减的集列统称为单调集列.

**定理 1.3** 单调集列必存在极限. 并且：

(1) 若$\{A_n\}$是单调递增的，则

$$\lim_{n\to\infty}A_n=\bigcup_{n=1}^{\infty}A_n;$$

(2) 若$\{A_n\}$是单调递减的，则

$$\lim_{n\to\infty}A_n=\bigcap_{n=1}^{\infty}A_n.$$

**证** (1) 因为$\{A_n\}$是单调递增的，因此对任意$n\geqslant 1$，有

$$\bigcap_{k=n}^{\infty}A_k=A_n,\quad \bigcup_{k=n}^{\infty}A_k=\bigcup_{k=1}^{\infty}A_k.$$

于是利用定理1.2得到

$$\varliminf_{n\to\infty}A_n=\bigcup_{n=1}^{\infty}\bigcap_{k=n}^{\infty}A_k=\bigcup_{n=1}^{\infty}A_n,$$

$$\varlimsup_{n\to\infty}A_n=\bigcap_{n=1}^{\infty}\bigcup_{k=n}^{\infty}A_k=\bigcap_{n=1}^{\infty}\bigcup_{k=1}^{\infty}A_k=\bigcup_{k=1}^{\infty}A_k.$$

所以

$$\varliminf_{n\to\infty}A_n=\varlimsup_{n\to\infty}A_n=\bigcup_{n=1}^{\infty}A_n.$$

因此$\lim\limits_{n\to\infty}A_n$存在，并且$\lim\limits_{n\to\infty}A_n=\bigcup\limits_{n=1}^{\infty}A_n$. 类似地可以证明结论(2). ■

**例 3** 设$A_n=\left(0,1-\dfrac{1}{n}\right]$，$B_n=\left(0,1+\dfrac{1}{n}\right]$. 则$\{A_n\}$是单调递增的，$\{B_n\}$是单调递减的. 根据定理1.3得到

$$\lim_{n\to\infty}A_n=\bigcup_{n=1}^{\infty}A_n=(0,1),\quad \lim_{n\to\infty}B_n=\bigcap_{n=1}^{\infty}B_n=(0,1].$$

**例 4** 设$\{f_n\}$和$f$如例1. 令$A_n=\{x: f_n(x)>a\}(n\geqslant 1)$，则$\{A_n\}$是单调递增的. 根据定理1.3并且利用式(1.1)，我们有

$$\lim_{n\to\infty}A_n=\bigcup_{n=1}^{\infty}A_n=\{x: f(x)>a\}.$$

## 1.2 映射 可列集与基数

### 1.2.1 映射

在学习数学分析时，我们对函数已经很熟悉. 在数学分析中函数的定义域通常是$\mathbf{R}^n$的子集，值域是实数集或者复数集. 若将函数的定义域和值域换成一般的集，就得到映

射的概念.

**定义 1.1** 设 $X$ 和 $Y$ 是两个非空集. 若 $f$ 是某一法则，使得对每个 $x\in X$ 有唯一的 $y\in Y$与之对应，则称 $f$ 为从 $X$ 到 $Y$ 的映射，记为

$$f: X\to Y.$$

当 $y$ 与 $x$ 对应时，称 $y$ 为 $x$ 在映射 $f$ 下的像，记为 $y=f(x)$. 称 $x$ 为 $y$ 的一个原像. 称 $X$ 为 $f$ 的定义域.

在上述定义中，若 $Y$ 是实数集或复数集，习惯上仍称 $f$ 为函数.

在数学分析中我们熟知的函数当然是一种映射. 除此之外，我们还经常会遇到许多其他的映射. 由于习惯的原因，这些映射在不同的场合有不同的名称.

**例 1** 设 $A=(a_{ij})$是一个 $n$ 阶矩阵. 作映射 $T:\mathbf{R}^n\to\mathbf{R}^n$ 使得

$$T(x_1,x_2,\cdots,x_n)=(y_1,y_2,\cdots,y_n),$$

其中 $y_i=\sum\limits_{j=1}^{n}a_{ij}x_j\ (i=1,2,\cdots,n)$. 用矩阵表示即

$$\begin{pmatrix} y_1\\ y_2\\ \vdots\\ y_n\end{pmatrix}=\begin{pmatrix} a_{11} & a_{12} & \cdots & a_{1n}\\ a_{21} & a_{22} & \cdots & a_{2n}\\ \vdots & \vdots & & \vdots\\ a_{n1} & a_{n2} & \cdots & a_{nn}\end{pmatrix}\begin{pmatrix} x_1\\ x_2\\ \vdots\\ x_n\end{pmatrix}.$$

在线性代数中，称 $T$ 为由矩阵 $A$ 确定的线性变换.

**例 2** 设 $C[a,b]$是区间$[a,b]$上实值连续函数的全体. 令

$$\varphi(f)=\int_a^b f(x)\mathrm{d}x\quad (f\in C[a,b]).$$

则 $\varphi$ 是$C[a,b]$到 $\mathbf{R}^1$ 的映射. 在泛函分析中，这个映射称为泛函.

**例 3** 设 $C^{(1)}[a,b]$是区间$[a,b]$上具有一阶连续导数的函数的全体. 则

$$D: C^{(1)}[a,b]\to C[a,b],\ f(x)\mapsto f'(x)$$

是 $C^{(1)}[a,b]$到 $C[a,b]$的映射. 在泛函分析中，这个映射称为算子.

**例 4** 设$\{x_n\}$是一实数列. 令 $f(n)=x_n(n\in\mathbf{N})$，则 $f$ 是 $\mathbf{N}$ 到 $\mathbf{R}^1$ 的映射. 因此数列实际上是定义在自然数集 $\mathbf{N}$ 上的函数.

设 $A$ 是 $X$ 的子集. 称 $Y$ 的子集

$$\{f(x): x\in A\}$$

为 $A$ 在映射 $f$ 下的像，记为 $f(A)$. 设 $B$ 是 $Y$ 的子集. 称 $X$ 的子集

$$\{x\in X: f(x)\in B\}$$

为集 $B$ 关于映射 $f$ 的原像，记为 $f^{-1}(B)$.

由原像的定义可以直接验证以下事实：设 $f$ 是 $X$ 到 $Y$ 的映射，则

$$f^{-1}\Big(\bigcup_{\alpha\in I}B_\alpha\Big)=\bigcup_{\alpha\in I}f^{-1}(B_\alpha)\ (B_\alpha\subset Y),$$

$$f^{-1}\Big(\bigcap_{\alpha\in I}B_\alpha\Big)=\bigcap_{\alpha\in I}f^{-1}(B_\alpha)\ (B_\alpha\subset Y),$$

$$f^{-1}(B^C)=(f^{-1}(B))^C\quad (B\subset Y).$$

**定义 1.2** 设 $f:X\to Y$ 是 $X$ 到 $Y$ 的映射. 如果当 $x_1\neq x_2$ 时，$f(x_1)\neq f(x_2)$，则称 $f$ 为单射. 若 $f(X)=Y$，则称 $f$ 为满射. 如果 $f$ 既是单射，又是满射，则称 $f$ 为双射.

**定义 1.3** 设 $f:X\to Y$ 是一个双射. 定义映射

$$g:Y\to X,$$
$$y\mapsto x,$$

其中 $x\in X$，并且满足 $f(x)=y$（由于 $f$ 是双射，这样的 $x$ 存在并且唯一）. 称 $g$ 为 $f$ 的逆映射，记为 $f^{-1}$.

逆映射是反函数概念的推广. 由逆映射的定义知道成立以下等式：

$$f^{-1}(f(x))=x\ (x\in X),\quad f(f^{-1}(y))=y\ (y\in Y).$$

**定义 1.4** 设 $f:X\to Y$ 和 $g:Y\to Z$ 是两个映射. 令

$$h(x)=g(f(x))\ (x\in X).$$

则 $h$ 是 $X$ 到 $Z$ 的映射. 称 $h$ 为 $f$ 与 $g$ 的复合映射，记为 $g\circ f$.

设 $f:X\to Y$ 和 $g:Y\to Z$ 是两个映射，$C\subset Z$. 则

$$(g\circ f)^{-1}(C)=f^{-1}(g^{-1}(C)).$$

设 $A$ 是 $X$ 的子集，$f$ 和 $\tilde{f}$ 分别是 $A$ 到 $Y$ 的和 $X$ 到 $Y$ 的映射. 若对每个 $x\in A$ 有 $\tilde{f}(x)=f(x)$，则称 $\tilde{f}$ 是 $f$ 在 $X$ 上的延拓. 称 $f$ 是 $\tilde{f}$ 在 $A$ 上的限制，记为 $f=\tilde{f}|_A$.

设 $A$ 是 $X$ 的子集. 令

$$\chi_A(x)=\begin{cases}1, & x\in A,\\ 0, & x\notin A.\end{cases}$$

则 $\chi_A(x)$ 是定义在 $X$ 上的函数，称为 $A$ 的特征函数. 以后会经常用到这个函数. 关于特征函数有以下简单性质：

(1) $A\subset B \Leftrightarrow \chi_A(x)\leqslant\chi_B(x)$；

(2) $\chi_{A\cup B}(x)=\chi_A(x)+\chi_B(x)-\chi_{A\cap B}(x)$；

(3) $\chi_{A\cap B}(x)=\chi_A(x)\cdot\chi_B(x)$；

(4) $\chi_{A-B}(x)=\chi_A(x)(1-\chi_B(x))$，

$\chi_{A^C}(x)=1-\chi_A(x)$；

(5) $\chi_{A\times B}(x,y)=\chi_A(x)\cdot\chi_B(y)\ (A\subset X,\ B\subset Y)$；

(6) $\chi_A(x)=\sum_{n=1}^{\infty}\chi_{A_n}(x)\ \left(A=\bigcup_{n=1}^{\infty}A_n,\ A_m\cap A_n=\varnothing(m\neq n)\right)$.

特征函数为函数的表示带来方便. 例如，设 $A_1,A_2,\cdots,A_n$ 是 $X$ 的互不相交的子集，并且 $X=\bigcup_{i=1}^{n}A_i$. 若 $f_i(x)(i=1,2,\cdots,n)$ 是定义在 $A_i$ 上的函数，则定义在 $X$ 上的函数

$$f(x)=\begin{cases}f_1(x), & x\in A_1,\\ f_2(x), & x\in A_2,\\ \cdots\cdots & \\ f_n(x), & x\in A_n,\end{cases}$$

可以表示为

$$f(x)=\sum_{i=1}^{n}f_i(x)\chi_{A_i}(x).$$

### 1.2.2 可列集

给定两个非空集 $A$ 和 $B$. 若存在一个从 $A$ 到 $B$ 的双射，则该映射建立了这两个集的元素之间的一一对应. 因此我们有如下的定义：

**定义 1.5** 设 $A$ 和 $B$ 是两个非空集. 若存在一个从 $A$ 到 $B$ 的双射，则称 $A$ 与 $B$ 是对等的，记为 $A\sim B$. 此外补充定义 $\varnothing\sim\varnothing$.

例如，数集 $A=\left\{1,\frac{1}{2},\frac{1}{3},\cdots\right\}$ 与自然数集 $\mathbf{N}$ 是对等的. 又如，作为平面上的点集，圆周去掉一点后与直线对等，两个半径不同的圆是对等的. 如图 1-3 所示.

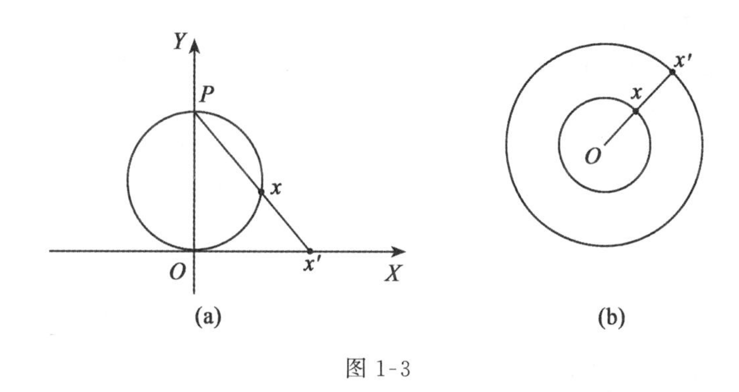


图 1-3

显然，集的对等关系具有如下性质：

(1) $A\sim A$(反身性)；

(2) 若 $A\sim B$，则 $B\sim A$(对称性)；

(3) 若 $A\sim B$，$B\sim C$，则 $A\sim C$(传递性).

利用对等的概念，可以给出有限集和无限集的严格定义. 设 $A$ 是一非空集. 若存在一个自然数 $n$，使得 $A$ 与集 $\{1,2,\cdots,n\}$ 对等，则称 $A$ 为有限集. 规定空集是有限集. 若 $A$ 不是有限集，则称 $A$ 为无限集.

自然数集 $\mathbf{N}$ 是无限集. 自然数集有一个重要的特点，就是自然数集的元素可以编号排序成为一个无穷序列(稍后我们将会举例说明，并非每个无限集都可以做到这一点). 具有这种性质的集就是我们下面要讨论的可列集.

**定义 1.6** 与自然数集 $\mathbf{N}$ 对等的集称为可列集.

有限集和可列集统称为可数集. 注意，有的作者把我们这里的可列集称为可数集. 此时可数集不包括有限集.

由可列集的定义知道，若 $A$ 是可列集，$B$ 与 $A$ 对等，则 $B$ 也是可列集.

**定理 1.4** 集 $A$ 是可列集的充要条件是 $A$ 的元素可以编号排序成为一个无穷序列

$$A=\{a_1,a_2,\cdots,a_n,\cdots\}.\tag{1.5}$$

**证** 设$A$是可列集，则存在一个$A$到$\mathbf{N}$的双射，记为$\varphi$. 对任意$a\in A$，若$\varphi(a)=n$，则将$a$记为$a_n$. 这样，$A$的元素就编号排序成为如式(1.5)的无穷序列. 反过来，若$A$的元素可以编号排序成为如式(1.5)的无穷序列，令$f(a_n)=n$，则$f$是$A$到$\mathbf{N}$的双射. 因此$A$是可列集. ■

注意，编号排序必须既无遗漏，也无重复.

**例5** 自然数集当然是可列集. 以下几个集都可以编号排序，因此都是可列集：

奇自然数集： $\{1,3,5,\cdots,2n-1,\cdots\}$.

整数集$\mathbf{Z}$： $\{0,1,-1,2,-2,\cdots,n,-n,\cdots\}$.

三角函数系： $\{1,\cos x,\sin x,\cos 2x,\sin 2x,\cdots,\cos nx,\sin nx,\cdots\}$.

在上面的例子中，奇自然数集是自然数集的真子集，但却与自然数集对等. 这表明无限集可以与其真子集对等. 这与有限集的情形是不同的.

下面给出一个不可列的无限集的例子.

**定理1.5** 区间$(0,1)$不是可列集.

**证** 首先注意到，区间$(0,1)$中的每个实数都可以唯一地表示为十进制无限小数

$$x=0.a_1a_2a_3\cdots,$$

其中$a_i$是$0,1,\cdots,9$中的数字，并且有无限多个$a_i$不为零. 例如0.5表示为0.499…，不表示为0.500…. (本节后面要讨论$p$进制小数表示法，将证明这种表示法的存在性和唯一性).

用反证法. 若$(0,1)$是可列集，则$(0,1)$中的实数可以编号排序成为一个无穷序列：

$$(0,1)=\{x_1,x_2,x_3,\cdots\}. \tag{1.6}$$

设$x_i(i=1,2,\cdots)$的十进制无限小数表示为

$$x_1=0.a_1^{(1)}a_2^{(1)}a_3^{(1)}\cdots,$$

$$x_2=0.a_1^{(2)}a_2^{(2)}a_3^{(2)}\cdots,$$

$$x_3=0.a_1^{(3)}a_2^{(3)}a_3^{(3)}\cdots,$$

$$\cdots\cdots$$

现在考虑小数

$$x=0.a_1a_2a_3\cdots,$$

其中

$$a_i=\begin{cases}1, & a_i^{(i)}\neq 1,\\ 2, & a_i^{(i)}=1.\end{cases}$$

则$x\in(0,1)$. 但是$x\neq x_i(i=1,2,3,\cdots)$(因为$x$与$x_i$的第$i$位数字不同). 这样$x$就不在式(1.6)右端的序列中，这与假设矛盾！因此$(0,1)$不是可列集. ■

**例6** 若$A$是可列集，$B$是有限集，则$A\cup B$是可列集.

**证** 由于$A$是可列集，因此可以设$A=\{a_1,a_2,\cdots\}$. 又设$B=\{b_1,b_2,\cdots,b_n\}$. 若$A\cap B=\varnothing$，则$A\cup B$的元素可以编号排序为

$$A\cup B=\{b_1,b_2,\cdots,b_n,a_1,a_2,\cdots\}.$$

此时$A\cup B$是可列集. 若$A\cap B\neq\varnothing$，注意到

$$A\cup B=A\cup(B-A),$$

这表明 $A\cup B$ 可以表示为可列集与有限集的不相交并，此时 $A\cup B$ 也是可列集.

**定理 1.6** 可列集的任何无限子集还是可列集.

**证** 设 $A$ 是一可列集，则 $A$ 的元素可以编号排序成为一个无穷序列

$$a_1,a_2,\cdots,a_n,\cdots.$$

设 $B$ 是 $A$ 的一个无限子集. 则 $B$ 中的元素是上述序列的一个子列

$$a_{n_1},a_{n_2},\cdots,a_{n_k},\cdots.$$

因此 $B$ 是可列集. ■

结合定理 1.5 和定理 1.6 知道，实数集 $\mathbf{R}^1$ 不是可列集.

**定理 1.7** 任何无限集必包含一个可列的子集.

**证** 设 $A$ 是无限集. 在 $A$ 中任取一个元，记为 $a_1$. 假定 $a_1,a_2,\cdots,a_{n-1}$ 已经取定. 由于 $A$ 是无限集，故 $A-\{a_1,a_2,\cdots,a_{n-1}\}$ 不空. 在 $A-\{a_1,a_2,\cdots,a_{n-1}\}$ 中任取一个元，记为 $a_n$. 这样一直作下去，就得到 $A$ 中的一个无穷序列 $\{a_n\}$. 令 $A_1=\{a_1,a_2,\cdots\}$，则 $A_1$ 是 $A$ 的一个可列的子集. ■

**定理 1.8** 若 $\{A_i\}$ 是一列可列集，则 $\bigcup\limits_{i=1}^{n}A_i$ 和 $\bigcup\limits_{i=1}^{\infty}A_i$ 也是可列集. 即可列集的有限并和可列并还是可列集.

**证** 设 $\{A_i\}$ 是一列可列集，则每个 $A_i$ 的元素可以编号排序. 设

$$A_i=\{a_{i1},a_{i2},\cdots,a_{ij},\cdots\}\ (i=1,2,\cdots).$$

先考虑可列并的情形. $\bigcup\limits_{i=1}^{\infty}A_i$ 的元素可以按如下方式编号排序：

$$\begin{array}{lccccccc}
A_1: & a_{11} & & a_{12} & & a_{13} & & a_{14}\cdots \\
 & & \nearrow & & \nearrow & & \nearrow & \nearrow \\
A_2: & a_{21} & & a_{22} & & a_{23} & & a_{24}\cdots \\
 & & \nearrow & & \nearrow & & \nearrow & \\
A_3: & a_{31} & & a_{32} & & a_{33}\cdots & & \\
 & & \nearrow & & \nearrow & & & \\
A_4: & a_{41} & & a_{42}\cdots & & & & \\
 & \cdots\cdots & & & & & &
\end{array}$$

在编号排序时，若遇到前面已编号的重复元素，则跳过去不再编号. 于是 $\bigcup\limits_{i=1}^{\infty}A_i$ 的全部元素可以按上述方式编号排序成为一无穷序列. 所以 $\bigcup\limits_{i=1}^{\infty}A_i$ 是可列集. $\bigcup\limits_{i=1}^{n}A_i$ 也可以用同样的方法编号排序，因此 $\bigcup\limits_{i=1}^{n}A_i$ 也是可列集. ■

**定理 1.9** 若 $\{A_i\}$ 是一列有限集，则 $\bigcup\limits_{i=1}^{\infty}A_i$ 是有限集或可列集.

**证** 记 $A=\bigcup\limits_{i=1}^{\infty}A_i$. 我们只需证明，当 $A$ 不是有限集时，$A$ 是可列集. 事实上，可以先排 $A_1$ 的元素，排完 $A_1$ 的元素后再排 $A_2$ 的元素，这样一直排下去，若遇到重复元素则跳过去不排. 这样，$A$ 的元素可以编号排序成为一无穷序列. 因此 $A$ 是可列集. ■

定理1.8和定理1.9可以合并叙述为：可数个可数集的并还是可数集.

**定理1.10** 若 $A_1,A_2,\cdots,A_n$ 都是可列集，则它们的直积 $A_1\times A_2\times\cdots\times A_n$ 也是可列集.

**证** 为简单计不妨只证 $n=2$ 的情形，一般情况可以用数学归纳法证明. 设

$$A_1=\{a_1,a_2,\cdots\},\quad A_2=\{b_1,b_2,\cdots\}.$$

对每个正整数 $k\geqslant 1$，令

$$E_k=A_1\times\{b_k\}=\{(a_i,b_k):\ a_i\in A_1\}.$$

则 $A_1\times A_2=\bigcup\limits_{k=1}^{\infty}E_k$. 将 $(a_i,b_k)$ 与 $a_i$ 对应即知 $E_k$ 与 $A_1$ 对等，因此每个 $E_k$ 是可列集. 根据定理1.8知道 $A_1\times A_2$ 是可列集. ■

**推论1.1** 设 $I_1,I_2,\cdots,I_n$ 是 $n$ 个可列集，$A$ 是以 $I_1\times I_2\times\cdots\times I_n$ 中的元为下标的元的全体，即

$$A=\{a_{i_1,i_2,\cdots,i_n}:\ i_1\in I_1,i_2\in I_2,\cdots,i_n\in I_n\}$$

则 $A$ 是可列集.

**证** 将 $a_{i_1,i_2,\cdots,i_n}$ 与 $(i_1,i_2,\cdots,i_n)$ 对应即知 $A$ 与 $I_1\times I_2\times\cdots\times I_n$ 对等. 由定理1.10，$I_1\times I_2\times\cdots\times I_n$ 是可列集，因此 $A$ 也是可列集. ■

例如，集 $A=\{a_{ij}:\ i,j\in\mathbf{N}\}$ 是可列集.

**例7** 有理数集 $\mathbf{Q}$ 是可列集.

**证** 对每个 $n=1,2,3,\cdots$，令

$$A_n=\left\{\frac{1}{n},\frac{2}{n},\frac{3}{n},\cdots\right\}.$$

则每个 $A_n$ 是可列集. 由于正有理数集 $\mathbf{Q}^+=\bigcup\limits_{n=1}^{\infty}A_n$，由定理1.8知道 $\mathbf{Q}^+$ 是可列集. 由于负有理数集 $\mathbf{Q}^-$ 与 $\mathbf{Q}^+$ 对等，$\mathbf{Q}^-$ 也是可列集. 从而 $\mathbf{Q}=\mathbf{Q}^+\cup\mathbf{Q}^-\cup\{0\}$ 是可列集.

有理数集是可列集，这个事实非常重要，以后会经常用到.

**例8** 设 $\mathbf{Q}^n=\underbrace{\mathbf{Q}\times\mathbf{Q}\times\cdots\times\mathbf{Q}}_{n}$ 是 $\mathbf{R}^n$ 中的有理点(即坐标全为有理数的点)的全体所成的集. 由例7和定理1.10知道 $\mathbf{Q}^n$ 是可列集.

**例9** 整系数多项式的全体是可列集.

**证** 设 $P_n(n=0,1,2,3,\cdots)$ 是 $n$ 次整系数多项式的全体. 则 $\bigcup\limits_{n=0}^{\infty}P_n$ 就是整系数多项式的全体. 由对应关系

$$a_0+a_1x+\cdots+a_nx^n\leftrightarrow(a_0,a_1,\cdots,a_n)$$

即知 $P_n\sim\mathbf{Z}_0\times\mathbf{Z}_1\times\cdots\times\mathbf{Z}_n$(其中 $\mathbf{Z}_0,\mathbf{Z}_1,\cdots,\mathbf{Z}_{n-1}=\mathbf{Z}$ 是整数集，$\mathbf{Z}_n=\mathbf{Z}-\{0\}$). 由于 $\mathbf{Z}_0,\mathbf{Z}_1,\cdots,\mathbf{Z}_n$ 都是可列集，根据定理1.10，$\mathbf{Z}_0\times\mathbf{Z}_1\times\cdots\times\mathbf{Z}_n$ 是可列集，因此每个 $P_n$ 都是可列集. 再由定理1.8知道 $\bigcup\limits_{n=0}^{\infty}P_n$ 是可列集.

设 $x$ 是一个实数，若 $x$ 是某个整系数多项式的零点，则称 $x$ 是一个代数数. 若 $x$ 不是代数数，则称 $x$ 为超越数. 显然每个有理数是代数数. 由于 $\sqrt{2}$ 是方程 $x^2-2=0$ 的根，

因此$\sqrt{2}$是代数数. 这表明有些无理数也是代数数，因此代数数集比有理数集大. 那么代数数集还是可列集吗？结论是肯定的.

**例 10** 代数数集是可列集.

**证** 将代数数集记为 $A$. 根据例 9 的结论，可以设整系数多项式的全体为$\{p_1, p_2, \cdots, p_n, \cdots\}$. 又设

$$A_n = \{x: x \text{ 是 } p_n \text{ 的实零点}\} \quad (n=1,2,\cdots).$$

则每个 $A_n$ 是有限集，并且 $A=\bigcup_{n=1}^{\infty} A_n$. 显然 $A$ 是无限集，根据定理 1.9 知道，$A$ 是可列集.

由于代数数集是可列集，而实数集 $\mathbf{R}^1$ 不是可列集，这说明超越数是存在的。

**例 11** 若 $A=\{I_\alpha\}$是直线上一族互不相交的开区间所成的集，则 $A$ 是可数集.

**证** 对每个 $I_\alpha \in A$，在其中任意选取一个有理数记为 $r_\alpha$. 作映射 $f: A \to \mathbf{Q}$ 使得 $f(I_\alpha)=r_\alpha$. 由于当 $I_{\alpha_1} \neq I_{\alpha_2}$ 时，$I_{\alpha_1} \cap I_{\alpha_2} = \varnothing$，因此 $f$ 是单射. 令 $B=f(A)$，则 $f$ 是 $A$ 到 $B$ 的双射，因此 $A \sim B$. 由于 $\mathbf{Q}$ 是可列集，$B \subset \mathbf{Q}$，由定理 1.6 知道 $B$ 是可数集. 因此 $A$ 也是可数集.

**例 12** 单调函数的间断点的全体是可数集.

**证** 设 $f(x)$是定义在区间 $I$ 上的单调函数，不妨设 $f(x)$是单调增加的. 对任意 $x \in I$，$f(x)$在 $x$ 处的左右单侧极限 $f(x-0)$和 $f(x+0)$都存在，并且 $f(x-0) \leqslant f(x+0)$. 若 $x$ 是 $f(x)$的间断点，则 $f(x-0) < f(x+0)$. 这样 $f(x)$的每个间断点 $x$ 就对应一个开区间$(f(x-0), f(x+0))$. 由于当 $x_1 < x_2$时 $f(x_1+0) \leqslant f(x_2-0)$，因此不同的间断点对应的开区间不相交(如图 1-4). 这样 $f(x)$的间断点的全体就对应于直线上的一族互不相交的开区间. 由例 11 的结果即知 $f(x)$的间断点的全体是可数集.

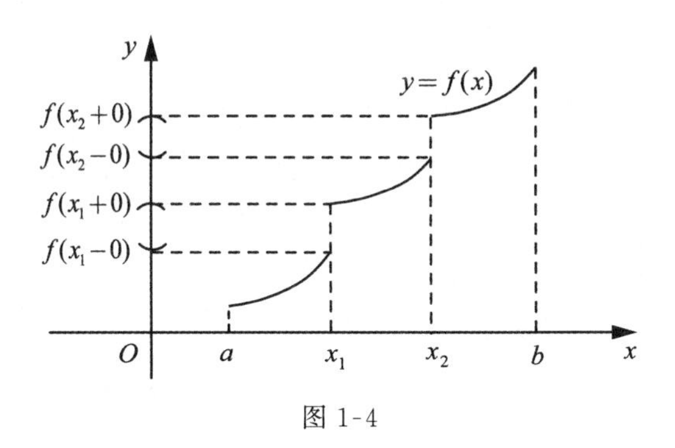


图 1-4

### 1.2.3 基数

有时我们需要比较两个集的元素的多与少. 对于有限集可以通过数出两个集元素的个数来比较. 这种方法显然不适用于无限集的情形. 但我们还可以采用另一种方法，即"一一对应"的方法. 例如，设想要比较参加某一舞会的男士和女士孰多孰少. 可以让各人都去找自己的舞伴. 如果每个男士都找到自己的舞伴，并且没有女士空闲，那我们就知

道参加舞会的男士和女士一样多. 如果每个男士都找到了舞伴，并且还有一些女士没有舞伴，那我们就知道参加舞会的男士比女士少. 这种比较的方法也适用于无限集的情形. 下面定义的"基数"可以理解为表示集的元素的个数一种属性.

**定义 1.7** 设 $A$ 和 $B$ 是两个集，如果 $A \sim B$，则称 $A$ 和 $B$ 具有相同的基数(或势). 集 $A$ 的基数记为 $\overline{\overline{A}}$.

根据基数的定义，所有相互对等的集具有同样的基数. 因此，集的基数是所有相互对等的集的一种共同属性，是有限集元素个数这个属性的推广.

规定集 $\{1,2,\cdots,n\}$ 的基数用 $n$ 表示，空集 $\varnothing$ 的基数用 0 表示. 即有限集的基数就是该集中元素的个数. 自然数集 $\mathbf{N}$ 的基数用符号 $\aleph_0$(读作"阿列夫零")表示. 实数集 $\mathbf{R}^1$ 的基数用 $c$ 表示，称之为连续基数.

对于两个有限集，我们可以比较它们的元素的个数的多与少. 对于无限集而言，元素的个数已经没有意义，但是可以比较它们的基数的大小.

**定义 1.8** 设 $A$ 和 $B$ 是两个集. 若 $A$ 与 $B$ 的一个子集对等，则称 $A$ 的基数小于或等于 $B$ 的基数，记为 $\overline{\overline{A}} \leqslant \overline{\overline{B}}$. 若 $A$ 与 $B$ 的一个真子集对等，但与 $B$ 本身不对等，则称 $A$ 的基数小于 $B$ 的基数，记为 $\overline{\overline{A}} < \overline{\overline{B}}$.

**注 1** 对于无限集而言，当 $A$ 与 $B$ 的一个真子集对等时，$A$ 还可能与 $B$ 本身对等. 例如前面已经提到奇自然数集与自然数集对等. 因此在定义 1.8 中，只有当 $A$ 与 $B$ 的一个真子集对等，但与 $B$ 本身不对等时，才说 $A$ 的基数小于 $B$ 的基数.

**例 13** 若 $A$ 是无限集，则 $\aleph_0 \leqslant \overline{\overline{A}}$. 换言之，可列集的基数是无限集基数中最小的一个. 事实上，根据定理 1.7，$A$ 包含一个可列的子集. 设这个可列的子集为 $A_1$. 则自然数集 $\mathbf{N}$ 与 $A_1$ 对等. 因此 $\overline{\overline{\mathbf{N}}} \leqslant \overline{\overline{A}}$，即 $\aleph_0 \leqslant \overline{\overline{A}}$. 此外，由于 $\mathbf{N}$ 是 $\mathbf{R}^1$ 的真子集但与 $\mathbf{R}^1$ 不对等，因此 $\overline{\overline{\mathbf{N}}} < \overline{\overline{\mathbf{R}^1}}$，即 $\aleph_0 < c$.

**定理 1.11** 若 $A$ 是无限集，$B$ 是有限集或可列集，则 $\overline{\overline{A \cup B}} = \overline{\overline{A}}$.

**证** 不妨设 $A \cap B = \varnothing$，否则用 $B - A$ 代替 $B$. 又不妨只考虑 $B$ 是可列集的情形. 设 $B = \{b_1, b_2, \cdots\}$. 因为 $A$ 为无限集，由定理 1.7 知道 $A$ 包含一个可列的子集，记为 $A_1$. 设 $A_1 = \{a_1, a_2, \cdots\}$. 作映射 $f: A \cup B \to A$，使得

$$\text{当 } a_n \in A_1 (n=1,2,\cdots) \text{ 时}, f(a_n) = a_{2n-1},$$

$$\text{当 } b_n \in B (n=1,2,\cdots) \text{ 时}, f(b_n) = a_{2n},$$

$$\text{当 } x \in A - A_1 \text{ 时}, f(x) = x.$$

显然 $f$ 是 $A \cup B$ 到 $A$ 的双射，因此 $A \cup B \sim A$，于是 $\overline{\overline{A \cup B}} = \overline{\overline{A}}$. ■

**例 14** 无理数集的基数是 $c$.

**证** 记无理数集为 $A$，有理数集为 $\mathbf{Q}$. 由于 $A$ 是无限集，$\mathbf{Q}$ 是可列集. 根据定理 1.11，我们有

$$\overline{\overline{A}} = \overline{\overline{A \cup \mathbf{Q}}} = \overline{\overline{\mathbf{R}^1}} = c.$$

因此无理数集的基数是 $c$.

例 14 表明在实数集中，无理数比有理数多得多.

类似于例 14 可以证明，超越数的全体具有基数 $c$. 而代数数集的基数是 $\aleph_0$，这表明超越数是存在的，而且要比代数数多得多. 在 Cantor 创立集合论之前，曾有一些数学家努力去证明超越数是存在的. 后来终于证明了 e(自然对数的底)是超越数. 然而用基数理论不仅证明了超越数是存在的，而且还很多. 不过这种方法只是证明了超越数的存在性，却不能告诉我们哪些数是超越数. 尽管如此，这仍然显示出基数理论的应用价值.

**例 15** 区间 $(0,1)$ 和区间 $[0,1]$ 的基数都是 $c$.

**证** 作函数 $f:(0,1)\to\mathbf{R}^1$，$f(x)=\tan\left(x-\frac{1}{2}\right)\pi$. 则 $f$ 是双射. 因此 $(0,1)$ 与 $\mathbf{R}^1$ 对等，从而 $(0,1)$ 的基数是 $c$. 由于 $[0,1]=(0,1)\cup\{0,1\}$，根据定理1.11 知道，$\overline{\overline{[0,1]}}=\overline{\overline{(0,1)}}=c$.

一般地，可以证明直线上任何区间的基数都是 $c$.

上面在证明 $\overline{\overline{[0,1]}}=\overline{\overline{(0,1)}}$ 时，我们利用了定理 1.11. 实际上也可以直接作出一个 $[0,1]$ 到 $(0,1)$ 的双射. 例如，作映射 $\varphi:[0,1]\to(0,1)$ 使得

$$\varphi(0)=\frac{1}{2},\quad \varphi(1)=\frac{1}{3},\quad \varphi\left(\frac{1}{n}\right)=\frac{1}{n+2}\quad (n=2,3,\cdots),$$

$$\varphi(x)=x\quad \left(x\neq 0,1,\frac{1}{2},\frac{1}{3},\cdots\right).$$

则 $\varphi$ 是 $[0,1]$ 到 $(0,1)$ 的双射. 因此 $[0,1]\sim(0,1)$.

为了下面的需要，现在介绍 $p$ 进制小数. 设 $p\geqslant 2$ 是一自然数，$\{a_n\}$ 是一个数列，其中 $a_n$ 只取 $0,1,\cdots,p-1$ 为值. 则级数

$$\frac{a_1}{p^1}+\frac{a_2}{p^2}+\cdots+\frac{a_n}{p^n}+\cdots \tag{1.7}$$

收敛，并且其和 $x\in[0,1]$. 把级数(1.7)的和记为

$$x=0.a_1a_2\cdots a_n\cdots. \tag{1.8}$$

称上式的右边为 $p$ 进制小数. 在 $p$ 进制小数(1.8)中，若有无限多个 $a_n\neq 0$，则称之为 $p$ 进制无限小数，否则称之为 $p$ 进制有限小数. 这样，一个 $p$ 进制无限小数表示区间 $(0,1]$ 中的一个实数. 反过来，我们有下面的定理：

**定理 1.12** 区间 $(0,1]$ 中的任一实数都可以唯一地表示为一个 $p$ 进制无限小数.

**证** 以 $p=2$ 为例. 一般情形是类似的. 设 $x\in(0,1]$. 将区间 $(0,1]$ 分割为两个等长的区间 $\left(0,\frac{1}{2}\right]$ 和 $\left(\frac{1}{2},1\right]$. 若 $x$ 落入第一个区间，则令 $a_1=0$. 若 $x$ 落入第二个区间，则令 $a_1=1$. 设 $a_1$ 已经确定. 将 $x$ 落入的那个区间 $\left(0,\frac{1}{2}\right]$ 或 $\left(\frac{1}{2},1\right]$ 分割为两个等长的区间

$$\left(0,\frac{1}{2^2}\right],\ \left(\frac{1}{2^2},\frac{1}{2}\right]\quad \left(\text{或}\left(\frac{1}{2},\ \frac{1}{2}+\frac{1}{2^2}\right],\ \left(\frac{1}{2}+\frac{1}{2^2},\ 1\right]\right).$$

若 $x$ 落入第一个区间，则令 $a_2=0$. 若 $x$ 落入第二个区间，则令 $a_2=1$. 这样一直作下去，

得到一个数列$\{a_n\}$，其中$a_n=0$或1，并且有无限多个$a_n$不为零. 由这样的数列$\{a_n\}$构成的级数(1.7)的部分和$s_n$满足

$$0<x-s_n<\frac{1}{2^n}\quad(n\geqslant 1).$$

令$n\to\infty$得到$x=\lim\limits_{n\to\infty}s_n$. 这表明$x$是级数(1.7)的和. 于是$x$可以唯一地表示成二进制无限小数

$$x=0.a_1a_2\cdots a_n\cdots.\ ■$$

设$a=(a_1,a_2,\cdots)$是一数列. 若每个$a_n$只取0或1两个可能的值，则称$\{a_n\}$为二元数列.

**定理 1.13** (1) 二元数列的全体所成之集的基数是$c$；

(2) 若$X$是一可列集，则$X$的幂集$\mathscr{P}(X)$的基数是$c$.

**证** (1) 证明的基本思路是利用区间$(0,1]$中实数的二进制无限小数表示法. 将二元数列的全体所成之集记为$A$. 令

$$B=\{a\in A: a=(a_1,\cdots,a_n,0,\cdots),\ n=1,2,\cdots\}.$$

即$B$是从某一项开始恒为零的二元数列的全体. 对每个$n=1,2,\cdots$，令

$$B_n=\{a\in A: a=(a_1,\cdots,a_n,0,\cdots)\}.$$

则$B=\bigcup\limits_{n=1}^{\infty}B_n$. 由于每个$B_n$只有$2^n$个元，故$B$是可列集. 作映射$f:A-B\to(0,1]$使得

$$f((a_1,a_2,\cdots))=0.a_1a_2\cdots.$$

则$f$是双射. 因此$A-B\sim(0,1]$，从而$\overline{\overline{A-B}}=\overline{\overline{(0,1]}}=c$. 由定理1.11得到

$$\overline{\overline{A}}=\overline{\overline{(A-B)\cup B}}=\overline{\overline{A-B}}=c.$$

(2) 设$X=\{x_1,x_2,\cdots,x_n,\cdots\}$. 仍设$A$是二元数列的全体. 作映射$\varphi:\mathscr{P}(X)\to A$，使得

$$\varphi(C)=(a_1,a_2,\cdots)\quad(C\in\mathscr{P}(X)),$$

其中

$$a_n=\begin{cases}1, & x_n\in C,\\ 0, & x_n\notin C.\end{cases}$$

则$\varphi$是一个双射. 因此$\mathscr{P}(X)\sim A$，从而$\overline{\overline{\mathscr{P}(X)}}=\overline{\overline{A}}=c$. ■

特别地，自然数集$\mathbf{N}$的子集的全体所成的集具有基数$c$.

若$A$是一个有限集，其元素的个数为$n$，则$A$有$2^n$个子集. 由于这个原因，对于一个有限集或无限集$A$，若$\overline{\overline{A}}=\alpha$，则用$2^\alpha$表示$\mathscr{P}(A)$的基数. 这样定理1.13(2)的结论可以表示为$2^{\aleph_0}=c$.

对于两个实数$a$和$b$，若$a\leqslant b$并且$b\leqslant a$，则$a=b$. 下面的Bernstein定理表明，对于基数有类似的结果.

**定理 1.14*** (F. Bernstein 定理) 设$A$和$B$是两个集. 若$A$与$B$的一个子集对等，并且$B$与$A$的一个子集对等，则$A$与$B$对等. 用基数表示就是，若$\overline{\overline{A}}\leqslant\overline{\overline{B}}$并且$\overline{\overline{B}}\leqslant\overline{\overline{A}}$，则$\overline{\overline{A}}=\overline{\overline{B}}$.

**证** 由假设条件，存在两个单射 $f:A\to B$ 和 $g:B\to A$. 不妨设 $f(A)\neq B$，$g(B)\neq A$. 先证明存在分解

$$A=A_1\cup A_2,\quad B=B_1\cup B_2,$$

其中 $A_1\cap A_2=\varnothing$，$B_1\cap B_2=\varnothing$，并且 $f(A_1)=B_1$，$g(B_2)=A_2$.

设 $E\subset A$，若 $E\cap g(B-f(E))=\varnothing$，则称 $E$ 是 $A$ 中的分离集. 分离集是存在的. 事实上，由于 $g(B)\neq A$，因此 $A-g(B)\neq\varnothing$. 任取 $a\in A-g(B)$，则

$$\{a\}\cap g(B-f(\{a\}))\subset\{a\}\cap g(B)=\varnothing.$$

这表明 $E=\{a\}$是分离集. 令

$$A_1=\bigcup\{E:E\text{ 是 }A\text{ 中的分离集}\}.$$

则 $A_1$ 是 $A$ 中的分离集. 事实上，对 $A$ 中的任意分离集 $E$，由于 $E\subset A_1$，我们有

$$E\cap g(B-f(A_1))\subset E\cap g(B-f(E))=\varnothing.$$

因此 $E\cap g(B-f(A_1))=\varnothing$. 由于 $E$ 的任意性，这表明 $A_1\cap g(B-f(A_1))=\varnothing$. 因此 $A_1$ 是分离集. 现在令

$$B_1=f(A_1),\quad B_2=B-B_1,\quad A_2=g(B_2),$$

则 $B_1\cap B_2=\varnothing$并且 $B=B_1\cup B_2$. 由于 $A_1$ 是分离集，故

$$A_1\cap A_2=A_1\cap g(B_2)=A_1\cap g(B-f(A_1))=\varnothing.$$

现在证明 $A=A_1\cup A_2$. 反设 $A\neq A_1\cup A_2$，则存在 $a_0\in A-(A_1\cup A_2)$. 令 $A_0=A_1\cup\{a_0\}$. 由于 $B_1=f(A_1)\subset f(A_0)$，因此 $B-f(A_0)\subset B-B_1=B_2$. 从而

$$g(B-f(A_0))\subset g(B_2)=A_2.$$

于是 $A_1\cap g(B-f(A_0))\subset A_1\cap A_2=\varnothing$. 由于 $a_0\notin A_2$，因此也有 $A_0\cap g(B-f(A_0))=\varnothing$，即 $A_0$ 也是分离集. 但这与 $A_1$ 的定义矛盾. 这就证明了分解的存在.

由于 $g:B_2\to A_2$ 是双射，故存在逆映射 $g^{-1}:A_2\to B_2$. 现在作映射$\varphi:A\to B$如下：

$$\varphi(x)=\begin{cases}f(x), & x\in A_1,\\ g^{-1}(x), & x\in A_2.\end{cases}$$

由于 $f:A_1\to B_1$ 和 $g^{-1}:A_2\to B_2$ 都是双射，因此 $\varphi$ 是 $A$ 到 $B$ 的双射. 这就证明了 $A\sim B$. ■

Bernstein 定理是证明两个集对等的一个有力工具. 下面举几个例子说明Bernstein定理的应用.

**例 16** 设 $\mathbf{R}^\infty$ 是实数列 $x=(x_1,x_2,\cdots)$的全体. 证明 $\overline{\overline{\mathbf{R}^\infty}}=c$.

**证** 设

$$(0,1)^\infty=\{x=(x_1,x_2,\cdots):\ 0<x_i<1\}.$$

则$(0,1)^\infty\subset\mathbf{R}^\infty$. 作映射 $f:(0,1)^\infty\to\mathbf{R}^\infty$ 使得

$$f(x)=\left(\tan\left(x_1-\frac{1}{2}\right)\pi,\ \tan\left(x_2-\frac{1}{2}\right)\pi,\cdots\right)\quad(x=(x_1,x_2,\cdots)\in(0,1)^\infty).$$

则 $f$ 是$(0,1)^\infty$到 $\mathbf{R}^\infty$ 的双射，从而$(0,1)^\infty\sim\mathbf{R}^\infty$. 因此我们只需证明$\overline{\overline{(0,1)^\infty}}=c$.

对任意 $x\in(0,1)$，将 $x$ 与$(0,1)^\infty$ 的元 $x=(x,x,\cdots)$对应，即知区间$(0,1)$与

$(0,1)^\infty$ 的子集 $\{(x,x,\cdots): x\in(0,1)\}$ 对等，从而

$$\overline{\overline{(0,1)}} \leqslant \overline{\overline{(0,1)^\infty}}. \tag{1.9}$$

反过来，设 $x=(x_1,x_2,\cdots)\in(0,1)^\infty$，把每个 $x_i$ 表示为十进制无限小数

$$\begin{aligned} x_1 &= 0.x_{11}x_{12}x_{13}\cdots x_{1n}\cdots, \\ x_2 &= 0.x_{21}x_{22}x_{23}\cdots x_{2n}\cdots, \\ x_3 &= 0.x_{31}x_{32}x_{33}\cdots x_{3n}\cdots, \\ &\cdots\cdots \\ x_n &= 0.x_{n1}x_{n2}x_{n3}\cdots x_{nn}\cdots, \\ &\cdots\cdots \end{aligned}$$

令 $g(x)=0.x_{11}x_{21}x_{12}x_{31}x_{22}x_{13}\cdots$，其中各小数位数字的取法顺序按照对角线方法. 则 $g$ 是单射，因此 $(0,1)^\infty$ 与 $(0,1)$ 的一个子集对等，从而

$$\overline{\overline{(0,1)^\infty}} \leqslant \overline{\overline{(0,1)}}. \tag{1.10}$$

综合式(1.9)和式(1.10)，利用 Bernstein 定理即知 $\overline{\overline{(0,1)^\infty}}=\overline{\overline{(0,1)}}=c$，从而 $\overline{\overline{\mathbf{R}^\infty}}=c$.

**例 17**　证明 $\overline{\overline{\mathbf{R}^n}}=c$.

**证**　由于 $\mathbf{R}^1$ 与 $\mathbf{R}^n$ 的子集 $\{(x,0,\cdots,0): x\in\mathbf{R}^1\}$ 对等，因此 $\overline{\overline{\mathbf{R}^1}}\leqslant\overline{\overline{\mathbf{R}^n}}$. 另一方面，$\mathbf{R}^n$ 与 $\mathbf{R}^\infty$ 的子集 $\{(x_1,x_2,\cdots,x_n,0,\cdots): (x_1,x_2,\cdots,x_n)\in\mathbf{R}^n\}$ 对等，因此 $\overline{\overline{\mathbf{R}^n}}\leqslant\overline{\overline{\mathbf{R}^\infty}}=\overline{\overline{\mathbf{R}^1}}$. 再由 Bernstein 定理即知 $\overline{\overline{\mathbf{R}^n}}=\overline{\overline{\mathbf{R}^1}}=c$.

**例 18**　设 $C[a,b]$ 是 $[a,b]$ 上的连续函数的全体. 则 $\overline{\overline{C[a,b]}}=c$.

**证**　对任意 $c\in\mathbf{R}^1$，作常数函数 $f(x)=c\,(x\in[a,b])$，则 $f\in C[a,b]$. 因此 $\mathbf{R}^1$ 与 $C[a,b]$ 的一个子集对等，从而

$$\overline{\overline{\mathbf{R}^1}} \leqslant \overline{\overline{C[a,b]}}. \tag{1.11}$$

另一方面，设 $\{r_1,r_2,\cdots\}$ 是 $[a,b]$ 中的有理数的全体. 作映射 $\varphi: C[a,b]\to\mathbf{R}^\infty$ 使得

$$\varphi(f)=(f(r_1),\ f(r_2),\cdots)\quad (f\in C[a,b]).$$

则 $\varphi$ 是单射. 事实上，若 $f,g\in C[a,b]$ 使得 $\varphi(f)=\varphi(g)$，则 $f(r_i)=g(r_i)\ (i=1,2,\cdots)$. 对任意 $x\in[a,b]$，存在 $\{r_n\}$ 的一个子列 $\{r_{n_k}\}$ 使得 $r_{n_k}\to x\,(k\to\infty)$. 由于 $f$ 和 $g$ 的连续性得到

$$f(x)=\lim_{k\to\infty}f(r_{n_k})=\lim_{k\to\infty}g(r_{n_k})=g(x).$$

所以 $f=g$. 这表明 $\varphi$ 是单射，因此 $C[a,b]$ 与 $\mathbf{R}^\infty$ 的一个子集对等. 于是

$$\overline{\overline{C[a,b]}} \leqslant \overline{\overline{\mathbf{R}^\infty}}=\overline{\overline{\mathbf{R}^1}}. \tag{1.12}$$

综合式(1.11)和式(1.12)，利用 Bernstein 定理即知 $\overline{\overline{C[a,b]}}=\overline{\overline{\mathbf{R}^1}}=c$.

**注 2**　根据定理 1.13(2)的结论，若 $X$ 的基数是 $\aleph_0$，则 $\mathscr{P}(X)$ 的基数是 $c$. 在例 13 中已经知道 $\aleph_0<c$. 因此若 $X$ 是一可列集，则 $\overline{\overline{X}}<\overline{\overline{\mathscr{P}(X)}}$. 一般地可以证明对任何一个非空集 $A$，必有 $\overline{\overline{A}}<\overline{\overline{\mathscr{P}(A)}}$. 这说明不存在一个具有最大基数的集.

**注 3**　关于连续统假设. 集合论的创立者 Cantor 猜想不存在一个集 $A$ 使得 $\aleph_0 < \overline{\overline{A}} < c$. Cantor 用了很大精力试图证明这个结论，但没有成功. 但他相信这个结论是正确的. 这就是著名的"连续统假设". 在 1900 年的国际数学家大会上，著名的数学家希尔伯特(D. Hilbert，1862—1943)提出了在 20 世纪数学家应当关注的 23 个数学问题，其中第一个问题就是连续统假设. 连续统假设的真与假只能在给定的集合论的公理系统下才能作出结论. 在 Zemelo-Frankl 集合论公理系统的框架下，这个问题在 1938 年获得部分解决，直到 1963 年获得最终解决. 结论是，在 Zemelo-Frankl 集合论公理系统的框架下，连续统假设既不能被证明，也不能被推翻. 连续统假设与集合论的其他公理是彼此独立的.

## 1.3　集　类

设 $X$ 是一固定的非空集. $X$ 的满足某个条件的子集的全体所成的集称为 $X$ 上的集类. 一般用花体字母如 $\mathscr{A},\mathscr{B},\mathscr{C}$ 等表示集类. 例如，由 $X$ 的所有子集构成的幂集 $\mathscr{P}(X)$ 就是 $X$ 上的一个集类. 又如，直线上开区间的全体是 $\mathbf{R}^1$ 上的一个集类.

设 $\mathscr{A}$ 是一非空集类. 若对任意 $A,B\in\mathscr{A}$，均有 $A\cup B\in\mathscr{A}$，则称 $\mathscr{A}$ 对并运算封闭. 显然若 $\mathscr{A}$ 对并运算封闭，则 $\mathscr{A}$ 对有限个集的并运算也封闭. 若对 $\mathscr{A}$ 中的任意一列集 $\{A_n\}$ 总有 $\bigcup_{n=1}^{\infty}A_n\in\mathscr{A}$，则称 $\mathscr{A}$ 对可列并运算封闭. 类似地可以定义集类对其他运算的封闭性.

例如，考虑 $\mathbf{R}^1$ 上的集类

$$\mathscr{C}=\left\{A\subset\mathbf{R}^1:A=\bigcup_{i=1}^{n}(a_i,b_i),n=1,2,\cdots,\text{ 或 }A=\varnothing\right\}.$$

易知 $\mathscr{C}$ 对并运算和交运算封闭，但对差运算和可列并运算不封闭.

### 1.3.1　代数与 $\sigma$-代数

在测度论中经常要遇到具有某些运算封闭性的集类. 对集类要求不同的运算封闭性就得到不同的集类. 本节主要介绍代数和 $\sigma$-代数两种集类. 以下设 $X$ 是一给定的非空集.

**定义 1.9**　设 $\mathscr{A}$ 是 $X$ 上的一个集类. 若 $\varnothing\in\mathscr{A}$，并且 $\mathscr{A}$ 对并运算和余运算封闭，则称 $\mathscr{A}$ 为代数.

**例 1**　设 $X$ 是一无限集. 则集类 $\mathscr{A}=\{A\subset X: A$ 或 $A^C$ 是有限集$\}$是代数.

**证**　显然 $\varnothing\in\mathscr{A}$，并且 $\mathscr{A}$ 对余运算封闭. 设 $A,B\in\mathscr{A}$. 若 $A$ 和 $B$ 都是有限集，则 $A\cup B$ 是有限集，因而 $A\cup B\in\mathscr{A}$. 若 $A$ 和 $B$ 中至少有一个是无限集，不妨设 $A$ 是无限集. 则 $A^C$ 是有限集. 由于

$$(A\cup B)^C=A^C\cap B^C\subset A^C$$

故 $(A\cup B)^C$ 是有限集，此时也有 $A\cup B\in\mathscr{A}$. 因此 $\mathscr{A}$ 对并运算封闭. 这就证明了 $\mathscr{A}$ 是代数.

**定理 1.15**　设 $\mathscr{A}$ 是 $X$ 上的一个集类. 则：

(1) 若 $\varnothing\in\mathscr{A}$，并且 $\mathscr{A}$ 对交运算和余运算封闭，则 $\mathscr{A}$ 是代数.

(2) 若$\mathscr{A}$是一个代数，则$\mathscr{A}$对交运算和差运算封闭.

**证** (1) 设$A,B\in\mathscr{A}$. 由于$\mathscr{A}$对余运算封闭，故$A^C,B^C\in\mathscr{A}$. 利用$\mathscr{A}$对交运算的封闭性得到$A^C\cap B^C\in\mathscr{A}$. 再根据De Morgan公式和$\mathscr{A}$对余运算的封闭性，得到$A\cup B=(A^C\cap B^C)^C\in\mathscr{A}$. 因此$\mathscr{A}$对并运算封闭，从而$\mathscr{A}$是代数.

(2) 设$\mathscr{A}$是一个代数. 由等式$A\cap B=(A^C\cup B^C)^C$即知$\mathscr{A}$对交运算封闭. 再利用等式$A-B=A\cap B^C$即知$\mathscr{A}$对差运算封闭. ■

结合代数的定义和定理1.15知道，若$\mathscr{A}$是一个代数，则$\mathscr{A}$对有限并、有限交、差运算和余运算封闭.

**定义1.10** 设$\mathscr{F}$是$X$上的一个集类. 若$\varnothing\in\mathscr{F}$，并且$\mathscr{F}$对可列并和余运算封闭，则称$\mathscr{F}$为$\sigma$-代数.

**例2** 显然$\mathscr{P}(X)$是$\sigma$-代数，这是$X$上的最大的$\sigma$-代数. 由$\varnothing$和$X$两个集构成的集类$\{\varnothing,X\}$也是一个$\sigma$-代数. 另一方面，若$\mathscr{F}$是$X$上的$\sigma$-代数，则必有$\{\varnothing,X\}\subset\mathscr{F}$(这是由于$\varnothing\in\mathscr{F}$并且$\mathscr{F}$对余运算封闭，故$X=\varnothing^C\in\mathscr{F}$). 因此$\{\varnothing,X\}$是$X$上的最小$\sigma$-代数.

**例3** 设$X$是一个无限集. 例1中的$\mathscr{A}$对可列并运算不封闭. 事实上，由于$X$是无限集，根据定理1.7，$X$包含一个可列子集. 设

$$A=\{a_1,a_2,\cdots,a_n,\cdots\}$$

是$X$的可列子集. 令$A_n=\{a_{2n}\}(n=1,2,\cdots)$. 则$A_n\in\mathscr{A}\ (n\geqslant 1)$. 但

$$\bigcup_{n=1}^{\infty}A_n=\{a_2,a_4,\cdots\}\notin\mathscr{A}.$$

这表明$\mathscr{A}$对可列并运算不封闭，因此$\mathscr{A}$不是$\sigma$-代数. 若令

$$\mathscr{F}=\{A\subset X:A\text{ 或 }A^C\text{ 是可数集}\}.$$

则$\mathscr{F}$是$X$上的一个$\sigma$-代数. 这个结论的证明留作习题.

**定理1.16** 设$\mathscr{F}$是一个$\sigma$-代数. 则：

(1) $\mathscr{F}$是代数.

(2) $\mathscr{F}$对并运算、交运算、差运算和可列交运算封闭.

**证** 由于

$$A_1\cup A_2\cup\cdots\cup A_n=A_1\cup A_2\cup\cdots\cup A_n\cup A_n\cdots,$$

即有限并可以表示成可列并，因此$\mathscr{F}$对有限并运算封闭，从而$\mathscr{F}$是代数. 由定理1.15知道$\mathscr{F}$对交运算和差运算封闭. 根据De Morgan公式，有

$$\bigcap_{n=1}^{\infty}A_n=\Big(\bigcup_{n=1}^{\infty}A_n^C\Big)^C.$$

由此知道$\mathscr{F}$对可列交运算封闭. ■

结合$\sigma$-代数的定义和定理1.16知道，若$\mathscr{F}$是一个$\sigma$-代数，则$\mathscr{F}$对有限并和可列并、有限交和可列交、差运算和余运算都封闭. 因此$\sigma$-代数具有很好的运算封闭性.

设$\mathscr{C}$是一个非空集类，则$\mathscr{P}(X)$是一个包含$\mathscr{C}$的$\sigma$-代数. 这表明至少存在一个包含$\mathscr{C}$的$\sigma$-代数. 令$\mathscr{F}$是所有包含$\mathscr{C}$的$\sigma$-代数的交. 容易证明$\mathscr{F}$满足以下两条性质：

(1) $\mathscr{F}$是包含$\mathscr{C}$的$\sigma$-代数；

(2) 若$\mathscr{F}'$是一个包含$\mathscr{C}$的$\sigma$-代数，则$\mathscr{F}\subset\mathscr{F}'$.

换言之，$\mathscr{F}$ 是包含 $\mathscr{C}$ 的最小 $\sigma$- 代数. 这个 $\sigma$- 代数称为是由集类 $\mathscr{C}$ 生成的 $\sigma$- 代数，记为 $\sigma(\mathscr{C})$.

**例 4** 证明 $\sigma(\mathscr{C})=\sigma(\mathscr{C}_1)$，其中

$$\mathscr{C}=\{A\subset X:A \text{ 是有限集}\},$$
$$\mathscr{C}_1=\{A\subset X:A \text{ 或 } A^C \text{ 是有限集}\}.$$

**证** 由于 $\mathscr{C}\subset\mathscr{C}_1\subset\sigma(\mathscr{C}_1)$，而 $\sigma(\mathscr{C})$ 在包含 $\mathscr{C}$ 的 $\sigma$-代数中是最小的，因此

$$\sigma(\mathscr{C})\subset\sigma(\mathscr{C}_1).$$

现在证明相反的包含关系. 先证明 $\mathscr{C}_1\subset\sigma(\mathscr{C})$. 设 $A\in\mathscr{C}_1$. 则 $A$ 或者 $A^C$ 是有限集. 若 $A$ 是有限集，则 $A\in\mathscr{C}\subset\sigma(\mathscr{C})$. 若 $A^C$ 是有限集，则 $A^C\in\mathscr{C}\subset\sigma(\mathscr{C})$，于是 $A=(A^C)^C\in\sigma(\mathscr{C})$. 这表明 $\mathscr{C}_1\subset\sigma(\mathscr{C})$，于是

$$\sigma(\mathscr{C}_1)\subset\sigma(\mathscr{C}).$$

这就证明了 $\sigma(\mathscr{C})=\sigma(\mathscr{C}_1)$.

**例 5*** 设 $\mathscr{C}$ 是由 $X$ 的单点子集的全体所成的集类. 则

$$\sigma(\mathscr{C})=\{A\subset X:A \text{ 或 } A^C \text{ 是可数集}\}. \tag{1.13}$$

**证** 将式(1.13)右边的集类记为 $\mathscr{F}$. 显然 $\mathscr{F}\supset\mathscr{C}$. 不难验证 $\mathscr{F}$ 是一个 $\sigma$-代数(参见习题 1，A 类第 17 题). 由于 $\sigma(\mathscr{C})$ 是包含 $\mathscr{C}$ 的最小 $\sigma$-代数，因此 $\sigma(\mathscr{C})\subset\mathscr{F}$. 另一方面，设 $A\in\mathscr{F}$. 若 $A$ 是可数集，则

$$A=\bigcup_{i=1}^{n}\{a_i\}，\text{或 } A=\bigcup_{i=1}^{\infty}\{a_i\},$$

其中 $a_i\in A$. 由于每个单点集 $\{a_i\}\in\mathscr{C}\subset\sigma(\mathscr{C})$，并且 $\sigma(\mathscr{C})$ 对有限并和可列并运算封闭，因此 $A\in\sigma(\mathscr{C})$. 若 $A^C$ 是可数集，则 $A^C\in\sigma(\mathscr{C})$. 由于 $\sigma(\mathscr{C})$ 对余运算封闭，于是 $A=(A^C)^C\in\sigma(\mathscr{C})$. 这说明，当 $A\in\mathscr{F}$ 时，在两种情况下均有 $A\in\sigma(\mathscr{C})$. 因此 $\mathscr{F}\subset\sigma(\mathscr{C})$. 综上所证，得到 $\sigma(\mathscr{C})=\mathscr{F}$.

**例 6*** 设 $\mathscr{C}$ 是一非空集类. 证明对每个 $A\in\sigma(\mathscr{C})$，都存在 $\mathscr{C}$ 中的一列集 $\{A_n\}$，使得 $A\in\sigma(\{A_n:n\geqslant1\})$.

**证** 令 $\mathscr{F}$ 是具有所述性质的子集的全体，即

$$\mathscr{F}=\{A:\text{存在}\{A_n\}\subset\mathscr{C},\text{使得 } A\in\sigma(\{A_n,n\geqslant1\})\}.$$

显然 $\mathscr{C}\subset\mathscr{F}$. 往证 $\mathscr{F}$ 是 $\sigma$-代数. 显然 $\mathscr{F}$ 对余运算封闭. 设 $\{E_k\}$ 是 $\mathscr{F}$ 中的一列集. 则对每个 $E_k$，存在 $\mathscr{C}$ 中的一列集 $\{A_{k,n}:n\geqslant1\}$，使得 $E_k\in\sigma(\{A_{k,n}:n\geqslant1\})$. 则 $\{A_{k,n}:k\geqslant1,n\geqslant1\}$ 仍是 $\mathscr{C}$ 中的一列集，并且 $\bigcup\limits_{k=1}^{\infty}E_k\in\sigma(\{A_{k,n}:k\geqslant1,n\geqslant1\})$，这说明 $\bigcup\limits_{k=1}^{\infty}E_k\in\mathscr{F}$. 因此 $\mathscr{F}$ 对可列并运算封闭. 这就证明了 $\mathscr{F}$ 是一个包含 $\mathscr{C}$ 的 $\sigma$-代数.

既然 $\mathscr{F}$ 是包含 $\mathscr{C}$ 的 $\sigma$-代数. 而 $\sigma(\mathscr{C})$ 是包含 $\mathscr{C}$ 的最小 $\sigma$-代数，因此 $\sigma(\mathscr{C})\subset\mathscr{F}$. 这说明对任意 $A\in\sigma(\mathscr{C})$，都存在 $\mathscr{C}$ 中的一列集 $\{A_n\}$，使得 $A\in\sigma(\{A_n:n\geqslant1\})$.

例 6* 的证明方法是测度论中常用的一种证明方法. 一般地说，设 $\mathscr{C}$ 是一个非空集类. 如果要证明 $\sigma(\mathscr{C})$ 中所有的集都具有某种性质 P，令

$$\mathscr{F}=\{A\subset X:A \text{ 具有性质 P}\},$$

然后证明：(1) $\mathscr{C}\subset\mathscr{F}$；(2) $\mathscr{F}$ 是一个 $\sigma$-代数. 于是由 $\sigma(\mathscr{C})$ 的最小性知道 $\sigma(\mathscr{C})\subset\mathscr{F}$，即 $\sigma(\mathscr{C})$

中所有的集都具有性质 P.

### 1.3.2* 单调类定理①

**定义 1.11** 设 $\mathscr{M}$ 是一个非空集类. 如果对 $\mathscr{M}$ 中的任意单调集列 $\{A_n\}$ 必有 $\lim\limits_{n\to\infty}A_n\in\mathscr{M}$, 则称 $\mathscr{M}$ 是一个单调类.

换言之, 单调类 $\mathscr{M}$ 是满足下列条件的集类:

(1) 若 $\{A_n\}\subset\mathscr{M}$ 并且 $\{A_n\}$ 是单调递增的, 则 $\bigcup\limits_{n=1}^{\infty}A_n\in\mathscr{M}$;

(2) 若 $\{A_n\}\subset\mathscr{M}$ 并且 $\{A_n\}$ 是单调递减的, 则 $\bigcap\limits_{n=1}^{\infty}A_n\in\mathscr{M}$.

显然 $\sigma$-代数是单调类.

**引理 1.1** 若集类 $\mathscr{F}$ 既是代数又是单调类, 则 $\mathscr{F}$ 是 $\sigma$-代数.

**证** 只需证明 $\mathscr{F}$ 对可列并运算封闭. 设 $\{A_n\}\subset\mathscr{F}$. 令 $B_n=\bigcup\limits_{i=1}^{n}A_i\,(n\geqslant 1)$. 由于 $\mathscr{F}$ 是代数, 故 $\{B_n\}\subset\mathscr{F}$. 由于 $\{B_n\}$ 是单调递增的并且 $\mathscr{F}$ 是单调类, 故

$$\bigcup_{i=1}^{\infty}A_i=\bigcup_{i=1}^{\infty}B_i\in\mathscr{F}.$$

因此 $\mathscr{F}$ 对可列并运算封闭. 这就证明了 $\mathscr{F}$ 是 $\sigma$-代数. ■

设 $\mathscr{C}$ 是一非空集类. 显然所有包含 $\mathscr{C}$ 的单调类的交仍是一单调类, 该单调类是包含 $\mathscr{C}$ 的最小单调类. 称这个单调类为由 $\mathscr{C}$ 生成的单调类, 记为 $\mathscr{M}(\mathscr{C})$.

**定理 1.17** 若 $\mathscr{A}$ 是代数, 则 $\mathscr{M}(\mathscr{A})=\sigma(\mathscr{A})$.

**证** 既然 $\sigma(\mathscr{A})$ 是包含 $\mathscr{A}$ 的 $\sigma$-代数, $\sigma(\mathscr{A})$ 也是包含 $\mathscr{A}$ 的单调类, 故 $\mathscr{M}(\mathscr{A})\subset\sigma(\mathscr{A})$. 下面证明反向的包含关系. 先证明 $\mathscr{M}(\mathscr{A})$ 是代数. 对任意 $A\in\mathscr{M}(\mathscr{A})$, 令

$$\mathscr{F}_A=\{E\in\mathscr{M}(\mathscr{A}):\ E^C\in\mathscr{M}(\mathscr{A}),\ \text{并且}\ E\cup A\in\mathscr{M}(\mathscr{A})\}.$$

显然 $\varnothing\in\mathscr{F}_A$. 容易证明 $\mathscr{F}_A$ 是一个单调类. 以下分几个步骤:

(1) 若 $A\in\mathscr{A}$, 则 $\mathscr{F}_A=\mathscr{M}(\mathscr{A})$. 事实上, 由于 $\mathscr{A}$ 是代数, 显然 $\mathscr{A}\subset\mathscr{F}_A$. 既然 $\mathscr{F}_A$ 是包含 $\mathscr{A}$ 的单调类, 因此 $\mathscr{M}(\mathscr{A})\subset\mathscr{F}_A$. 另一方面, 由 $\mathscr{F}_A$ 的定义, $\mathscr{F}_A\subset\mathscr{M}(\mathscr{A})$, 从而 $\mathscr{F}_A=\mathscr{M}(\mathscr{A})$.

(2) 若 $A\in\mathscr{M}(\mathscr{A})$, 则 $\mathscr{F}_A=\mathscr{M}(\mathscr{A})$. 先证明此时 $\mathscr{A}\subset\mathscr{F}_A$. 事实上, 若 $B\in\mathscr{A}$, 根据步骤(1)的结论, $\mathscr{F}_B=\mathscr{M}(\mathscr{A})$. 于是 $A\in\mathscr{F}_B$, 从而 $A\cup B\in\mathscr{M}(\mathscr{A})$. 又 $B^C\in\mathscr{A}\subset\mathscr{M}(\mathscr{A})$, 因此 $B\in\mathscr{F}_A$. 故此时也有 $\mathscr{A}\subset\mathscr{F}_A$. 与上一步的证明一样, 由此知道 $\mathscr{F}_A=\mathscr{M}(\mathscr{A})$.

(3) $\mathscr{M}(\mathscr{A})$ 是代数. 事实上, 对任意 $A,B\in\mathscr{M}(\mathscr{A})$, 根据步骤(2)的结论, $\mathscr{F}_A=\mathscr{M}(\mathscr{A})$, 于是 $B\in\mathscr{F}_A$. 这表明

$$B^C\in\mathscr{M}(\mathscr{A}),\quad B\cup A\in\mathscr{M}(\mathscr{A}).$$

因此 $\mathscr{M}(\mathscr{A})$ 是一个代数.

因为 $\mathscr{M}(\mathscr{A})$ 是单调类, 由引理 1.1 知道 $\mathscr{M}(\mathscr{A})$ 是 $\sigma$-代数, 因此 $\sigma(\mathscr{A})\subset\mathscr{M}(\mathscr{A})$. 从而 $\mathscr{M}(\mathscr{A})=\sigma(\mathscr{A})$. ■

---

① 以下内容仅在 4.7 节中介绍抽象测度论时用到, 初学者可以跳过.

**推论 1.2** 若 $\mathscr{A}$ 是一个代数，$\mathscr{F}$ 是一个单调类并且 $\mathscr{A}\subset\mathscr{F}$，则 $\sigma(\mathscr{A})\subset\mathscr{F}$.

**证** 由定理 1.17 知道 $\sigma(\mathscr{A})=\mathscr{M}(\mathscr{A})$，即 $\sigma(\mathscr{A})$ 是包含 $\mathscr{A}$ 的最小单调类. 而 $\mathscr{F}$ 是一个包含 $\mathscr{A}$ 的单调类，因此 $\sigma(\mathscr{A})\subset\mathscr{F}$. ■

由推论 1.2 得到测度论中另一个常用的证明方法. 设 $\mathscr{A}$ 是一个代数，若要证明 $\sigma(\mathscr{A})$ 中所有的集都具有某种性质 P，令

$$\mathscr{F}=\{A\subset X: A\ 具有性质\ \mathrm{P}\}.$$

然后证明:(1) $\mathscr{A}\subset\mathscr{F}$ ;(2) $\mathscr{F}$ 是一个单调类. 于是由推论 1.2 知道 $\sigma(\mathscr{A})\subset\mathscr{F}$，即 $\sigma(\mathscr{A})$ 中所有的集都具有性质 P.

## 1.4 $\mathbf{R}^n$ 中的点集

由于欧氏空间 $\mathbf{R}^n$ 具有丰富的结构，因此在 $\mathbf{R}^n$ 中具有丰富多样的点集. 本节将介绍 $\mathbf{R}^n$ 中的一些常见的点集. 介绍这方面的内容，一方面是为后面测度与积分的理论作准备，另一方面也是为泛函分析中更一般的空间上的点集理论提供典型特例. 本节在一般的 $n$ 维空间上讨论，但读者不妨以直线上或平面上的情形为特例，将有助于对这些内容的理解.

### 1.4.1 $\mathbf{R}^n$ 上的距离

设 $n$ 是正整数. 由有序 $n$ 元实数组的全体所成的集合 $\mathbf{R}^n$ 称为 $n$ 维欧氏空间，即

$$\mathbf{R}^n=\{x=(x_1,x_2,\cdots,x_n): x_1,x_2,\cdots,x_n\in\mathbf{R}^1\}.$$

其中 $\mathbf{R}^1$,$\mathbf{R}^2$ 和 $\mathbf{R}^3$ 分别就是直线、平面和三维空间. 熟知 $\mathbf{R}^n$ 按照如下的加法和数乘运算成为一个 $n$ 维线性空间

$$(x_1,x_2,\cdots,x_n)+(y_1,y_2,\cdots,y_n)=(x_1+y_1,x_2+y_2,\cdots,x_n+y_n),$$
$$\lambda(x_1,x_2,\cdots,x_n)=(\lambda x_1,\lambda x_2,\cdots,\lambda x_n).$$

称 $x=(x_1,x_2,\cdots,x_n)$ 为 $\mathbf{R}^n$ 中的点或向量，称 $x_i(i=1,2,\cdots,n)$ 为 $x$ 的第 $i$ 个坐标. 对 $\mathbf{R}^n$ 中的任意两点 $x=(x_1,x_2,\cdots,x_n)$ 和 $y=(y_1,y_2,\cdots,y_n)$，定义这两点之间的距离为

$$d(x,y)=((x_1-y_1)^2+(x_2-y_2)^2+\cdots+(x_n-y_n)^2)^{\frac{1}{2}}. \tag{1.14}$$

由式(1.14)定义的 $\mathbf{R}^n$ 上的距离具有以下性质：

(1) 正定性：$d(x,y)\geqslant 0$，并且 $d(x,y)=0$ 当且仅当 $x=y$；

(2) 对称性：$d(x,y)=d(y,x)$；

(3) 三角不等式：$d(x,y)\leqslant d(x,z)+d(z,y)$.

其中性质(1)和性质(2)是显然的. 三角不等式的证明需要利用下面的不等式.

Cauchy-Schwarz 不等式：设 $a_1,a_2,\cdots,a_n$ 和 $b_1,b_2,\cdots,b_n$ 是两组实数. 则

$$\left(\sum_{i=1}^n a_ib_i\right)^2\leqslant\sum_{i=1}^n a_i^2\cdot\sum_{i=1}^n b_i^2. \tag{1.15}$$

这个不等式的证明如下：由于关于 $\lambda$ 的二次三项式

$$f(\lambda)=\sum_{i=1}^n(a_i+\lambda b_i)^2=\sum_{i=1}^n a_i^2+2\sum_{i=1}^n\lambda a_ib_i+\lambda^2\sum_{i=1}^n b_i^2\geqslant 0.$$

因此其判别式 $\Delta\leqslant 0$. 由此得到式(1.15).

利用 $\mathbf{R}^n$ 上的距离可以定义 $\mathbf{R}^n$ 中的点列的极限.

**定义 1.12** 设 $\{x_k\}$ 是 $\mathbf{R}^n$ 中的一个点列，$x\in\mathbf{R}^n$. 若

$$\lim_{k\to\infty} d(x_k,x)=0,$$

则称 $\{x_k\}$ 收敛于 $x$，称 $x$ 为 $\{x_k\}$ 的极限，记为 $\lim\limits_{k\to\infty}x_k=x$，或 $x_k\to x(k\to\infty)$.

在 $\mathbf{R}^n$ 中点列的收敛等价于按坐标收敛，即如果

$$x^{(k)}=(x_1^{(k)},x_2^{(k)},\cdots,x_n^{(k)}),\quad x=(x_1,x_2,\cdots,x_n),$$

则 $\lim\limits_{k\to\infty}x^{(k)}=x$ 的充要条件是对每个 $i=1,2,\cdots,n$ 有 $\lim\limits_{k\to\infty}x_i^{(k)}=x_i$. 这是因为

$$\max_{1\leqslant i\leqslant n}|x_i^{(k)}-x_i|\leqslant d(x^{(k)},x)\leqslant|x_1^{(k)}-x_1|+|x_2^{(k)}-x|+\cdots+|x_n^{(k)}-x_n|.$$

设 $A$ 和 $B$ 是 $\mathbf{R}^n$ 的非空子集. 定义 $A$ 与 $B$ 的距离为

$$d(A,B)=\inf\{d(x,y):\ x\in A,y\in B\}.$$

特别地，若 $x\in\mathbf{R}^n$，则称 $d(x,A)=\inf\{d(x,y):\ y\in A\}$ 为 $x$ 与 $A$ 的距离.

设 $A$ 是 $\mathbf{R}^n$ 的非空子集. 若存在 $M>0$，使得对任意 $x\in A$ 有 $d(x,0)\leqslant M$，则称 $A$ 是有界集.

### 1.4.2 开集与闭集

**定义 1.13** 设 $x_0\in\mathbf{R}^n$，$\varepsilon>0$. 称集

$$U(x_0,\varepsilon)=\{x\in\mathbf{R}^n:\ d(x,x_0)<\varepsilon\}$$

为点 $x_0$ 的 $\varepsilon$-邻域.

我们有时把 $U(x_0,\varepsilon)$ 记为 $B(x_0,\varepsilon)$，它是以 $x_0$ 为中心，以 $\varepsilon$ 为半径的不包括边界的球.

利用邻域可以定义 $\mathbf{R}^n$ 中的各种点集. 下面先介绍开集.

**定义 1.14** 设 $A\subset\mathbf{R}^n$.

(1) 若 $x_0\in A$，并且存在 $x_0$ 的一个邻域 $U(x_0,\varepsilon)\subset A$，则称 $x_0$ 为 $A$ 的内点；

(2) 若 $A$ 中的每个点都是 $A$ 的内点，则称 $A$ 为开集；

(3) 由 $A$ 的内点的全体所成的集称为 $A$ 的内部，记为 $A^\circ$.

由开集的定义知道 $A$ 是开集当且仅当 $A^\circ=A$. 容易证明 $A^\circ$ 是包含在 $A$ 中的最大的开集. 其证明留作习题.

例如，每个开区间 $(a,b)$，$(-\infty,a)$ 和 $(a,\infty)$ 都是直线 $\mathbf{R}^1$ 上的开集. 若 $x_0\in\mathbf{R}^n$，$r>0$，则 $x_0$ 的 $r$-邻域 $U(x_0,r)$ 是 $\mathbf{R}^n$ 中的开集. 因此 $U(x_0,r)$ 又称为以 $x_0$ 为中心、以 $r$ 为半径的开球.

**例 1** 设 $f(x)$ 是定义在 $\mathbf{R}^n$ 上的连续函数. 则对任意实数 $a$，$\{x\in\mathbf{R}^n:\ f(x)>a\}$ 和 $\{x\in\mathbf{R}^n:\ f(x)<a\}$ 都是开集.

**证** 记 $E=\{x\in\mathbf{R}^n:\ f(x)>a\}$. 设 $x_0\in E$，则 $f(x_0)>a$. 由于 $f(x)$ 在 $x_0$ 处连续，存在 $\delta>0$，使得当 $x\in U(x_0,\delta)$ 时 $f(x)>a$，换言之 $U(x_0,\delta)\subset E$. 故 $x_0$ 是 $E$ 的内点. 这就证明了 $E$ 是开集. 类似地可以证明 $\{x\in\mathbf{R}^n:\ f(x)<a\}$ 是开集.

**定理 1.18**(开集的基本性质) 开集具有如下的性质：

(1) 空集 $\varnothing$ 和全空间 $\mathbf{R}^n$ 是开集；

(2) 任意个开集的并集是开集;

(3) 有限个开集的交集是开集.

**证** (1) 显然.

(2) 设$\{A_\alpha,\alpha\in I\}$是 $\mathbf{R}^n$ 中的一族开集. 若 $x\in\bigcup\limits_{\alpha\in I}A_\alpha$, 则存在 $\alpha\in I$ 使得 $x\in A_\alpha$. 因为 $A_\alpha$ 是开集, 存在 $x$ 的一个邻域 $U(x,\varepsilon)$使得 $U(x,\varepsilon)\subset A_\alpha$. 于是更加有 $U(x,\varepsilon)\subset\bigcup\limits_{\alpha\in I}A_\alpha$. 因此 $x$ 是 $\bigcup\limits_{\alpha\in I}A_\alpha$ 的内点. 这表明 $\bigcup\limits_{\alpha\in I}A_\alpha$ 是开集.

(3) 设 $A_1,A_2,\cdots,A_k$ 是开集. 若 $x\in\bigcap\limits_{i=1}^{k}A_i$, 则 $x\in A_i(i=1,2,\cdots,k)$. 因为每个 $A_i$ 是开集, 存在 $\varepsilon_i>0$, 使得 $U(x,\varepsilon_i)\subset A_i$. 令 $\varepsilon=\min\{\varepsilon_1,\varepsilon_2,\cdots,\varepsilon_k\}$. 则 $\varepsilon>0$ 并且 $U(x,\varepsilon)\subset\bigcap\limits_{i=1}^{k}A_i$. 因此 $x$ 是 $\bigcap\limits_{i=1}^{k}A_i$ 的内点. 这就证明了 $\bigcap\limits_{i=1}^{k}A_i$ 是开集. ■

注意, 无限个开集的交集不一定是开集. 例如对每个自然数 $n$, 开区间 $\left(-\dfrac{1}{n},\dfrac{1}{n}\right)$是直线上的开集. 但是 $\bigcap\limits_{n=1}^{\infty}\left(-\dfrac{1}{n},\dfrac{1}{n}\right)=\{0\}$不是开集.

**定义 1.15** 设 $A$ 是 $\mathbf{R}^n$ 的子集.

(1) 设$x_0\in\mathbf{R}^n$. 若对任意 $\varepsilon>0$, $U(x_0,\varepsilon)$中包含有 $A$ 中的无限多个点, 则称$x_0$为 $A$ 的聚点;

(2) 由 $A$ 的聚点的全体所成的集称为 $A$ 的导集, 记为 $A'$;

(3) 若 $A'\subset A$, 则称 $A$ 为闭集;

(4) 集 $A\cup A'$称为 $A$ 的闭包, 记为 $\overline{A}$.

由闭集的定义知道 $A$ 是闭集当且仅当 $\overline{A}=A$. 容易证明 $\overline{A}$ 是包含 $A$ 的最小的闭集. 其证明留作习题.

例如,每个闭区间$[a,b]$,$(-\infty,a]$,$[a,\infty)$都是直线 $\mathbf{R}^1$ 上的闭集. 若 $x_0\in\mathbf{R}^n$, $r>0$, 则 $B(x_0,r)$的闭包

$$\overline{B(x_0,r)}=\{x:d(x,x_0)\leqslant r\}.$$

由于 $\overline{B(x_0,r)}$是 $\mathbf{R}^n$ 中的闭集, 因此称 $\overline{B(x_0,r)}$为以$x_0$为中心, 以 $r$ 为半径的闭球. 又显然有理数集 $\mathbf{Q}$ 的导集 $\mathbf{Q}'=\mathbf{R}^1$, $\mathbf{Q}$ 的闭包 $\overline{\mathbf{Q}}=\mathbf{R}^1$.

**例 2** $\mathbf{R}^n$ 中的有限集都是闭集. 这是因为若 $A$ 是有限集, 则 $A$ 没有聚点, 因而 $A'=\varnothing\subset A$.

**定理 1.19**(开集与闭集的对偶性) 设 $A\subset\mathbf{R}^n$. 则 $A$ 是闭集的充要条件是 $A^C$ 是开集.

**证** 必要性. 设 $A$ 是闭集, 则对任意 $x\in A^C$, $x$ 不是 $A$ 的聚点. 因此存在 $x$ 的一个邻域$U(x,\varepsilon_0)$, 使得$U(x,\varepsilon_0)$中至多只包含 $A$ 中有限个点. 设这些点为$x_1,x_2,\cdots,x_k$. 因为 $x\notin A$, 故 $x_i\neq x(i=1,2,\cdots,k)$. 令

$$\varepsilon=\min\{d(x_i,x),\ i=1,2,\cdots,k\}.$$

则 $\varepsilon>0$ 并且$U(x,\varepsilon)\cap A=\varnothing$, 这就是说$U(x,\varepsilon)\subset A^C$. 因此 $x$ 是$A^C$ 的内点. 这就证明了 $A^C$ 是开集.

充分性. 设$A^C$是开集. 则对任意$x\in A^C$，存在$x$的一个邻域$U(x,\varepsilon)$，使得$U(x,\varepsilon)\subset A^C$.即$U(x,\varepsilon)$中没有$A$中的点，因此$x$不是$A$的聚点. 这表明$A$的聚点全部在$A$中，即$A'\subset A$. 因此$A$是闭集. ■

由于$A$与$A^C$互为余集，将定理1.19的结论用到$A^C$上即知，$A$是开集的充要条件是$A^C$是闭集.

**例3** 设$f(x)$是定义在$\mathbf{R}^n$上的连续函数. 由例1知道，对任意实数$a$，$\{x\in\mathbf{R}^n: f(x)<a\}$是开集，因此其余集$\{x\in\mathbf{R}^n: f(x)\geqslant a\}$是闭集. 同理$\{x\in\mathbf{R}^n: f(x)\leqslant a\}$也是闭集.

由定理1.18和定理1.19并利用De Morgan公式，立即可以得到闭集的基本性质.

**定理1.20** 闭集具有如下性质：

(1) 空集$\varnothing$和全空间$\mathbf{R}^n$是闭集.

(2) 有限个闭集的并集是闭集.

(3) 任意个闭集的交集是闭集.

注意，无限个闭集的并不一定是闭集. 例如，对每个自然数$n$，闭区间$\left[0,1-\dfrac{1}{n}\right]$是直线上的闭集. 但是$\bigcup\limits_{n=1}^{\infty}\left[0,1-\dfrac{1}{n}\right]=[0,1)$不是闭集.

**定理1.21** 设$A\subset\mathbf{R}^n$. 则以下陈述是等价的：

(1) $x\in A'$；

(2) 对任意$\varepsilon>0$，$x$的去心邻域$U(x,\varepsilon)-\{x\}$包含$A$中的点；

(3) 存在$A$中的点列$\{x_k\}$，使得每个$x_k\neq x$并且$x_k\to x$.

**证** (1)⇒(2). 显然.

(2)⇒(3). 设(2)成立，则对每个自然数$k$，$U\left(x,\dfrac{1}{k}\right)-\{x\}$中包含$A$中的点. 在这些点中任取一点记为$x_k$，则$\{x_k\}$是$A$中的点列并且每个$x_k\neq x$. 由于$d(x_k,x)<\dfrac{1}{k}$，因此$x_k\to x$.

(3)⇒(1). 设(3)成立. 由于每个$x_k\neq x$并且$x_k\to x$，故$\{x_k\}$中必有无限多项是彼此不同的点. 将这些彼此不同的项取出来得到$\{x_k\}$的一个子列，记为$\{x_{k'}\}$. 由于$x_{k'}\to x$，对任意$\varepsilon>0$，存在正整数$k_0$，使得当$k'>k_0$时$x_{k'}\in U(x,\varepsilon)$. 这说明$U(x,\varepsilon)$中包含有$A$中的无限多个点，因此$x\in A'$. ■

**定理1.22** 设$A\subset\mathbf{R}^n$. 则以下陈述是等价的：

(1) $x\in\overline{A}$；

(2) 对任意$\varepsilon>0$，$U(x,\varepsilon)$包含$A$中的点；

(3) 存在$A$中的点列$\{x_k\}$使得$x_k\to x$.

**证** (1)⇒(2). 显然.

(2)⇒(3). 设(2)成立. 则对每个自然数$k$，$U\left(x,\dfrac{1}{k}\right)$中包含$A$中的点. 在这些点中任取一点记为$x_k$，则$\{x_k\}$是$A$中的点列，并且$x_k\to x$.

(3)⇒(1). 设(3)成立. 若 $x_k \neq x(k \geqslant 1)$. 则由定理 1.21 知道 $x \in A'$. 若存在 $k_0$ 使得 $x_{k_0}=x$，则 $x \in A$. 在两种情况下，均有 $x \in \overline{A}$. ■

**定理 1.23** 设 $A \subset \mathbf{R}^n$. 则 $A$ 是闭集的充要条件是 $A$ 中任意收敛点列的极限属于 $A$.

**证** 必要性. 设 $A$ 是闭集. 若$\{x_k\}$是 $A$ 中的点列并且 $x_k \to x$，则由定理 1.22 知道 $x \in \overline{A}$. 由于 $A$ 是闭集，$\overline{A}=A$. 因此 $x \in A$.

充分性. 设 $x \in A'$. 由定理 1.21，存在 $A$ 中的点列$\{x_k\}$使得 $x_k \to x$. 由假定条件，此时 $x \in A$. 这表明 $A' \subset A$. 因此 $A$ 是闭集. ■

定理 1.23 反映了闭集的本质特征，以后会经常用到. 例如，读者可以尝试利用定理 1.23 重新证明例 3 中的$\{x \in \mathbf{R}^n : f(x) \geqslant a\}$是闭集. 下面再给出一个例子.

**例 4** 设 $f(x)$是定义在区间$[a,b]$上的连续函数. 证明曲线 $y=f(x)$即

$$A=\{(x,y) \in \mathbf{R}^2 : a \leqslant x \leqslant b,\ y=f(x)\}$$

是 $\mathbf{R}^2$ 中的闭集.

**证** 设$\{(x_k,y_k)\}$是 $A$ 中的点列，并且$(x_k,y_k) \to (x,y)$. 则 $x_k \to x, y_k \to y$. 由于$(x_k,y_k) \in A$，对每个 $k$ 有 $a \leqslant x_k \leqslant b$ 并且 $y_k=f(x_k)$. 于是 $a \leqslant x \leqslant b$. 利用 $f(x)$的连续性得到

$$y=\lim_{k \to \infty} y_k=\lim_{k \to \infty} f(x_k)=f(x).$$

因此$(x,y) \in A$. 根据定理 1.23，$A$ 是闭集.

**定义 1.16** 设 $A \subset \mathbf{R}^n$.

(1) 设 $E \subset \mathbf{R}^n$. 若 $\overline{A} \supset E$，则称 $A$ 在 $E$ 中稠密. 若 $A$ 在 $E$ 中稠密，并且 $A \subset E$，也称 $A$ 是 $E$ 的稠密子集；

(2) 若$(\overline{A})^{\circ}=\varnothing$，则称 $A$ 为疏朗集.

例如，由于 $\overline{\mathbf{Q}}=\mathbf{R}^1$，因此有理数集在 $\mathbf{R}^1$ 中是稠密的. 又$[0,1]$中的有理数的全体在$[0,1]$中是稠密的. 由于$(\overline{\mathbf{Z}})^{\circ}=\varnothing$，因此整数集 $\mathbf{Z}$ 是疏朗集.

**定理 1.24** 设 $A, E \subset \mathbf{R}^n$. 则以下陈述是等价的：

(1) $A$ 在 $E$ 中稠密；

(2) 对任意 $x \in E$ 和 $\varepsilon>0$, $U(x,\varepsilon)$包含 $A$ 中的点；

(3) 对任意 $x \in E$，存在 $A$ 中的点列$\{x_k\}$使得 $x_k \to x$.

**证** 根据定义，$A$ 在 $E$ 中稠密就是说 $E$ 中的每个点都属于 $\overline{A}$. 利用定理 1.22 即知(1),(2)和(3)是等价的.■

**注 1** 若 $A$ 是疏朗集，则 $\overline{A}$ 无内点. 因此对任意 $x \in \mathbf{R}^n$ 和 $\varepsilon>0$，包含关系 $\overline{A} \supset U(x,\varepsilon)$不成立，即 $A$ 在 $U(x,\varepsilon)$中不是稠密的. 这说明 $A$ 在 $\mathbf{R}^n$ 中的任意点的任意邻域中都不稠密，因此疏朗集又称为无处稠密集.

### 1.4.3 $\mathbf{R}^n$ 上的连续函数

在数学分析中，常见的连续函数是定义在直线上的区间或 $\mathbf{R}^n$ 中的区域上的. 在实变函数中经常要讨论定义在 $\mathbf{R}^n$ 的任意子集 $E$ 上的连续函数.

**定义 1.17** 设 $E \subset \mathbf{R}^n$，$f(x)$是定义在 $E$ 上的实值函数. 又设$x_0 \in E$. 若对于任意给

定的 $\varepsilon>0$，存在相应的 $\delta>0$，使得当 $x\in E$ 并且 $d(x,x_0)<$ 时，有

$$|f(x)-f(x_0)|<\varepsilon,$$

则称 $f(x)$ 在 $x_0$ 处连续. 若 $f(x)$ 在 $E$ 上的每一点处都连续，则称 $f(x)$ 在 $E$ 上连续. $E$ 上的连续函数的全体记为 $C(E)$.

容易证明，$f(x)$ 在 $E$ 中的点 $x$ 处连续的充要条件是，对 $E$ 中的任意点列 $\{x_k\}$，若 $x_k\to x$，则 $\lim\limits_{k\to\infty}f(x_k)=f(x)$.

与例 1 对照，对于定义在 $E$ 上的连续函数，有如下结果：

**例 5** 设 $E\subset\mathbf{R}^n$，$f(x)$ 是 $E$ 上的连续函数. 则对任意实数 $a$，存在 $\mathbf{R}^n$ 中的开集 $G$，使得

$$\{x\in E:f(x)>a\}=E\cap G. \tag{1.16}$$

**证** 设 $a$ 是实数. 记 $E_a=\{x\in E:f(x)>a\}$. 若 $x\in E_a$，则 $x\in E$ 并且 $f(x)>a$. 由于 $f(x)$ 在点 $x$ 处连续，存在 $x$ 的邻域 $U(x,\delta_x)$，使得当 $x'\in U(x,\delta_x)$ 并且 $x'\in E$ 时，$f(x')>a$. 换言之

$$E\cap U(x,\delta_x)\subset E_a. \tag{1.17}$$

令 $G=\bigcup\limits_{x\in E_a}U(x,\delta_x)$，则 $G$ 是一族开集的并，因而是开集. 由式(1.17)知道

$$E\cap G=\bigcup_{x\in E_a}(E\cap U(x,\delta_x))\subset E_a.$$

另一方面，显然 $E_a\subset G$. 又 $E_a\subset E$，因此 $E_a\subset E\cap G$. 这就证明了式(1.16)成立.

设 $\{x_k\}$ 是 $\mathbf{R}^n$ 中的一个点列. 若存在一个有界集 $A$ 使得 $x_k\in A\,(k\geqslant 1)$，则称 $\{x_k\}$ 是有界点列. 为考查有界闭集上的连续函数的性质，我们先证明如下定理.

**定理 1.25**(Bolzano-Weierstrass) $\mathbf{R}^n$ 中的每个有界点列都存在收敛子列.

**证** 为叙述简单计，不妨只证 $\mathbf{R}^2$ 上的情形. 设 $\{(x_k,y_k)\}$ 是 $\mathbf{R}^2$ 中的有界点列，则它的第一个坐标 $\{x_k\}$ 是有界数列. 由数学分析中关于数列的 Bolzano-Weierstrass 定理，$\{x_k\}$ 存在一个收敛子列，设其为 $\{x_{k'}\}$. 这样就得到 $\{(x_k,y_k)\}$ 的一个子列 $\{(x_{k'},y_{k'})\}$，它的第一个坐标是收敛的. 由于 $\{(x_{k'},y_{k'})\}$ 的第二个坐标 $\{y_{k'}\}$ 也是有界数列，故存在 $\{y_{k'}\}$ 一个收敛子列，设其为 $\{y_{k''}\}$. 由于 $\{x_{k''}\}$ 是 $\{x_{k'}\}$ 的子列，故 $\{x_{k''}\}$ 还是收敛的. 这样就得 $\{(x_k,y_k)\}$ 的一个子列 $\{(x_{k''},y_{k''})\}$，它的两个坐标都是收敛的. 设 $x_{k''}\to x$，$y_{k''}\to y$. 则 $\{(x_{k''},y_{k''})\}\to(x,y)$. ∎

利用定理 1.25，仿照数学分析中关于闭区间上连续函数性质的证明，可以证明如下事实：

设 $K$ 是 $\mathbf{R}^n$ 中的有界闭集，$f(x)$ 是 $K$ 上的连续函数. 则：

(1) $f(x)$ 在 $K$ 上是有界的；

(2) $f(x)$ 在 $K$ 上取得最大值和最小值；

(3) $f(x)$ 在 $K$ 上是一致连续的. 即对任意给定的 $\varepsilon>0$，存在相应的 $\delta>0$，使得对任意 $x',x''\in K$，当 $d(x',x'')<\delta$ 时，有 $|f(x')-f(x'')|<\varepsilon$.

设 $E\subset\mathbf{R}^n$，$f(x)$，$f_k(x)\,(k\geqslant 1)$ 是定义在 $E$ 上的函数. 若对任意 $\varepsilon>0$，存在自然数 $N$ 使得当 $k>N$ 时，对一切 $x\in E$ 成立有 $|f_k(x)-f(x)|<\varepsilon$，则称 $\{f_k(x)\}$ 在 $E$ 上一致收敛于 $f(x)$. 与在区间 $[a,b]$ 上的情形一样可以证明，若 $\{f_k(x)\}$ 是 $E$ 上的一列连

续函数，并且在 $E$ 上一致收敛于 $f(x)$，则 $f(x)$ 也在 $E$ 上连续.

### 1.4.4 开集的构造

$\mathbf{R}^n$ 中的开集可以用更简单的集表示出来. 先看直线 $\mathbf{R}^1$ 上的情形.

设 $G$ 是直线上的开集，$(a,b)$ 是一个有界或无界开区间. 若 $(a,b)\subset G$，并且区间的端点 $a$ 和 $b$ 不属于 $G$，则称 $(a,b)$ 为 $G$ 的一个构成区间. 例如，若 $G=(0,2)\cup(3,4)$，则 $(0,2)$ 和 $(3,4)$ 都是 $G$ 的构成区间，但 $(0,1)$ 不是.

**定理 1.26**(直线上开集的构造) 直线上的每个非空开集都可以表示成可数个互不相交的开区间的并(这里也包括如 $(-\infty,b)$，$(a,+\infty)$ 和 $(-\infty,+\infty)$ 这样的开区间).

**证** 分几个步骤. (1) 设 $G$ 是直线上的非空开集. 先证对任意 $x\in G$，存在 $G$ 的一个构成区间 $(a,b)$，使得 $x\in(a,b)$. 由于 $G$ 是开集，故存在开区间 $(\alpha,\beta)$ 使得 $x\in(\alpha,\beta)\subset G$. 令

$$a=\inf\{\alpha:(\alpha,x)\subset G\},\quad b=\sup\{\beta:(x,\beta)\subset G\}$$

(这里 $a$ 可以是 $-\infty$，$b$ 可以是 $+\infty$)，显然 $x\in(a,b)$. 现在证明 $(a,b)$ 是 $G$ 的构成区间. 设 $x'\in(a,b)$，不妨设 $a<x'<x$. 由 $a$ 的定义，存在 $\alpha$ 使得 $a<\alpha<x'$，并且 $(\alpha,x)\subset G$. 于是 $x'\in(\alpha,x)\subset G$. 这表明 $(a,b)\subset G$. 再证 $a,b\notin G$. 事实上，若 $a\in G$，因为 $G$ 是开集，必存在 $\varepsilon>0$ 使得 $(a-\varepsilon,a+\varepsilon)\subset G$. 于是 $(a-\varepsilon,x)\subset G$. 这与 $a$ 的定义矛盾. 所以 $a\notin G$. 类似地可以证明 $b\notin G$.

(2) 设 $(a_1,b_1)$ 和 $(a_2,b_2)$ 是 $G$ 的两个不同的构成区间. 若 $(a_1,b_1)$ 和 $(a_2,b_2)$ 相交，则必有一个区间的端点包含在另一个区间中. 不妨设 $a_2\in(a_1,b_1)$，则 $a_2\in G$. 这与 $(a_2,b_2)$ 是 $G$ 的构成区间矛盾. 所以 $(a_1,b_1)$ 和 $(a_2,b_2)$ 不相交. 由 1.2 节例 11 知道，$G$ 的构成区间只有可数个. 于是 $G$ 的构成区间的全体可以编号为 $(a_i,b_i)$ $(i=1,2,\cdots,k$ 或 $i=1,2,\cdots)$.

(3) 最后证明 $G=\bigcup\limits_i(a_i,b_i)$. 事实上，由于每个 $(a_i,b_i)\subset G$，因此 $\bigcup\limits_i(a_i,b_i)\subset G$. 另一方面，由结论(1)，对每个 $x\in G$，存在一个构成区间 $(a_i,b_i)$ 使得 $x\in(a_i,b_i)$. 于是 $x\in\bigcup\limits_i(a_i,b_i)$，从而 $G\subset\bigcup\limits_i(a_i,b_i)$. 这就证明了 $G=\bigcup\limits_i(a_i,b_i)$. ■

**注 2** 由定理 1.26 的证明可以看到，直线上的非空开集 $G$ 表示成可数个互不相交的开区间的并时，这些开区间都是 $G$ 的构成区间，它们的端点都不属于 $G$.

现在看 $\mathbf{R}^n$ 上的情形. 设 $(a_1,b_1]$，$(a_2,b_2]$，$\cdots$，$(a_n,b_n]$ 是 $n$ 个左开右闭区间，称这 $n$ 个区间的直积 $(a_1,b_1]\times(a_2,b_2]\times\cdots\times(a_n,b_n]$ 为 $\mathbf{R}^n$ 中的半开方体.

**定理 1.27** $\mathbf{R}^n$ 中的每个非空开集都可以表示为一列互不相交的半开方体的并.

**证** 为叙述简单起见，以平面 $\mathbf{R}^2$ 的情形为例. 对每个 $k=0,1,2,\cdots$，用两族直线 $x=\dfrac{p}{2^k}$，$y=\dfrac{q}{2^k}$ ($p,q$ 是整数)，将平面分割为一些形如

$$\left(\frac{p-1}{2^k},\frac{p}{2^k}\right]\times\left(\frac{q-1}{2^k},\frac{q}{2^k}\right]$$

的互不相交的边长为 $\dfrac{1}{2^k}$ 半开正方形的并，如图 1-5 所示. 这些半开正方形称为二进半开

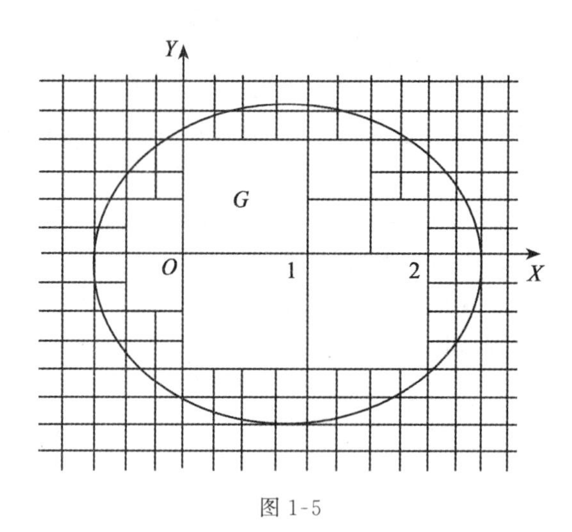


图 1-5

正方形. 显然二进半开正方形的全体是可列的. 设 $G$ 是 $\mathbf{R}^2$ 中的非空开集. 将那些包含在 $G$ 中的边长为 1 的正方形取出来，其全体记为 $J_0$. 再将那些包含在 $G-\bigcup\limits_{I\in J_0} I$ 中的边长为 $\frac{1}{2}$ 的正方形取出来，其全体记为$J_1$. 依此进行，在得到 $J_{k-1}$后，将那些包含在$G-\bigcup\limits_{i=1}^{k-1}\bigcup\limits_{I\in J_i} I$ 中的边长为$\frac{1}{2^k}$的正方形取出来，其全体记为 $J_k$. 这样一直进行下去，得到一列由边长为 $\frac{1}{2^k}$的半开正方形构成的族 $J_k(k=0,1,2,\cdots)$. 所有 $J_k(k=0,1,2,\cdots)$中的半开正方形的全体是可列的，并且是互不相交的. 我们证明 $G=\bigcup\limits_{k=1}^{\infty}\bigcup\limits_{I\in J_k} I$.

显然$\bigcup\limits_{k=1}^{\infty}\bigcup\limits_{I\in J_k} I\subset G$. 另一方面，由于 $G$ 是开集，对任意 $x\in G$，存在 $x$ 的一个邻域 $U(x,\varepsilon)\subset G$. 由于当 $k\to\infty$时，边长为$\frac{1}{2^k}$的二进半开正方形的直径趋于零，因此当 $k_0$ 充分大时，存在一个边长为$\frac{1}{2^{k_0}}$的二进半开正方形 $I$，使得 $x\in I\subset U(x,\varepsilon)$. 此时或者 $x\in\bigcup\limits_{k=1}^{k_0-1}\bigcup\limits_{I\in J_k} I$，或者 $x\notin\bigcup\limits_{k=1}^{k_0-1}\bigcup\limits_{I\in J_k} I$. 在第二种情形必有 $I\in J_{k_0}$，从而 $x\in\bigcup\limits_{k=1}^{k_0}\bigcup\limits_{I\in J_k} I$. 总之 $x\in\bigcup\limits_{k=1}^{\infty}\bigcup\limits_{I\in J_k} I$. 这说明 $G\subset\bigcup\limits_{k=1}^{\infty}\bigcup\limits_{I\in J_k} I$，从而 $G=\bigcup\limits_{k=1}^{\infty}\bigcup\limits_{I\in J_k} I$. ■

### 1.4.5 Borel 集

开集和闭集是 $\mathbf{R}^n$ 中常见的集. 但 $\mathbf{R}^n$ 中还有一些常见的集，它们既不是开集也不是闭集. 例如，可列个开集的交不一定是开集，可列个闭集的并不一定是闭集. 下面我们要考虑的 Borel 集就包含了这类集，并且 Borel 集类对一切有限或可列并、交、余和差运算都封闭.

上述已经给出了 $\mathbf{R}^n$ 中半开方体的定义. 现在定义 $\mathbf{R}^n$ 中一般的方体. 设 $I_1, I_2, \cdots, I_n$ 是直线上的(有界或无界的)区间. 称 $\mathbf{R}^n$ 的子集

$$I_1 \times I_2 \times \cdots \times I_n = \{(x_1, x_2, \cdots, x_n): x_1 \in I_1, x_2 \in I_2, \cdots, x_n \in I_n\}$$

为 $\mathbf{R}^n$ 中的方体. 若每个 $I_k$ 都是开区间，则称 $I_1 \times I_2 \times \cdots \times I_n$ 为开方体. 若每个 $I_i$ 都是闭区间，则称 $I_1 \times I_2 \times \cdots \times I_n$ 为闭方体. 容易证明开方体是开集，闭方体是闭集.

显然直线、平面和三维空间中的方体分别就是区间、矩形和长方体. 不过这里的方体比通常意义下的矩形、长方体更广泛一些. 例如在 $\mathbf{R}^2$ 中也包括如 $(0,1) \times (-\infty, \infty)$ 和 $[0, \infty) \times [0, \infty)$ 这样的无界矩形.

**定义 1.18** 设 $\mathscr{C}$ 是 $\mathbf{R}^n$ 中开集的全体所成的集类. 称由 $\mathscr{C}$ 生成的 $\sigma$-代数 $\sigma(\mathscr{C})$ 为 $\mathbf{R}^n$ 中的 Borel $\sigma$-代数，记为 $\mathscr{B}(\mathbf{R}^n)$. $\mathscr{B}(\mathbf{R}^n)$ 中的集称为 Borel 集.

简单地说，Borel 集可以看成是开集经过有限或可列的并、交、差和余运算得到的集.

**定理 1.28** $\mathbf{R}^n$ 中的开集、闭集、可数集、各种类型的方体都是 Borel 集.

**证** 由定义知道开集是 Borel 集. 由于 $\mathscr{B}(\mathbf{R}^n)$ 对余运算封闭，而闭集是开集的余集，故闭集是 Borel 集. 因为单点集是闭集，所以单点集是 Borel 集. 由于可数集可以表示成单点集的有限并或可列并，而 $\mathscr{B}(\mathbf{R}^n)$ 对有限并或可列并运算封闭，所以可数集是 Borel 集. 由于开方体是开集，闭方体是闭集，因此开方体和闭方体是 Borel 集. 对于其他类型的方体，它们都可以表示为一列开方体的交. 例如 $\mathbf{R}^2$ 中的方体 $(a, b] \times (c, d)$ 可以表示为

$$(a, b] \times (c, d) = \bigcap_{n=1}^{\infty} \left(a, b + \frac{1}{n}\right) \times (c, d).$$

既然开方体是 Borel 集，因此其他类型的方体也是 Borel 集. ■

特别地，由于有理数集是可列集，而无理数集是有理数集的余集，因此有理数集和无理数集都是 Borel 集.

设 $A \subset \mathbf{R}^n$. 若 $A$ 可以表示为一列闭集的并，则称 $A$ 为 $F_\sigma$ 型集. 若 $A$ 可以表示为一列开集的交，则称 $A$ 为 $G_\delta$ 型集. 显然 $F_\sigma$ 型集和 $G_\delta$ 型集都是 Borel 集.

定理 1.28 和上面的例子表明，$\mathbf{R}^n$ 中一些常见的集都是 Borel 集. 但在 $\mathbf{R}^n$ 中确实存在一些子集不是 Borel 集. 但这样的例子不是容易给出的，我们将在 3.1 节中给出一个例子.

### 1.4.6 Cantor 集

下面要介绍的 Cantor(三分)集是用精巧的方法构造出来的一个很特别的集. Cantor 集有一些重要特性,在构造反例时常常用到这个集.

**例 6**(Cantor 集) 将区间 $[0,1]$ 三等分，去掉中间的一个开区间 $\left(\frac{1}{3}, \frac{2}{3}\right)$. 将剩下的部分 $\left[0, \frac{1}{3}\right] \cup \left[\frac{2}{3}, 1\right]$ 记为 $F_1$. 将 $F_1$ 中的两个闭区间都三等分，去掉中间的开区间 $\left(\frac{1}{9}, \frac{2}{9}\right)$ 和 $\left(\frac{7}{9}, \frac{8}{9}\right)$，将剩下的部分记为 $F_2$，即

$$F_2=\left[0,\frac{1}{9}\right]\cup\left[\frac{2}{9},\frac{3}{9}\right]\cup\left[\frac{6}{9},\frac{7}{9}\right]\cup\left[\frac{8}{9},1\right].$$

依次进行，一般地在作出 $F_n$ 后，将 $F_n$ 中的每个闭区间都三等分，去掉中间的开区间，这样一直进行下去，最后剩下的点所成的集称为 Cantor 集，记为 $K$，如图 1-6 所示. 显然 $x\in K$ 当且仅当 $x$ 属于每个 $F_n$，因此 $K=\bigcap\limits_{n=1}^{\infty}F_n$. 在构造 Cantor 集时从$[0,1]$中去掉的那些开区间称为 Cantor 集的邻接开区间.

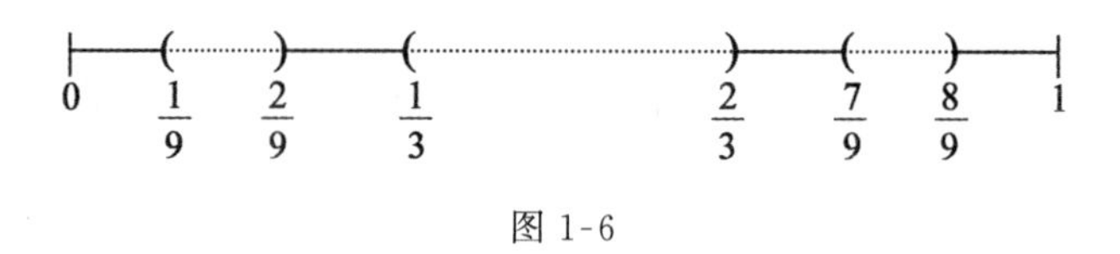


图 1-6

由于在构造 Cantor 集时，每个 $F_n$ 中的那些闭区间的端点始终是不会去掉的，因此这些点都属于 $K$.

Cantor 集 $K$ 具有如下的性质：

(1) Cantor 集是闭集. 事实上，由于每个 $F_n$ 都是闭集，而 $K=\bigcap\limits_{n=1}^{\infty}F_n$ 是一列闭集的交，故 $K$ 是闭集；

(2) Cantor 集无内点.

设 $x\in K$. 对任意 $\varepsilon>0$，存在 $n$ 使得$\frac{1}{3^n}<2\varepsilon$. 由于 $F_n$ 是 $2^n$ 个互不相交的长度为$\frac{1}{3^n}$的闭区间的并，故$(x-\varepsilon,x+\varepsilon)$不能完全被包含在 $F_n$ 中. 于是$(x-\varepsilon,x+\varepsilon)$更加不能完全被包含在 $K$ 中. 因此 $x$ 不是 $K$ 的内点. 这表明 $K^\circ=\varnothing$.（由于 $K$ 是闭集，这也说明 $K$ 是疏朗集）.

(3) $K=K'$（一般地，若 $A'=A$，则称 $A$ 是完全集）.

由于 $K$ 是闭集，故 $K'\subset K$. 另一方面，设 $x\in K$，则 $x\in F_n(n=1,2,\cdots)$. 对任意 $\varepsilon>0$，取 $n$ 足够大使得$\frac{1}{3^n}<\varepsilon$. 由于 $x\in F_n$，故 $x$ 属于 $F_n$ 中的某个长为$\frac{1}{3^n}$的闭区间，记其为 $I$，则 $I\subset(x-\varepsilon,x+\varepsilon)$. 由于 $I$ 的两个端点属于 $K$，其中至少有一个不是 $x$. 这表明 $x$ 的任何去心邻域中都包含有 $K$ 中的点. 因此 $x\in K'$. 从而 $K\subset K'$. 所以$K=K'$.

(4) Cantor 集的邻接开区间的长度之和为 1.

事实上，在第 $n$ 次步骤得到 $F_n$ 时，去掉了 $2^{n-1}$个长度为$\frac{1}{3^n}$的开区间. 因此去掉的那些开区间的长度之和为

$$\sum_{n=1}^{\infty}\frac{2^{n-1}}{3^n}=\frac{1}{3}\sum_{n=1}^{\infty}\left(\frac{2}{3}\right)^{n-1}=1.$$

(5) Cantor 集具有连续基数 $c$.

设 $K_0$ 是所有 $F_n$ 中的那些闭区间的左端点的全体，则 $K_0$ 是可列集. 由 Cantor 集 $K$ 的构造知道，$x\in K-K_0$ 当且仅当 $x$ 可以表示为三进制无限小数

$$x=\frac{a_1}{3^1}+\frac{a_2}{3^2}+\cdots+\frac{a_n}{3^n}+\cdots,$$

其中 $a_i=0$ 或 2. 作映射

$$\varphi: K-K_0 \to (0,1],$$
$$x=\sum_{i=1}^{\infty}\frac{a_i}{3^i}\mapsto x'=\sum_{i=1}^{\infty}\frac{a_i}{2}\frac{1}{2^i},$$

则 $\varphi$ 是 $K-K_0$ 到$(0,1]$的双射. 故$\overline{\overline{K-K_0}}=\overline{\overline{(0,1]}}=c$. 根据定理 1.11 得到

$$\overline{\overline{K}}=\overline{\overline{(K-K_0)\cup K_0}}=\overline{\overline{K-K_0}}=c.$$

下面我们结合 Cantor 集的构造定义一个函数. 在构造一些重要反例时会用到这个函数.

**例 7**$^*$(Cantor 函数) 设 $K$ 是 Cantor 集. 先在$[0,1]-K$(这是 Cantor 集的邻接开区间的并)上按下面的方式定义函数 $K(x)$. 在 $I_1^{(1)}=\left(\frac{1}{3},\frac{2}{3}\right)$上令 $K(x)=\frac{1}{2}$. 在 $I_1^{(2)}=\left(\frac{1}{9},\frac{2}{9}\right)$和 $I_2^{(2)}=\left(\frac{7}{9},\frac{8}{9}\right)$上分别令 $K(x)=\frac{1}{4}$和 $K(x)=\frac{3}{4}$. 一般地, Cantor 集的 $2^{n-1}$个长度为$\frac{1}{3^n}$的邻接开区间, 按照从左到右的顺序依次记为 $I_k^{(n)}$ $(k=1,2,\cdots,2^{n-1})$. 当 $x\in I_k^{(n)}$ 时,令

$$K(x)=\frac{2k-1}{2^n}\quad(k=1,2,\cdots,2^{n-1}).$$

这样一直进行下去, 就在$[0,1]-K$ 上给出了 $K(x)$的定义. 显然在$[0,1]-K$ 上 $0\leqslant K(x)\leqslant 1$.

我们证明 $K(x)$在$[0,1]-K$ 上是单调增加的. 对每个自然数 $n$, 令 $G_n=\bigcup_{k=1}^{2^{n-1}}I_k^{(n)}$. 则 $[0,1]-K=\bigcup_{n=1}^{\infty}G_n$. 显然只需证明对任意 $n$, $K(x)$在 $\bigcup_{i=1}^{n}G_i$ 上是单调增加的. 包含在 $\bigcup_{i=1}^{n}G_i$ 中的开区间一共有 $1+2+\cdots+2^{n-1}=2^n-1$ 个. 因此只需证明以下结论:

若将在$\bigcup_{i=1}^{n}G_i$ 中的 $2^n-1$ 个开区间从左到右依次编号为 $J_k^{(n)}$ $(k=1,2,\cdots,2^n-1)$, 则 $K(x)$在 $J_k^{(n)}$ 上的值为$\frac{k}{2^n}$.

用数学归纳法证明. 显然在 $G_1$ 上结论成立. 假设在$\bigcup_{i=1}^{n-1}G_i$ 上结论成立. 将在$\bigcup_{i=1}^{n}G_i$ 中的 $2^n-1$ 个开区间按照上述方法重新编号, 则在$\bigcup_{i=1}^{n-1}G_i$ 中原来编号为 $J_k^{(n-1)}$ 的开区间现在的编号为 $J_{2k}^{(n)}$ $(k=1,2,\cdots,2^{n-1}-1)$, 包含在 $G_n$ 中的开区间 $I_k^{(n)}$ $(k=1,2,\cdots,2^{n-1})$的编号为 $J_{2k-1}^{(n)}$. 因此由归纳法假设和 $K(x)$的定义, $K(x)$在 $J_k^{(n)}$ $(k=1,2,\cdots,2^n-1)$上的取值为:

当 $x\in J_{2k}^{(n)}=J_k^{(n-1)}$ 时，$K(x)=\dfrac{k}{2^{n-1}}=\dfrac{2k}{2^n}$ $(k=1,2,\cdots,2^{n-1}-1)$,

当 $x\in J_{2k-1}^{(n)}=I_k^{(n)}$ 时，$K(x)=\dfrac{2k-1}{2^n}$ $(k=1,2,\cdots,2^{n-1})$.

这表明 $K(x)$ 在 $J_k^{(n)}$ 上的取值为 $\dfrac{k}{2^n}$，即结论在 $\bigcup\limits_{i=1}^{n}G_i$ 上也成立. 这就证明了 $f(x)$ 在 $[0,1]-K$ 上是单调增加的.

现在将 $K(x)$ 的定义延拓到整个区间 $[0,1]$ 上去. 令

$$\widetilde{K}(0)=0,$$
$$\widetilde{K}(x)=\sup\{K(t):t\in[0,1]-K,t<x\}\quad(0<x\leqslant 1).$$

显然当 $x\in[0,1]-K$ 时，$\widetilde{K}(x)=K(x)$. 即 $\widetilde{K}(x)$ 是 $K(x)$ 在 $[0,1]$ 上的延拓. 不妨将 $\widetilde{K}(x)$ 仍记为 $K(x)$. 这样定义的函数 $K(x)$ 称为 Cantor 函数.

显然 $K(x)$ 在 $[0,1]$ 上是单调增加的. 由于 $K(x)$ 的值域

$$K([0,1])\supset\left\{\frac{k}{2^n}:k=1,2,\cdots,2^n-1,n\in\mathbf{N}\right\},$$

故 $K([0,1])$ 是 $[0,1]$ 的稠密子集. 又 $K(0)=0,K(x)=1$，由此容易证明 $K(x)$ 在 $[0,1]$ 上是连续的(其证明作为习题). 因此 $K(x)$ 的值域 $K([0,1])=[0,1]$. 此外，在 Cantor 集的每个邻接开区间上 $K(x)$ 为常数.

## 习 题 1

### A 类

1. 证明以下各式:

(1) $A\cup B=A\cup(B-A)$;

(2) $\bigcup\limits_{i=1}^{n}A_i-\bigcup\limits_{j=1}^{m}B_j=\bigcup\limits_{i=1}^{n}\bigcap\limits_{j=1}^{m}(A_i-B_j)$;

(3) $A\cap\left(\bigcup\limits_{\alpha\in I}B_\alpha\right)=\bigcup\limits_{\alpha\in I}(A\cap B_\alpha)$;

(4) $E-\bigcup\limits_{\alpha\in I}A_\alpha=\bigcap\limits_{\alpha\in I}(E-A_\alpha)$;

(5) $E-\bigcap\limits_{\alpha\in I}A_\alpha=\bigcup\limits_{\alpha\in I}(E-A_\alpha)$;

2. 设 $\{A_n\}$ 是一列集. 令 $B_1=A_1,B_n=A_n-\bigcup\limits_{i=1}^{n-1}A_i\ (n\geqslant 2)$. 证明 $\{B_n\}$ 中的集互不相交，并且

$$\bigcup_{i=1}^{n}A_i=\bigcup_{i=1}^{n}B_i,\quad\bigcup_{i=1}^{\infty}A_i=\bigcup_{i=1}^{\infty}B_i.$$

3. 设 $\{f_n(x)\}$ 是 $\mathbf{R}^n$ 上的一列实值函数. 试用形如 $\{x:f_n(x)>k\}$ 的集表示集

$$\{x:\lim_{n\to\infty}f_n(x)=+\infty\}.$$

4. 设$\{f_n(x)\}$是 $\mathbf{R}^n$ 上的一列实值函数，并且$\lim\limits_{n\to\infty} f_n(x)=f(x)\ (x\in\mathbf{R}^n)$. 证明对任意实数 $a$，有

$$\{x: f(x)\leqslant a\}=\bigcap_{k=1}^{\infty}\bigcup_{m=1}^{\infty}\bigcap_{n=m}^{\infty}\left\{x: f_n(x)<a+\frac{1}{k}\right\}.$$

5. 设$E\subset\mathbf{R}^n$，$a\in\mathbf{R}^n$，记$a+E=\{a+x: x\in E\}$. 证明对任意$A,B\subset\mathbf{R}^n$ 和$a\in\mathbf{R}^n$，有

(1) $a+A\cup B=(a+A)\cup(a+B)$，$a+A\cap B=(a+A)\cap(a+B)$；

(2) $a+A^C=(a+A)^C$.

6. 设 $A_{2n-1}=\left(0,\frac{1}{n}\right)$，$A_{2n}=(0,n)\ (n\geqslant 1)$. 求 $\overline{\lim\limits_{n\to\infty}}A_n$ 和 $\underline{\lim\limits_{n\to\infty}}A_n$.

7. 设$\{f_n\}$是 $\mathbf{R}^n$ 上的一列实值函数，$A\subset\mathbf{R}^n$，并且$\lim\limits_{n\to\infty} f_n(x)=\chi_A(x)(x\in\mathbf{R}^n)$. 证明$\lim\limits_{n\to\infty}\left\{x: f_n(x)\geqslant\frac{1}{2}\right\}=A$.

8. 设 $f(x)$是定义在区间$[0,1]$上的实值函数，并且存在$M>0$，使得对$[0,1]$中的任意有限个彼此相异的点 $x_1,x_2,\cdots,x_n$，均有

$$|f(x_1)+f(x_2)+\cdots+f(x_n)|\leqslant M.$$

证明集 $A=\{x\in[0,1]: f(x)\neq 0\}$是可数集.

9. 证明可列集的有限子集的全体是可列集.

10. 设 $A$ 是无限集，$B$ 是可列集. 证明若存在一个 $A$ 到 $B$ 的单射，则 $A$ 是可列集.

11. 设 $A$ 是直线上以有理数为端点的开区间的全体. 证明 $A$ 是可列集.

12. 设 $A\subset\mathbf{R}^1$. 证明：若对任意 $x\in A$，存在 $\varepsilon>0$，使得 $A\cap(x-\varepsilon,x+\varepsilon)$是可数集，则 $A$ 是可数集.

13. 设 $A$ 是 $\mathbf{R}^2$ 的子集，$A$ 中的任意两点的距离都是有理数. 证明 $A$ 是可数集.

14. 作出下面的集与集之间的一个双射：

(1) 实数集到无理数集；

(2) 平面上的闭单位圆盘$\overline{B(0,1)}$到开单位圆盘 $B(0,1)$.

15. 设 $A$ 是平面上圆的全体所成之集. 证明 $\overline{\overline{A}}=c$.

16. 证明：若 $\mathscr{F}$ 是代数并且对不相交可列并运算封闭，则 $\mathscr{F}$ 是$\sigma$-代数.

17. 设 $X$ 是一无限集. 证明 $\mathscr{F}=\{A\subset X: A$ 或$A^C$ 是可数集$\}$是$\sigma$-代数.

18. 设 $A$ 是 $X$ 的一个非空真子集. 求$\sigma(\{A\})$.

19. 设 $f(x)$是 $\mathbf{R}^n$ 上的实值函数. 证明若对任意常数 $a$，$\{x: f(x)<a\}$和$\{x: f(x)>a\}$都是开集，则 $f(x)$在 $\mathbf{R}^n$ 上连续.

20. 设 $f(x)$是 $\mathbf{R}^n$ 上的实值函数. 证明 $f(x)$在 $\mathbf{R}^n$ 上连续的充要条件是对 $\mathbf{R}^1$ 中的任意开集 $G$，$f^{-1}(G)$是开集.

21. 设 $A=\left\{n+\frac{1}{p}+\frac{1}{q}: n,p,q\in\mathbf{N}\right\}$. 求 $A',A'',A'''$.

22. 设 $A,B\subset\mathbf{R}^n$. 证明：

(1) $(A^C)^\circ=(\overline{A})^C$，$\overline{A^C}=(A^\circ)^C$；

(2) $(A\cap B)^\circ=A^\circ\cap B^\circ$；

(3) $(A\cup B)'=A'\cup B'$, $\overline{A\cup B}=\overline{A}\cup\overline{B}$.

23. 设$A,B\subset\mathbf{R}^n$, $A\cap B=\varnothing$. 证明$\overline{A}\cap B^{\circ}=\varnothing$.

24. 设$A\subset\mathbf{R}^n$. 证明$A'$是闭集.

25. 设$A\subset\mathbf{R}^n$. 证明：$A^{\circ}$是包含在$A$中的最大开集，$\overline{A}$是包含$A$的最小闭集.

26. 设$A\subset\mathbf{R}^n$. 点$x$称为是$A$的边界点，若$x$的任意领域中既包含$A$中的点，也包含$A^C$中的点. $A$的边界点的全体所成的集记为$\partial A$. 证明$\overline{A}=A\cup\partial A$.

27. 设$A$是$\mathbf{R}^n$的非空子集. 证明：

(1) $d(x,A)=0$当且仅当$x\in\overline{A}$. (特别地，若$A$是闭集，$x\notin A$，则$d(x,A)>0$.)

(2) $f(x)=d(x,A)(x\in\mathbf{R}^n)$是$\mathbf{R}^n$上的连续函数.

28. 设$A$是$\mathbf{R}^n$中的非空闭集. 证明对任意$x\in\mathbf{R}^n$，存在$y_0\in A$使得

$$d(x,A)=d(x,y_0).$$

29. 设$A$和$B$分别是$\mathbf{R}^p$和$\mathbf{R}^q$中的闭集，证明$A\times B$是$\mathbf{R}^p\times\mathbf{R}^q$中的闭集.

30. 设$f(x)$是$[a,b]$上的非负连续函数. 证明$f(x)$的下方图形

$$E=\{(x,y):a\leqslant x\leqslant b,\ 0\leqslant y\leqslant f(x)\}$$

是$\mathbf{R}^2$中的闭集.

31. 证明集$A=\{\ln(1+r^2):r\in\mathbf{Q}\}$在区间$[0,\infty)$中稠密.

32. 设$A\subset\mathbf{R}^n$. 证明：

(1) $A$的孤立点所成之集是可数集(称$x$为$A$的孤立点，若$x\in A$但$x\notin A'$).

(2) 若$A'$是可数集，则$A$是可数集.

33. 证明空集和全直线是直线上仅有的又开又闭的集.

34. 设$\{F_n\}$是$[a,b]$中的一列非空闭集，并且$F_n\supset F_{n+1}(n\geqslant 1)$，证明$\bigcap\limits_{n=1}^{\infty}F_n\neq\varnothing$.

35. 证明$\mathbf{R}^n$中的每个闭集是$G_\delta$型集，每个开集是$F_\sigma$型集.

36. 设$A$是Cantor集$K$的所有邻接开区间的中点所成的集. 求$A'$.

37. 设$\mathscr{C}$是$\mathbf{R}^n$中半开方体的全体，证明$\sigma(\mathscr{C})=\mathscr{B}(\mathbf{R}^n)$.

## B 类

1. 设$A$是$\mathbf{R}^1$中的可列集. 证明存在$x_0\in\mathbf{R}^1$，使得$A\cap(x_0+A)=\varnothing$. 其中

$$x_0+A=\{x_0+x:x\in A\}.$$

2. 证明$[0,1]\times[0,1]\sim[0,1]$.

3. 设$\overline{\overline{A\cup B}}=c$. 证明$A$和$B$中至少有一个的基数是$c$.

4. 证明定义在$\mathbf{R}^1$上的实值函数的全体的基数是$2^c$(其中$2^c$表示$\mathbf{R}^1$的幂集$\mathscr{P}(\mathbf{R}^1)$的基数).

5. 证明定义在$[a,b]$上的单调函数的全体的基数是$c$.

6. 证明直线上的开集的全体的基数是$c$.

7. 设$F\subset\mathbf{R}^n$. 若对$F$的每个无限子集$A$，总有$A'\cap F\neq\varnothing$，证明$F$是有界闭集.

8. 设$\{G_n\}$是直线$\mathbf{R}^1$中的一列稠密开集. 证明$\bigcap\limits_{n=1}^{\infty}G_n$也是$\mathbf{R}^1$的稠密子集.

9. 证明有理数集 $\mathbf{Q}$ 不是 $G_\delta$ 型集.

10. 证明若 $A$ 是 Borel 集，则 $x_0+A$ 也是 Borel 集. 其中 $A\subset\mathbf{R}^n$，$x_0\in\mathbf{R}^n$，

$$x_0+A=\{x_0+x:x\in A\}.$$

11. 设 $f(x)$是 $\mathbf{R}^1$ 上的实值函数. 证明 $f(x)$的连续点的全体是 $G_\delta$ 型集.

12. 设$\{f_n\}$是 $\mathbf{R}^n$ 上的一列连续函数. 证明$\{x:\varliminf\limits_{n\to\infty} f_n(x)>0\}$是 $F_\sigma$ 型集. $\{x:\varlimsup\limits_{n\to\infty} f_n(x)=+\infty\}$是 $G_\delta$ 型集.

13. 设 $A\subset\mathbf{R}^n$. 证明从 $A$ 的任一开覆盖$\{G_\alpha,\alpha\in I\}$中，可以选出可数的子族同样覆盖 $A$.

14. 设 $f(x)$是$[a,b]$上单调增加的实值函数，使得 $f([a,b])$在$[f(a),f(b)]$中稠密. 证明 $f(x)$在$[a,b]$上连续.

# 第 2 章　Lebesgue 测度

实变函数论的核心内容是测度与积分的理论. 在第 1 章作了一些必要的准备. 从本章开始逐步介绍 Lebesgue 测度与积分理论.

在引言中我们已经提到，我们熟知的 Riemann 积分在理论上存在一些缺陷，必须加以改进. 为了建立一种新的积分理论，我们必须对直线上比区间更一般的集，给出一种类似于区间长度的度量. 同样，为了在平面或三维空间上定义新的积分，也需要对平面或三维空间上的相当广泛的一类集，给出一种类似于面积或体积的度量. 实际上，我们将在 $\mathbf{R}^n$ 上建立这种新的度量.

这种新的度量应该满足什么性质呢？以一维情形为例. 我们希望对任意$A\subset\mathbf{R}^1$，给予 $A$ 一种度量，我们称之为测度，记为 $m(A)$. 既然 $m(A)$是长度的推广，测度应满足如下的性质：

(1) 非负性：$m(A)\geqslant 0$.

(2) 可列可加性：若$\{A_k\}$是 $\mathbf{R}^1$ 中的一列互不相交的集，则

$$m\left(\bigcup_{k=1}^{\infty}A_k\right)=\sum_{k=1}^{\infty}m(A_k). \tag{2.1}$$

(3) 平移不变性：$m(x+A)=m(A)$.

(3) $m([a,b])=b-a$.

在上述的性质中，性质(2)是最重要的. 测度的可列可加性是 Lebesgue 积分理论成功的关键.

**注**　式(2.1)的两端的值允许为$+\infty$. 式(2.1)表示当等式的一端取有限值时，另一端也取有限值，并且两端相等. 当一端取值为$+\infty$时，另一端也为$+\infty$. 以后遇到类似的等式，都应这样理解.

我们当然希望能够对 $\mathbf{R}^n$ 的所有子集都能定义测度，并且满足上述的性质(1)～(4). 但已经证明这是不可能的. 我们只能对 $\mathbf{R}^n$ 中的一部分集即所谓“可测集”定义测度. 这种可测集是相当广泛的一类集，包含了所有常见的集，例如可数集、各种方体、开集和闭集等，以及这些集经过有限或可列的并、交、差和余运算所得的集. 因此在应用上是足够了.

本章 2.1 节至 2.3 节介绍 $\mathbf{R}^n$ 上的 Lebesgue 测度理论. 在 2.4 节中简要介绍一般测度空间上的测度理论.

## 2.1　外　测　度

定义外测度的想法来源于面积的计算. 在计算平面上一个曲边梯形的面积的时候，

我们用该曲边梯形的外接阶梯形或内接阶梯形的面积逼近该曲边梯形的面积. 实际上就是用很多小的矩形的面积之和逼近曲边梯形的面积. 自然地我们应该将这种方法用于直线、平面或一般 $n$ 维空间 $\mathbf{R}^n$ 中的任意点集.

我们以 $\mathbf{R}^1$ 的情形为例说明这种思想. 对应于平面上的矩形，在直线上就是区间. 设 $A$ 是直线上的一个点集. 该点集可能不包含任何区间(当 $A$ 没有内点的时候就是如此，例如区间[0,1]中的无理数集). 因此想用包含在 $A$ 内部的若干小区间的长度之和给出 $A$ 的一种度量并不总是可行的. 但是 $A$ 总是可以被一些区间覆盖. 给定覆盖 $A$ 的一族区间 $\{I_k\}$，就相应地得到它们的长度之和 $\sum\limits_k |I_k|$. 用来覆盖 $A$ 的区间族 $\{I_k\}$ 可以有很多取法. 这些不同的区间族 $\{I_k\}$ 的长度之和 $\sum\limits_k |I_k|$ 构成一个非负数集. 很自然地，应该将这个非负数集的下确界作为集 $A$ 的一个度量. 这就是 $A$ 的外测度.

这里有一个很重要的问题，就是用来覆盖 $A$ 的那些区间是只允许用有限个，还是允许用可列个. 在 Lebesgue 测度理论创立之前，曾经出现过 Jordan 测度理论. Jordan 测度理论采用有限个区间覆盖的方法. Jordan 测度理论虽然也取得了部分成功，但存在致命的缺陷. 例如，Jordan 测度不是可列可加的，有理数集不是可测集等. 而 Lebesgue 在他的测度理论中允许参加覆盖的区间是可列个. 正是这一改变，使得 Lebesgue 测度理论取得了巨大成功. Lebesgue 测度理论以及在此基础上建立的 Lebesgue 积分理论，成为现代分析数学必不可少的基础.

下面我们将上述想法精确化. 为此先对 $n$ 维空间 $\mathbf{R}^n$ 中方体的体积作出明确的规定.

设 $I$ 是直线上的一个有界区间，$I=(a,b)$(或$[a,b]$，$(a,b]$，$[a,b)$)，规定 $I$ 的长度为 $|I|=b-a$. 若 $I$ 是无界区间，则规定 $|I|=+\infty$.

设 $I_1,I_2,\cdots,I_n$ 是直线上的 $n$ 个区间(有界或无界)，$I=I_1\times I_2\times\cdots\times I_n$ 是 $\mathbf{R}^n$ 中的方体. 称

$$|I|=|I_1|\,|I_2|\cdots|I_n|$$

为 $I$ 的体积(若 $I_1,I_2,\cdots,I_n$ 中至少有一个是无界区间，则 $I$ 是无界方体，此时规定 $|I|=+\infty$). 为方便起见，规定空集 $\varnothing$ 也算作是方体并且 $|\varnothing|=0$. 例如

$$|(a,b)\times(c,d)|=(b-a)(d-c),$$
$$|[0,1]\times[0,\infty)|=+\infty.$$

由于方体的体积和下面将要定义的外测度允许取 $+\infty$ 为值，因此在对体积和外测度相加时，可能会出现某些项为 $+\infty$ 的情形. 我们作以下规定：

$$a+(+\infty)=+\infty+a=+\infty \quad (a\ \text{为实数}),$$
$$(+\infty)+(+\infty)=+\infty.$$

此外，数列的极限允许为 $+\infty$. 级数的和也允许为 $+\infty$. 按照这个规定，单调增加数列 $\{a_n\}$ 的极限 $\lim\limits_{n\to\infty}a_n$ 和正项级数的和 $\sum\limits_{n=1}^{\infty}a_n$ 总是存在的(可能是有限值，也可能是 $+\infty$).

在不会引起混淆的情况下，$+\infty$ 通常可以简记为 $\infty$.

设 $A\subset\mathbf{R}^n$. 若 $\{I_k\}$ 是 $\mathbf{R}^n$ 中的有限个或一列开方体，使得

$$A\subset\bigcup_{k=1}^{k_0}I_k,\quad \text{或}\quad A\subset\bigcup_{k=1}^{\infty}I_k,$$

则称$\{I_k\}$是 $A$ 的一个开方体覆盖. 由于有限并总可以写成可列并(只要令 $I_k=\varnothing(\forall k>k_0)$, 则 $\bigcup_{k=1}^{k_0}I_k=\bigcup_{k=1}^{\infty}I_k$). 因此不妨只考虑 $A\subset\bigcup_{k=1}^{\infty}I_k$ 的情形. 换言之, 以后在说到可列覆盖的时候, 也包括了有限覆盖的情形.

**定义 2.1** 对每个 $A\subset\mathbf{R}^n$, 令

$$m^*(A)=\inf\left\{\sum_{k=1}^{\infty}|I_k|:\{I_k\}\text{ 是 }A\text{ 的开方体覆盖}\right\}.\tag{2.2}$$

称 $m^*(A)$为 $A$ 的 Lebesgue 外测度, 简称为外测度.

由外测度的定义知道, 对任意 $A\subset\mathbf{R}^n$, $m^*(A)\geqslant 0$. 若对 $A$ 的任意开方体覆盖$\{I_k\}$, 总有 $\sum_{k=1}^{\infty}|I_k|=\infty$, 则 $m^*(A)=\infty$. 因此一般地, $0\leqslant m^*(A)\leqslant\infty$.

外测度是通过下确界定义的. 由下确界的意义, 直接得到以下两点经常用到的事实:

(1) 对 $A$ 的任意一个开方体覆盖$\{I_k\}$, 有

$$m^*(A)\leqslant\sum_{k=1}^{\infty}|I_k|.$$

(2) 若 $m^*(A)<\infty$, 则对任意$\varepsilon>0$, 存在 $A$ 的一个开方体覆盖$\{I_k\}$, 使得

$$\sum_{k=1}^{\infty}|I_k|<m^*(A)+\varepsilon.$$

**例 1** 若 $A$ 是 $\mathbf{R}^n$ 中的可数集, 则 $m^*(A)=0$.

**证** 为叙述简单计, 只证 $\mathbf{R}^1$ 中的情形, $\mathbf{R}^n$ 中的情形可以类似证明. 不妨只证 $A$ 是可列集的情形. 设 $A=\{a_1,a_2,\cdots\}$是可列集. 对任意$\varepsilon>0$, 开区间列

$$I_k=\left(a_k-\frac{\varepsilon}{2^{k+1}},\ a_k+\frac{\varepsilon}{2^{k+1}}\right)\ (k=1,2,\cdots)$$

是 $A$ 的一个开区间覆盖. 因此

$$m^*(A)\leqslant\sum_{k=1}^{\infty}|I_k|=\sum_{k=1}^{\infty}\frac{\varepsilon}{2^k}=\varepsilon.$$

由 $\varepsilon>0$ 的任意性得到 $m^*(A)=0$.

特别地, 由例 1 知道, 若 $\mathbf{Q}$ 是有理数集, 则 $m^*(\mathbf{Q})=0$.

**定理 2.1** 外测度具有如下性质:

(1) $m^*(\varnothing)=0$;

(2) 单调性: 若 $A\subset B$, 则 $m^*(A)\leqslant m^*(B)$;

(3) 次可列可加性: 对 $\mathbf{R}^n$ 中的任意一列集$\{A_k\}$, 有

$$m^*\left(\bigcup_{k=1}^{\infty}A_k\right)\leqslant\sum_{k=1}^{\infty}m^*(A_k).\tag{2.3}$$

**证** (1) 由于$\varnothing$也是方体, 并且$|\varnothing|=0$, 因此$\{\varnothing\}$是空集$\varnothing$的一个开方体覆盖, 并且 $m^*(\varnothing)\leqslant|\varnothing|=0$, 从而 $m^*(\varnothing)=0$.

(2) 设$A\subset B$. 不妨设$m^*(B)<\infty$. 对任意$\varepsilon>0$，存在$B$的一个开方体覆盖$\{I_k\}$，使得$\sum_{k=1}^{\infty}|I_k|<m^*(B)+\varepsilon$. 既然$A\subset B$，$\{I_k\}$也是$A$的开方体覆盖. 因此

$$m^*(A)\leqslant\sum_{k=1}^{\infty}|I_k|<m^*(B)+\varepsilon.$$

由$\varepsilon$的任意性得到$m^*(A)\leqslant m^*(B)$.

(3) 不妨设$m^*(A_k)<\infty(k\geqslant1)$(否则式(2.3)显然成立). 对任意$\varepsilon>0$和每个$k\geqslant1$，存在$A_k$的一个开方体覆盖$\{I_{k,i}\}_{i\geqslant1}$，使得

$$\sum_{i=1}^{\infty}|I_{k,i}|\leqslant m^*(A_k)+\frac{\varepsilon}{2^k}. \tag{2.4}$$

由于$\{I_{k,i}: k,i=1,2,\cdots\}$是$\bigcup_{k=1}^{\infty}A_k$的一个开方体覆盖，由式(2.4)得到

$$m^*\left(\bigcup_{k=1}^{\infty}A_k\right)\leqslant\sum_{k=1}^{\infty}\sum_{i=1}^{\infty}|I_{k,i}|\leqslant\sum_{k=1}^{\infty}\left(m^*(A_k)+\frac{\varepsilon}{2^k}\right)=\sum_{k=1}^{\infty}m^*(A_k)+\varepsilon.$$

由于$\varepsilon$是任意的，因此式(2.3)成立. ■

**注 1** 外测度也具有次有限可加性. 事实上，利用外测度的次可列可加性和$m^*(\varnothing)=0$，我们有

$$\begin{aligned}m^*(A_1\cup\cdots\cup A_k)&=m^*(A_1\cup\cdots\cup A_k\cup\varnothing\cup\cdots)\\&\leqslant m^*(A_1)+\cdots+m^*(A_k)+m^*(\varnothing)+\cdots\\&=m^*(A_1)+\cdots+m^*(A_k).\end{aligned}$$

**定理 2.2** 若$I$是$\mathbf{R}^n$中的方体，则$m^*(I)=|I|$.

**证** 为叙述简单计，只证$\mathbf{R}^1$中的情形. 在$\mathbf{R}^n$中的情形其证明思想是一样的. 设$I=[a,b]$为一有界闭区间. 对任意$\varepsilon>0$，开区间$(a-\varepsilon,b+\varepsilon)$是$I$的一个开区间覆盖. 因此

$$m^*(I)\leqslant|(a-\varepsilon,b+\varepsilon)|=b-a+2\varepsilon.$$

由$\varepsilon$的任意性得到$m^*(I)\leqslant b-a=|I|$. 现在证明反向不等式. 对任意$\varepsilon>0$，存在$I$的一个开区间覆盖$\{I_k\}$使得$\sum_{k=1}^{\infty}|I_k|<m^*(I)+\varepsilon$. 根据有限覆盖定理，存在$\{I_k\}$的一个有限子列，不妨设其为$\{I_1,I_2,\cdots,I_{k_0}\}$使得$I\subset\bigcup_{k=1}^{k_0}I_k$. 于是

$$|I|\leqslant\sum_{k=1}^{k_0}|I_k|\leqslant\sum_{k=1}^{\infty}|I_k|<m^*(I)+\varepsilon.$$

由$\varepsilon$的任意性得到$|I|\leqslant m^*(I)$. 因此当$I=[a,b]$时，$m^*(I)=|I|$. 现在设$I$为任一有界区间. 则存在有界闭区间$I_1$和$I_2$使得$I_1\subset I\subset I_2$，并且$|I|-|I_1|<\varepsilon$，$|I_2|-|I|<\varepsilon$. 由外测度的单调性和对有界闭区间证明的结果得到

$$|I|-\varepsilon<|I_1|=m^*(I_1)\leqslant m^*(I)\leqslant m^*(I_2)=|I_2|<|I|+\varepsilon.$$

由$\varepsilon>0$的任意性即得$m^*(I)=|I|$. 现在设$I=[a,\infty)$为一无界区间. 对任意$k>0$，由于$[a,a+k]\subset[a,\infty)$，因此$k=m^*([a,a+k])\leqslant m^*([a,\infty))$. 由于$k$可以任意大，这表明$m^*([a,\infty))=\infty$. 类似可以证其他类型的无界区间的外测度为$\infty$. 因此当$I$是无

界区间时也有 $m^*(I)=|I|$. ■

这里顺便指出证明区间(0,1)不是可列集的另一方法．由例 1 知道可列集的外测度为零. 但根据定理 2.2，$m^*((0,1))=1$，因此(0,1)不是可列集.

**例 2**(外测度的平移不变性) 设 $E\subset\mathbf{R}^n$. 则对任意 $x_0\in\mathbf{R}^n$ 有

$$m^*(x_0+E)=m^*(E),$$

其中 $x_0+E=\{x_0+x: x\in E\}$.

**证** 若$\{I_k\}$是 $E$ 的开方体覆盖，则$\{x_0+I_k\}$是 $x_0+E$ 的开方体覆盖. 由于方体的体积是平移不变的，故

$$m^*(x_0+E)\leqslant\sum_{k=1}^{\infty}|x_0+I_k|=\sum_{k=1}^{\infty}|I_k|.$$

对 $E$ 的所有开方体覆盖取下确界得到 $m^*(x_0+E)\leqslant m^*(E)$. 由于 $E$ 可以看成是$x_0+E$ 经过$-x_0$的平移得到的，因此又有 $m^*(E)\leqslant m^*(x_0+E)$，从而 $m^*(E)=m^*(x_0+E)$.

对一个集作数乘变换有类似的结果：

**例 3** 设 $E\subset\mathbf{R}^n$. 则对任意实数 $\lambda$ 有

$$m^*(\lambda E)=|\lambda|^n m^*(E),\tag{2.5}$$

其中 $\lambda E=\{\lambda x: x\in E\}$.

**证** 当 $\lambda=0$ 时式(2.5)显然成立. 现在设 $\lambda\neq0$. 显然若 $I$ 是 $\mathbf{R}^n$ 中的方体，则 $|\lambda I|=|\lambda|^n|I|$. 与例 2 类似可以证明 $m^*(\lambda E)\leqslant|\lambda|^n m^*(E)$.另一方面，

$$m^*(E)=m^*(\lambda^{-1}\lambda E)\leqslant|\lambda^{-1}|^n m^*(\lambda E)=|\lambda|^{-n}m^*(\lambda E).$$

故 $|\lambda|^n m^*(E)\leqslant m^*(\lambda E)$. 因此式(2.5)成立.

## 2.2 可测集与测度

### 2.2.1 可测集的定义

在 2.1 节中引入的外测度 $m^*$ 虽然具有一些与长度、面积和体积类似的性质. 但$m^*$不具有有限可加性，即当 $A,B\subset\mathbf{R}^n$ 并且 $A\cap B=\varnothing$时，不一定有

$$m^*(A\cup B)=m^*(A)+m^*(B)$$

(例子见 2.3 节). 这表明外测度还不是那种类似于长度、面积和体积的度量. 出现这种情况是因为在 $\mathbf{R}^n$ 中，存在一些性质不好的集破坏了外测度 $m^*$ 的可加性. 本节讨论的可测集就是通过某种限制条件挑选出的一部分所谓“好”的集. 我们将看到，一方面可测集足够多，足以满足应用上的需要. 另一方面，将 $m^*$ 限制在可测集上时 $m^*$ 满足可加性，从而成为所需要的那种度量. 这时我们将外测度改称为测度.

那么，应该根据什么条件来挑选这种“好”的集呢？假定我们已经按照某种条件挑选出一类集，这一类集的全体暂记为 $\mathscr{M}$，使得将外测度 $m^*$ 限制在 $\mathscr{M}$ 上时具有有限可加性. 此外我们还要求 $\mathscr{M}$ 是一个 $\sigma$-代数，并且包含一些常见的集，例如所有方体. 在这种条件下，我们看看 $\mathscr{M}$ 中的集应该满足什么样的条件. 设 $E\in\mathscr{M}$. 对任意方体 $I$，由于 $I\in\mathscr{M}$，因

此 $I\cap E$，$I\cap E^C\in\mathscr{M}$. 显然 $I$ 是 $I\cap E$ 和 $I\cap E^C$ 的不相交并，即

$$(I\cap E)\cap(I\cap E^C)=\varnothing,\ (I\cap E)\cup(I\cap E^C)=I.$$

既然 $m^*$ 在 $\mathscr{M}$ 上具有有限可加性，此时应有

$$m^*(I)=m^*(I\cap E)+m^*(I\cap E^C). \tag{2.6}$$

以上分析表明，$E\in\mathscr{M}$ 的必要条件是对任意方体 $I$，式(2.6)成立.我们证明式(2.6)实际上等价于一个更强的条件.

**引理 2.1** 设 $E\subset\mathbf{R}^n$. 则式(2.6)对任意开方体 $I$ 都成立的充要条件是对任意 $A\subset\mathbf{R}^n$ 有

$$m^*(A)=m^*(A\cap E)+m^*(A\cap E^C). \tag{2.7}$$

如图 2-1 所示.

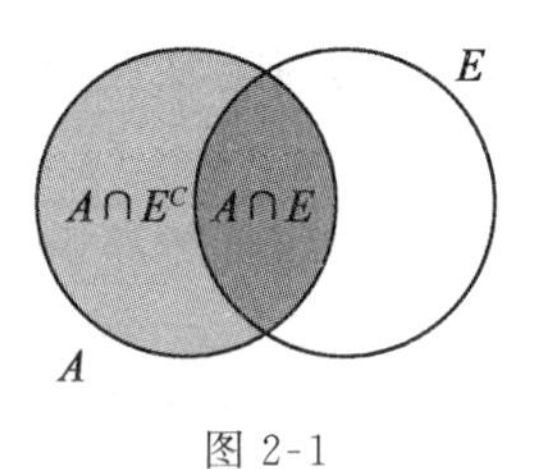


图 2-1

**证** 只需证明必要性. 设式(2.6)成立. 由于 $A=(A\cap E)\cup(A\cap E^C)$，由外测度的次有限可加性得到

$$m^*(A)\leqslant m^*(A\cap E)+m^*(A\cap E^C). \tag{2.8}$$

再证明反向的不等式. 不妨设 $m^*(A)<\infty$. 对任意 $\varepsilon>0$，存在 $A$ 的一个开方体覆盖 $\{I_k\}$，使得 $\sum\limits_{k=1}^{\infty}|I_k|<m^*(A)+\varepsilon$. 由于

$$A\cap E\subset\left(\bigcup_{k=1}^{\infty}I_k\right)\cap E=\bigcup_{k=1}^{\infty}(I_k\cap E),$$

$$A\cap E^C\subset\left(\bigcup_{k=1}^{\infty}I_k\right)\cap E^C=\bigcup_{k=1}^{\infty}(I_k\cap E^C),$$

由外测度的次可列可加性，得到

$$m^*(A\cap E)\leqslant\sum_{k=1}^{\infty}m^*(I_k\cap E),$$

$$m^*(A\cap E^C)\leqslant\sum_{k=1}^{\infty}m^*(I_k\cap E^C).$$

利用以上两式和式(2.6)得到

$$\begin{aligned}m^*(A\cap E)+m^*(A\cap E^C)&\leqslant\sum_{k=1}^{\infty}m^*(I_k\cap E)+\sum_{k=1}^{\infty}m^*(I_k\cap E^C)\\&=\sum_{k=1}^{\infty}[m^*(I_k\cap E)+m^*(I_k\cap E^C)]\end{aligned}$$

$$= \sum_{k=1}^{\infty} m^*(I_k) = \sum_{k=1}^{\infty} |I_k|$$
$$< m^*(A) + \varepsilon.$$

由 $\varepsilon$ 的任意性得到

$$m^*(A \cap E) + m^*(A \cap E^C) \leqslant m^*(A). \tag{2.9}$$

综合式(2.8)和式(2.9)得到式(2.7). ■

从以上讨论知道，若要求 $m^*$ 限制在 $\mathscr{M}$ 上具有可加性，则 $\mathscr{M}$ 中的集要满足的必要条件是式(2.6). 式(2.7)与式(2.6)等价但在形式上更具有一般性，因此我们宁愿采用式(2.7). 我们将看到式(2.7)这个条件也是充分的. 下面我们就根据式(2.7)这个条件给出可测集的定义.

**定义 2.2** 设 $E \subset \mathbf{R}^n$.

(1) 若对任意 $A \subset \mathbf{R}^n$，式(2.7)成立，则称 $E$ 是 Lebesgue 可测集.

(2) 若 $E$ 是 Lebesgue 可测集，则称 $m^*(E)$ 为 $E$ 的 Lebesgue 测度，记为 $m(E)$.

在不会引起混淆的情形下，Lebesgue 可测集和 Lebesgue 测度可以分别简称为可测集和测度. $\mathbf{R}^n$ 中的可测集的全体记为 $\mathscr{M}(\mathbf{R}^n)$.

式(2.7)称为 Caratheodory 条件(简称为卡氏条件). 由于不等式(2.8)总是成立的，因此卡氏条件等价于对任意 $A \subset \mathbf{R}^n$ 有

$$m^*(A) \geqslant m^*(A \cap E) + m^*(A \cap E^C).$$

显然空集 $\varnothing$ 和全空间 $\mathbf{R}^n$ 满足卡氏条件，它们都是可测集. 以下是可测集的一些例子.

**例 1** (1) 外测度为零的集是可测集.

(2) 零测度集的子集也是可测集.

(3) 可数集是可测集，并且测度为零.

**证** (1) 设 $m^*(E)=0$. 由于外测度的单调性，对任意 $A \subset \mathbf{R}^n$，我们有

$$m^*(A) = m^*(E) + m^*(A) \geqslant m^*(A \cap E) + m^*(A \cap E^C).$$

即 $E$ 满足卡氏条件. 因此 $E$ 是可测集. 由于 $m(E)=0$，称 $E$ 是零测度集.

(2) 设 $E$ 是零测度集，$E_1 \subset E$. 由于 $m^*(E_1) \leqslant m(E)=0$，故 $m^*(E_1)=0$. 由结论(1)知道 $E_1$ 也是可测集.

(3) 根据 2.1 节例 1，可数集的外测度为零，再由结论(1)即知.

特别地，有理数集 $\mathbf{Q}$ 是可测集，并且 $m(\mathbf{Q})=0$.

**定理 2.3** $\mathbf{R}^n$ 中的每个方体 $I$ 都是可测集，并且 $m(I)=|I|$.

**证** 设 $J \subset \mathbf{R}^n$ 为任一方体. 则 $J \cap I$ 仍是方体，而 $J \cap I^C$ 可以表示为有限个互不相交的方体的并(图 2-2 所示是 $\mathbf{R}^2$ 上的情形). 设 $J \cap I^C = \bigcup_{i=1}^{k} I_i$，其中 $I_1, I_2, \cdots, I_k$ 是互不相交的方体. 于是

$$J = (J \cap I) \cup (J \cap I^C) = (J \cap I) \cup \bigcup_{i=1}^{k} I_i. \tag{2.10}$$

由外测度的次有限可加性有

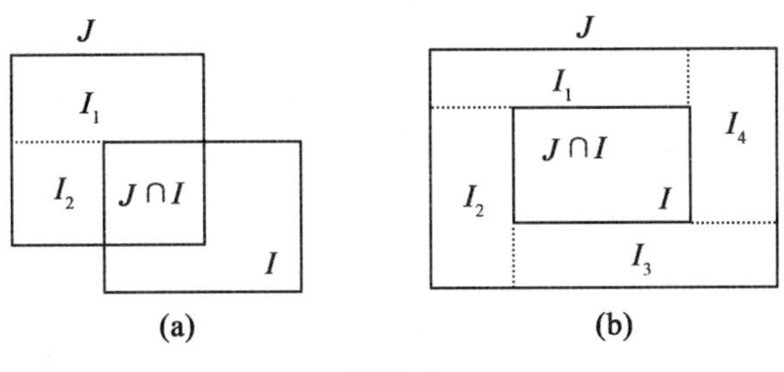


图 2-2

$$m^*(J\cap I^C)=m^*\left(\bigcup_{i=1}^{k}I_i\right)\leqslant\sum_{i=1}^{k}m^*(I_i).\tag{2.11}$$

由于体积是有限可加的，利用式(2.10)、式(2.11)两式得到

$$\begin{aligned}m^*(J)&=|J|=|J\cap I|+\sum_{i=1}^{k}|I_i|\\&=m^*(J\cap I)+\sum_{i=1}^{k}m^*(I_i)\geqslant m^*(J\cap I)+m^*(J\cap I^C).\end{aligned}$$

另一方面，$m^*(J)\leqslant m^*(J\cap I)+m^*(J\cap I^C)$，因此

$$m^*(J)=m^*(J\cap I)+m^*(J\cap I^C).\tag{2.12}$$

根据引理 2.1，式(2.12)表明 $I$ 满足卡氏条件. 因此 $I$ 是可测的. 最后根据定理2.2，$m^*(I)=|I|$，也就是 $m(I)=|I|$. ■

### 2.2.2 可测集与测度的性质

如前所述，我们用卡氏条件挑选出一部分“好的集”即可测集，希望一方面可测集足够多，并且要有很好的运算封闭性. 另一方面，把外测度限制在可测集上要满足有限可加性和可列可加性. 下面我们将证明，可测集确实具有这些好的性质.

**引理 2.2** (1) 若 $E_1,E_2,\cdots,E_k$ 是可测集，则 $\bigcup_{i=1}^{k}E_i$ 是可测集.

(2) 若 $E_1,E_2,\cdots,E_k$ 是互不相交的可测集，$A_i\subset E_i(i=1,2,\cdots,k)$. 则

$$m^*\left(\bigcup_{i=1}^{k}A_i\right)=\sum_{i=1}^{k}m^*(A_i).\tag{2.13}$$

**证** (1) 先证明当 $k=2$ 时结论成立. 令 $E=E_1\cup E_2$. 注意到 $E=E_1\cup(E_1^C\cap E_2)$，利用 $E_1$ 和 $E_2$ 的可测性，对任意 $A\subset\mathbf{R}^n$，我们有

$$\begin{aligned}&m^*(A\cap E)+m^*(A\cap E^C)\\\leqslant&[m^*(A\cap E_1)+m^*(A\cap E_1^C\cap E_2)]+m^*(A\cap E_1^C\cap E_2^C)\\=&m^*(A\cap E_1)+[m^*((A\cap E_1^C)\cap E_2)+m^*((A\cap E_1^C)\cap E_2^C)]\\=&m^*(A\cap E_1)+m^*(A\cap E_1^C)=m^*(A).\end{aligned}$$

上式表明 $E$ 满足卡氏条件，因此 $E=E_1\cup E_2$ 是可测集. 重复利用这个结论知道 $\bigcup_{i=1}^{k}E_i$ 是

可测的.

(2) 先证明当 $k=2$ 时结论成立. 因为 $E_1$ 和 $E_2$ 是互不相交的，并且 $A_1\subset E_1$，$A_2\subset E_2$，所以

$$(A_1\cup A_2)\cap E_1=A_1,\quad (A_1\cup A_2)\cap E_1^C=A_2.$$

由于 $E_1$ 是可测的，利用卡氏条件有

$$\begin{aligned}m^*(A_1\cup A_2)&=m^*((A_1\cup A_2)\cap E_1)+m^*((A_1\cup A_2)\cap E_1^C)\\&=m^*(A_1)+m^*(A_2).\end{aligned}$$

重复利用这个结论知道式(2.13)对任意 $k$ 成立. ■

**定理 2.4** (1) 可测集的全体 $\mathscr{M}(\mathbf{R}^n)$是一个 $\sigma$-代数；

(2) 每个 Borel 集都是可测集，即 $\mathscr{B}(\mathbf{R}^n)\subset\mathscr{M}(\mathbf{R}^n)$.

**证** (1) 前面已经指出$\varnothing\in\mathscr{M}(\mathbf{R}^n)$.由可测集的定义可以看出，若 $E$ 是可测的，则 $E^C$ 也是可测的，因此$\mathscr{M}(\mathbf{R}^n)$对余运算封闭. 由引理 2.2(1)知道 $\mathscr{M}(\mathbf{R}^n)$对并运算封闭. 因此 $\mathscr{M}(\mathbf{R}^n)$是一个代数.

根据习题 1，A 类第 16 题的结论，为证 $\mathscr{M}(\mathbf{R}^n)$是一个 $\sigma$-代数，只需再证明$\mathscr{M}(\mathbf{R}^n)$对不相交可列并运算封闭即可. 设$\{E_k\}$是 $\mathscr{M}(\mathbf{R}^n)$中的一列互不相交的集. 令 $E=\bigcup\limits_{k=1}^{\infty}E_k$. 我们证明 $E\in\mathscr{M}(\mathbf{R}^n)$. 对任意 $A\subset\mathbf{R}^n$，由于 $A\cap E_i\subset E_i\ (i\geqslant 1)$，利用引理 2.2(2)得到

$$m^*\left(\bigcup_{i=1}^{k}(A\cap E_i)\right)=\sum_{i=1}^{k}m^*(A\cap E_i)\quad(k=1,2,\cdots).\tag{2.14}$$

由引理 2.2(1)，对任意 $k\geqslant 1$，$\bigcup\limits_{i=1}^{k}E_i$ 是可测集. 利用卡氏条件和式(2.14)，有

$$\begin{aligned}m^*(A)&=m^*\left(A\cap\bigcup_{i=1}^{k}E_i\right)+m^*\left(A\cap\left(\bigcup_{i=1}^{k}E_i\right)^C\right)\\&\geqslant m^*\left(\bigcup_{i=1}^{k}(A\cap E_i)\right)+m^*(A\cap E^C)\\&=\sum_{i=1}^{k}m^*(A\cap E_i)+m^*(A\cap E^C).\end{aligned}\tag{2.15}$$

在式(2.15)中令 $k\to\infty$，并利用外测度的次可列可加性得到

$$\begin{aligned}m^*(A)&\geqslant\sum_{i=1}^{\infty}m^*(A\cap E_i)+m^*(A\cap E^C)\\&\geqslant m^*\left(\bigcup_{i=1}^{\infty}(A\cap E_i)\right)+m^*(A\cap E^C)\\&=m^*(A\cap E)+m^*(A\cap E^C).\end{aligned}\tag{2.16}$$

式(2.16)表明 $E$ 满足卡氏条件. 因此 $E\in\mathscr{M}(\mathbf{R}^n)$.这就证明了 $M(\mathbf{R}^n)$对不相交可列并运算封闭，因此 $\mathscr{M}(\mathbf{R}^n)$是一个 $\sigma$-代数.

(2) 设 $G$ 是 $\mathbf{R}^n$ 中的开集. 根据定理 1.27，存在一列半开方体$\{I_k\}$，使得 $G=\bigcup\limits_{k=1}^{\infty}I_k$. 根据定理 2.3，半开方体是可测集，再利用结论(1)知道 $G$ 是可测集. 因此若将 $\mathbf{R}^n$ 中的开集的全体记为 $\mathscr{C}$，则 $\mathscr{C}\subset\mathscr{M}(\mathbf{R}^n)$. 根据结论(1)，$\mathscr{M}(\mathbf{R}^n)$是一个 $\sigma$-代数. 由此得到

$$\mathscr{B}(\mathbf{R}^n)=\sigma(\mathscr{C})\subset\mathscr{M}(\mathbf{R}^n).$$

定理证毕. ■

根据定理 2.4，可测集的全体 $\mathscr{M}(\mathbf{R}^n)$是一个 $\sigma$-代数. 这表明，可测集经过有限或可列的并、交、差和余运算后得到的集仍是可测集. 因此可测集具有很好的运算封闭性. 定理 2.4 还表明，所有 Borel 集都是可测集. 因此可数集、各种方体、开集、闭集、$G_\delta$ 型集和 $F_\sigma$ 型集都是可测集，以及这些集经过有限或可列并、交和余运算后得到的集仍是可测集. 因此可测集是一个很大的集类，一些常见的集都是可测集.

在 2.3 节中我们将给出一个不可测集的例子. 此外，在 3.1 节中我们将给出一个不是 Borel 集的可测集的例子. 即 $\mathscr{M}(\mathbf{R}^n)$严格包含 $\mathscr{B}(\mathbf{R}^n)$.

由于可测集的测度就是这个集的外测度，因此外测度的性质也是测度的性质. 所以测度具有单调性、次可列可加性和次有限可加性. 下面的定理给出了测度的可列可加性，以及其他几个重要的性质.

**定理 2.5** 测度具有如下性质：

(1) 有限可加性：若 $A_1,A_2,\cdots,A_k$ 是互不相交的可测集，则

$$m\left(\bigcup_{i=1}^{k}A_i\right)=\sum_{i=1}^{k}m(A_i) \tag{2.17}$$

(2) 可减性：若 $A,B$ 是可测集，$A\subset B$ 并且 $m(A)<\infty$，则

$$m(B-A)=m(B)-m(A).$$

(3) 可列可加性：若$\{A_k\}$是一列互不相交的可测集，则

$$m\left(\bigcup_{k=1}^{\infty}A_k\right)=\sum_{k=1}^{\infty}m(A_k). \tag{2.18}$$

(4) 下连续性：若$\{A_k\}$是一列单调递增的可测集，则

$$m\left(\bigcup_{k=1}^{\infty}A_k\right)=\lim_{k\to\infty}m(A_k).$$

(5) 上连续性. 若$\{A_k\}$是一列单调递减的可测集，并且 $m(A_1)<\infty$，则

$$m\left(\bigcap_{k=1}^{\infty}A_k\right)=\lim_{k\to\infty}m(A_k).$$

**证** (1) 在引理 2.2(2)中的式(2.13)中令 $A_i=E_i\,(i=1,2,\cdots,k)$即得.

(2) 由于 $A\subset B$，因此

$$B=A\cup(B-A),\quad A\cap(B-A)=\varnothing.$$

由测度的有限可加性得到

$$m(B)=m(A)+m(B-A). \tag{2.19}$$

由于 $0\leqslant m(A)<\infty$，由上式即得 $m(B-A)=m(B)-m(A)$.

(3) 由于测度是有限可加的，对任意 $k\geqslant1$，有

$$\sum_{i=1}^{k}m(A_i)=m\left(\bigcup_{i=1}^{k}A_i\right)\leqslant m\left(\bigcup_{i=1}^{\infty}A_i\right). \tag{2.20}$$

在式(2.20)中令 $k\to\infty$，得到

$$\sum_{i=1}^{\infty}m(A_i)\leqslant m\left(\bigcup_{i=1}^{\infty}A_i\right).$$

另一方面，由测度的次可列可加性，$m\left(\bigcup_{i=1}^{\infty}A_i\right)\leqslant\sum_{i=1}^{\infty}m(A_i)$. 因此式(2.18) 成立.

(4) 令 $B_1=A_1$，$B_k=A_k-A_{k-1}(k\geqslant 2)$. 则有$B_i\cap B_j=\varnothing(i\neq j)$，并且

$$A_k=\bigcup_{i=1}^{k}B_i,\quad \bigcup_{i=1}^{\infty}A_i=\bigcup_{i=1}^{\infty}B_i.$$

(参考习题 1，A 类第 2 题). 由测度的可列可加性，得到

$$m\left(\bigcup_{i=1}^{\infty}A_i\right)=\sum_{i=1}^{\infty}m(B_i)=\lim_{k\to\infty}\sum_{i=1}^{k}m(B_i)=\lim_{k\to\infty}m\left(\bigcup_{i=1}^{k}B_i\right)=\lim_{n\to\infty}m(A_k).$$

(5) 令 $B_k=A_1-A_k(k\geqslant 1)$. 则$\{B_k\}$是单调递增的并且

$$\bigcup_{k=1}^{\infty}B_k=\bigcup_{k=1}^{\infty}(A_1-A_k)=A_1-\bigcap_{k=1}^{\infty}A_k.$$

注意到 $m\left(\bigcap_{k=1}^{\infty}A_k\right)\leqslant m(A_k)\leqslant m(A_1)<\infty$，利用测度的可减性和下连续性，我们有

$$\begin{aligned}m(A_1)-m\left(\bigcap_{k=1}^{\infty}A_k\right)&=m\left(\bigcup_{k=1}^{\infty}B_k\right)=\lim_{k\to\infty}m(B_k)\\&=\lim_{k\to\infty}(m(A_1)-m(A_k))\\&=m(A_1)-\lim_{k\to\infty}m(A_k).\end{aligned}$$

注意 $m(A_1)<\infty$，由上式得到 $m\left(\bigcap_{k=1}^{\infty}A_k\right)=\lim_{k\to\infty}m(A_k)$. ■

**注 1** 在定理 2.5 的结论(2)中，若 $m(A)=\infty$，则也有 $m(B)=\infty$. 此时 $m(B)-m(A)$无意义. 因此在测度的可减性中要求 $m(A)<\infty$. 此外，在定理 2.5 的结论(5)中，若去掉条件 $m(A_1)<\infty$，则不能保证(5)中的等式成立. 例如，设 $A_k=[k,\infty)(k=1,2,\cdots)$，则$\{A_k\}$是单调递减的并且$\bigcap_{k=1}^{\infty}A_k=\varnothing$. 于是 $m\left(\bigcap_{k=1}^{\infty}A_k\right)=0$. 另一方面，由于 $m(A_k)=\infty(k\geqslant 1)$，因此$\lim_{k\to\infty}m(A_k)=\infty$. 这表明此时

$$m\left(\bigcap_{k=1}^{\infty}A_k\right)\neq\lim_{k\to\infty}m(A_k).$$

定理 2.5 表明，可测集的测度具有与长度、面积和体积类似的性质. 而且由于方体的测度就是方体的体积，因此 Lebesgue 测度确实是长度、面积和体积概念的推广.

**例 2** 设 $K$ 是 Cantor 集. 将 Cantor 集的邻接开区间记为 $\{I_k\}$. 在 1.4 节例 6 中已经知道$\{I_k\}$是互不相交的，并且$\sum_{k=1}^{\infty}|I_k|=1$. 由于 $K=[0,1]-\bigcup_{k=1}^{\infty}I_k$，因此 $K$ 是可测集，并且

$$m(K)=m([0,1])-m\left(\bigcup_{k=1}^{\infty}I_k\right)=1-\sum_{k=1}^{\infty}|I_k|=0.$$

我们知道 $K$ 是不可数集，例 2 表明，不可数集的测度也可能为零.

**例 3** 设 $A$ 是 $\mathbf{R}^1$ 中的零测度集. 我们证明 $A\times[a,b]$是 $\mathbf{R}^2$ 中的可测集并且 $m(A\times[a,b])=0$. 事实上，由于$m(A)=0$，因此对任意$\varepsilon>0$，存在$A$ 的一个开区间覆

盖$\{I_k\}$使得$\sum\limits_{k=1}^{\infty}|I_k|<\varepsilon$. 于是

$$A\times[a,b]\subset\bigcup_{k=1}^{\infty}(I_k\times[a,b]).$$

由于$|I_k\times[a,b]|=(b-a)|I_k|$，因此

$$m^*(A\times[a,b])\leqslant\sum_{k=1}^{\infty}m^*(I_k\times[a,b])=(b-a)\sum_{k=1}^{\infty}|I_k|<(b-a)\varepsilon.$$

由$\varepsilon>0$的任意性得到$m^*(A\times[a,b])=0$. 因此$A\times[a,b]$是$\mathbf{R}^2$中的可测集并且$m(A\times[a,b])=0$.

## 2.3 可测集与测度(续)

在2.2节中介绍了可测集和测度的基本性质. 这一节讨论可测集与测度的进一步的性质. 本节还将在$\mathbf{R}^1$的情形，简要介绍Lebesgue测度的推广——Lebesgue-Stieltjes测度. 最后，我们给出一个不可测集的例子.

### 2.3.1 可测集的逼近性质

可测集可以用较熟悉的集例如开集、闭集等来逼近.

**定理 2.6** 设$E$为$\mathbf{R}^n$中的可测集. 则：

(1) 对任意$\varepsilon>0$，存在开集$G\supset E$，使得$m(G-E)<\varepsilon$；

(2) 对任意$\varepsilon>0$，存在闭集$F\subset E$，使得$m(E-F)<\varepsilon$；

(3) 存在$G_\delta$型集$G\supset E$，使得$m(G-E)=0$；

(4) 存在$F_\sigma$型集$F\subset E$，使得$m(E-F)=0$.

**证** (1) 先设$m(E)<\infty$. 对任意$\varepsilon>0$，存在一列开方体$\{I_k\}$使得$E\subset\bigcup\limits_{k=1}^{\infty}I_k$并且$\sum\limits_{k=1}^{\infty}|I_k|<m(E)+\varepsilon$. 令$G=\bigcup\limits_{k=1}^{\infty}I_k$，则$G$为开集，$G\supset E$并且

$$m(G)\leqslant\sum_{k=1}^{\infty}m(I_k)=\sum_{k=1}^{\infty}|I_k|<m(E)+\varepsilon. \tag{2.21}$$

注意到$m(E)<\infty$，由测度的可减性得到

$$m(G-E)=m(G)-m(E)<\varepsilon.$$

现在设$m(E)=\infty$. 设$\{A_k\}$是$\mathbf{R}^n$中的一列互不相交的可测集，使得$m(A_k)<\infty$并且$\mathbf{R}^n=\bigcup\limits_{i=1}^{\infty}A_k$(例如$\mathbf{R}^2$可以表示为一列互不相交的边长为1的半开正方形的并). 令$E_k=E\cap A_k(k\geqslant1)$，则$m(E_k)<\infty$并且$E=\bigcup\limits_{k=1}^{\infty}E_k$. 由上面所证的结果，对每个$k$，存在开集$G_k\supset E_k$使得$m(G_k-E_k)<\frac{\varepsilon}{2^k}$. 令$G=\bigcup\limits_{k=1}^{\infty}G_k$，则$G$是开集并且$G\supset E$. 由于

$$G-E=\bigcup_{k=1}^{\infty}G_k-\bigcup_{k=1}^{\infty}E_k\subset\bigcup_{k=1}^{\infty}(G_k-E_k),$$

因此

$$m(G-E)\leqslant m\left(\bigcup_{k=1}^{\infty}(G_k-E_k)\right)\leqslant\sum_{k=1}^{\infty}m(G_k-E_k)<\sum_{k=1}^{\infty}\frac{\varepsilon}{2^k}=\varepsilon.$$

(2) 由于 $E^C$ 也是可测集，根据(1)的结果，存在开集 $G\supset E^C$，使得$m(G-E^C)<\varepsilon$. 令 $F=G^C$，则 $F$ 是闭集并且 $F\subset E$. 由于

$$E-F=E\cap F^C=(E^C)^C\cap G=G-E^C,$$

于是 $m(E-F)=m(G-E^C)<\varepsilon$.

(3) 由(1)的结论，对每个自然数 $k$，存在开集 $G_k\supset E$ 使得 $m(G_k-E)<\frac{1}{k}$. 令 $G=\bigcap_{k=1}^{\infty}G_k$，则 $G$ 为 $G_\delta$ 型集，$G\supset E$ 并且

$$m(G-E)\leqslant m(G_k-E)<\frac{1}{k}\quad(k\geqslant 1).$$

令 $k\to\infty$，即得 $m(G-E)=0$.

(4) 由(3)的结论，对每个自然数 $k$，存在闭集 $F_k\subset E$ 使得 $m(E-F_k)<\frac{1}{k}$. 令 $F=\bigcup_{k=1}^{\infty}F_k$，则 $F$ 是 $F_\sigma$ 型集，$F\subset E$，并且

$$m(E-F)\leqslant m(E-F_k)<\frac{1}{k}\quad(k\geqslant 1).$$

令 $k\to\infty$，即得 $m(E-F)=0$. ■

**注 1** 设 $E$ 为 $\mathbf{R}^n$ 中的可测集. 根据定理 2.6，存在一个 $F_\sigma$ 型集 $F\subset E$，使得 $m(E-F)=0$. 令 $A=E-F$，则 $m(A)=0$，并且

$$E=F\cup A.$$

这表明每个可测集与一个 Borel 集仅相差一个零测度集！

**例 1** 设 $E$ 是直线上的可测集并且 $m(E)<\infty$. 则对任意 $\varepsilon>0$，存在有限个开区间的并集 $U$，使得

$$m(E\triangle U)<\varepsilon.$$

**证** 由定理 2.6，对任意 $\varepsilon>0$，存在开集 $G\supset E$ 使得 $m(G-E)<\frac{\varepsilon}{2}$. 由直线上开集的构造定理，$G$ 是有限或一列互不相交的开区间的并. 若 $G=\bigcup_{i=1}^{k}(a_i,b_i)$，令$U=G$，则

$$m(E\triangle U)=m(U-E)=m(G-E)<\varepsilon.$$

现在设 $G=\bigcup_{i=1}^{\infty}(a_i,b_i)$. 由 $m(E)<\infty$知道 $m(G)<\infty$. 于是

$$\sum_{i=1}^{\infty}(b_i-a_i)=m(G)<\infty.$$

因此可以取 $k$ 足够大使得 $\sum_{i=k+1}^{\infty}(b_i-a_i)<\frac{\varepsilon}{2}$. 令 $U=\bigcup_{i=1}^{k}(a_i,b_i)$，则 $m(G-U)<\frac{\varepsilon}{2}$. 我们有

$$m((E-U)\cup(U-E))=m(E-U)+m(U-E)$$
$$\leqslant m(G-U)+m(G-E)<\frac{\varepsilon}{2}+\frac{\varepsilon}{2}=\varepsilon$$

故结论得证.

**定理 2.7** (Lebesgue 测度的平移不变性) 设 $E$ 是 $\mathbf{R}^n$ 中的可测集，$x_0\in\mathbf{R}^n$，则$x_0+E$ 是可测集并且

$$m(x_0+E)=m(E).$$

**证** 对任意 $A\subset\mathbf{R}^n$. 由习题 1,A 类第 5 题的结论，有

$$x_0+A\cap E=(x_0+A)\cap(x_0+E). \tag{2.22}$$
$$x_0+E^C=(x_0+E)^C. \tag{2.23}$$

根据 2.1 节中例 2，外测度是平移不变的. 若 $E$ 是可测集. 利用外测度的平移不变性和式(2.22)、式(2.23)两式得到

$$\begin{aligned}m^*(x_0+A)&=m^*(A)\\&=m^*(A\cap E)+m^*(A\cap E^C)\\&=m^*(x_0+A\cap E)+m^*(x_0+A\cap E^C)\\&=m^*((x_0+A)\cap(x_0+E))+m^*((x_0+A)\cap(x_0+E^C))\\&=m^*((x_0+A)\cap(x_0+E))+m^*((x_0+A)\cap(x_0+E)^C).\end{aligned}$$

将上式中的 $A$ 换成$-x_0+A$ 得到

$$m^*(A)=m^*(A\cap(x_0+E))+m^*(A\cap(x_0+E)^C).$$

这表明 $x_0+E$ 满足卡氏条件，因此 $x_0+E$ 是可测集，利用外测度的平移不变性得到 $m(x_0+E)=m(E)$. ■

利用 2.1 节中例 3 的结果，仿照定理 2.7 的证明，可以证明若 $E$ 是 $\mathbf{R}^n$ 中的可测集，则对任意实数 $\lambda$，$\lambda E$ 是可测集并且 $m(\lambda E)=|\lambda|^n m(E)$. 其证明留作习题.

### 2.3.2* Lebesgue-Stieltjes 测度

下面简要介绍 Lebesgue 测度的推广——Lebesgue-Stieltjes 测度. 我们仅讨论直线上的情形.

在定义 Lebesgue 外测度时，我们用开区间覆盖并不是本质的. 可以改用半开区间覆盖，得到等价的 Lebesgue 外测度. 也就是说对任意 $A\subset\mathbf{R}^1$，

$$m^*(A)=\inf\left\{\sum_{k=1}^{\infty}(b_k-a_k):A\subset\bigcup_{k=1}^{\infty}(a_k,b_k]\right\} \tag{2.24}$$

(读者可以试证明之). 在讨论 Lebesgue-Stieltjes 外测度时，用半开区间覆盖更方便一些.

**定义 2.3** 设 $F(x)$是定义在 $\mathbf{R}^1$ 上的单调增加的右连续函数. 对每个 $A\subset\mathbf{R}^1$，令

$$\mu_F^*(A)=\inf\left\{\sum_{k=1}^{\infty}(F(b_k)-F(a_k)):A\subset\bigcup_{k=1}^{\infty}(a_k,b_k]\right\}. \tag{2.25}$$

称 $\mu_F^*(A)$为 $A$ 的 Lebesgue-Stieltjes 外测度.

**定义 2.4** 设 $E\subset\mathbf{R}^1$. 若对任意 $A\subset\mathbf{R}^1$ 总有

$$\mu_F^*(A)=\mu_F^*(A\cap E)+\mu_F^*(A\cap E^C),$$

则称 $E$ 是 $\mu_F^*$-可测集. $\mu_F^*$-可测集的全体记为 $\mathscr{M}_F(\mathbf{R}^1)$. 若 $E$ 是 $\mu_F^*$-可测集，则称$\mu_F^*(E)$为 $E$ 的 Lebesgue-Stieltjes 测度，简称为 L-S 测度，记为 $\mu_F(E)$.

上述定义中的测度 $\mu_F$ 称为由 $F(x)$导出的 L-S 测度. 比较式(2.24)、式(2.25)两式知道，当 $F(x)=x$ 时，由 $F(x)$导出的 L-S 测度 $\mu_F$ 就是 Lebesgue 测度 $m$.

与 Lebesgue 外测度的情形一样，可以证明定理 2.1 所述的 $m^*$ 的性质对 $\mu_F^*$ 同样成立. 分别与定理 2.2 和定理 2.3 对应，关于 $\mu_F^*$ 成立如下两个定理：

**定理 2.8** 每个半开区间$(a,b]$有

$$\mu_F^*((a,b])=F(b)-F(a). \tag{2.26}$$

**证** 由于$(a,b]$就是$(a,b]$的一个覆盖，故 $\mu_F^*(a,b]\leqslant F(b)-F(a)$. 现证反向不等式. 由 $\mu_F^*$的定义知道，对任意$\varepsilon>0$，存在一列半开区间$\{(a_i,b_i]\}$，使得 $(a,b]\subset\bigcup\limits_{i=1}^{\infty}(a_i,b_i)$，并且

$$\sum_{i=1}^{\infty}(F(b_i)-F(a_i))<\mu_F^*(a,b]+\varepsilon. \tag{2.27}$$

由于 $F(x)$是右连续的，对每个 $i$，存在 $h_i>0$ 使得

$$F(b_i+h_i)-F(b_i)<\frac{\varepsilon}{2^i}. \tag{2.28}$$

对任意 $0<\delta<b$，开区间列$\{(a_i,b_i+h_i)\}$覆盖了闭区间$[a+\delta,b]$. 根据有限覆盖定理，存在$\{(a_i,b_i+h_i)\}$的一个有限子列，不妨设其为$(a_1,b_1+h_1),(a_2,b_2+h_2),\cdots,(a_k,b_k+h_k)$，使得$[a+\delta,b]\subset\bigcup\limits_{i=1}^{k}(a_i,b_i+h_i)$. 利用式(2.27)、式(2.28)两式，我们有

$$\begin{aligned}F(b)-F(a+\delta)&\leqslant\sum_{i=1}^{k}(F(b_i+h_i)-F(a_i))\\&=\sum_{i=1}^{k}(F(b_i+h_i)-F(b_i))+\sum_{i=1}^{k}(F(b_i)-F(a_i))\\&\leqslant\sum_{i=1}^{k}\frac{\varepsilon}{2^i}+\mu_F^*((a,b])+\varepsilon\leqslant\mu_F^*((a,b])+2\varepsilon.\end{aligned}$$

由 $\varepsilon$ 的任意性即得 $F(b)-F(a+\delta)\leqslant\mu_F^*((a,b])$. 再令 $\delta\to0$ 即得

$$F(b)-F(a)\leqslant\mu_F^*((a,b]).$$

这样就证明式(2.26)成立. ■

**定理 2.9** 每个半开区间$(a,b]$都是 $\mu_F^*$-可测集，并且

$$\mu_F((a,b])=F(b)-F(a). \tag{2.29}$$

**证** 利用定理 2.8，容易看到在引理 2.1 中若将 $m^*$ 换为 $\mu_F^*$，将开区间换为半开区间，引理 2.1 仍然成立. 然后仿定理 2.3 的证明，即可以证明每个半开区间$(a,b]$是 $\mu_F^*$ 可测集. 最后由定理 2.8 得到

$$\mu_F((a,b])=\mu_F^*((a,b])=F(b)-F(a). ■$$

根据式(2.29)可以给出 L-S 测度 $\mu_F$ 的物理意义：设在直线 $\mathbf{R}^1$ 上分布有质量. 如果 $F(x)$表示分布在区间$(-\infty,x]$上的质量，则 $\mu_F((a,b])$表示分布在区间$(a,b]$上的

质量.

用与 Lebesgue 测度的情形一样的方法，可以证明引理 2.2、定理 2.4 和定理2.5 对于 L-S 测度也同样成立.

一般说来，$\mathscr{M}_F(\mathbf{R}^1)$依 $F(x)$的不同而不同，但既然总有 $\mathscr{B}(\mathbf{R}^1)\subset\mathscr{M}_F(\mathbf{R}^1)$，因此对不同的 $F(x)$，$\mu_F$都是 Borel$\sigma$-代数 $\mathscr{B}(\mathbf{R}^1)$上的测度.

**例 2** 设 $F(x)=2\chi_{[1,2)}(x)+x^2\chi_{[2,\infty)}(x)$.计算 $\mu_F((0,1))$，$\mu_F((0,\infty))$和$\mu_F(\{1\})$.

**解** 利用 L-S 测度的下连续性和可减性，我们有

$$\mu_F((0,1))=\mu_F\left(\bigcup_{n=1}^{\infty}\left(0,1-\frac{1}{n}\right]\right)=\lim_{n\to\infty}\mu_F\left(\left(0,1-\frac{1}{n}\right]\right)$$

$$=\lim_{n\to\infty}\left(F\left(1-\frac{1}{n}\right)-F(0)\right)=0.$$

$$\mu((0,\infty))=\mu_F\left(\bigcup_{n=1}^{\infty}(0,n]\right)=\lim_{n\to\infty}\mu_F((0,n])$$

$$=\lim_{n\to\infty}(F(n)-F(0))=\lim_{n\to\infty}(n^2-0)=\infty.$$

$$\mu_F(\{1\})=\mu_F((0,1])-\mu_F((0,1))=F(1)-F(0)-0=2.$$

### 2.3.3* 不可测集的例

本节的最后，我们给出一个不可测集的例子. 由于 $\mathbf{R}^n$ 中常见的集，例如可数集、各种方体、开集、闭集，以及这些集经过有限或可列并、交和余运算后得到的集都是可测集. 因此要作出一个不可测集是不容易的. 下面我们要构造出一个不可测集，这其中要用到 Zermelo 选取公理(详见附录).

**Zermelo 选取公理** 若 $\{A_\alpha\}_{\alpha\in I}$ 是一族互不相交的非空的集. 则存在一个集 $E\subset\bigcup\limits_{\alpha\in I}A_\alpha$，使得对每个 $\alpha\in I$，$E\cap A_\alpha$ 是单点集. 换言之，存在一个集 $E$，使得 $E$ 是由每个 $A_\alpha$ 中选取一个元构成的.

**例 3** 不可测集的例. 设 $x,y\in[0,1]$. 若 $x-y$ 是有理数，则称 $x$ 与 $y$ 等价，记为 $x\sim y$. 对任意 $x\in[0,1]$，令

$$\tilde{x}=\{y\in[0,1]:y\sim x\}.$$

$\tilde{x}$ 是$[0,1]$的一个子集，称之为由 $x$ 确定的等价类. 容易验证：

(1) 若 $x_1\sim x_2$，则 $\tilde{x}_1=\tilde{x}_2$；

(2) 若 $x_1\not\sim x_2$，则 $\tilde{x}_1\cap\tilde{x}_2=\varnothing$.

因此区间$[0,1]$被分割为一些互不相交的等价类. 根据 Zermelo 选取公理，存在$[0,1]$的一个子集 $E$，使得 $E$ 是由每个等价类中选取一个元构成的 . 我们证明 $E$ 不是可测的.

设$\{r_n\}$是$[-1,1]$中的有理数的全体. 对每个自然数 $n$，令 $E_n=r_n+E$. 则集列$\{E_n\}$具有如下性质：

(1) 当 $m\neq n$ 时，$E_m\cap E_n=\varnothing$.

若不然，设 $x\in E_m\cap E_n$，则 $x-r_m\in E$，$x-r_n\in E$. 由于 $x-r_m-(x-r_n)=r_n-r_m$ 是有理数，故 $x-r_m\sim x-r_n$，因此 $x-r_m$ 和 $x-r_n$ 属于同一等价类. 但 $x-r_m\neq x-r_n$.

这样 $E$ 就包含了某一等价类中的两个不同的元. 这与 $E$ 的性质矛盾! 因此 $E_m \cap E_n = \varnothing$.

(2) 成立如下包含关系：

$$[0,1] \subset \bigcup_{n=1}^{\infty} E_n \subset [-1,2].$$

事实上，设 $x \in [0,1]$. 由 $E$ 的性质，$E$ 应包含 $\tilde{x}$ 中的某一元 $y$. 由于 $x \sim y$，故 $r = x - y$ 是 $[-1,1]$ 中的有理数. 设 $r = r_{n_0}$，则 $x = r_{n_0} + y \in E_{n_0}$. 这就证明了 $[0,1] \subset \bigcup_{n=1}^{\infty} E_n$. 至于包含关系 $\bigcup_{n=1}^{\infty} E_n \subset [-1,2]$ 是显然的.

现在用反证法. 假定 $E$ 是可测的. 根据 Lebesgue 测度的平移不变性，每个 $E_n$ 是可测的，并且 $m(E_n) = m(E)$. 由测度的可列可加性，我们有

$$\sum_{n=1}^{\infty} m(E) = \sum_{n=1}^{\infty} m(E_n) = m\left(\bigcup_{n=1}^{\infty} E_n\right) \leqslant m([-1,2]) = 3.$$

故必须 $m(E) = 0$. 于是 $m\left(\bigcup_{n=1}^{\infty} E_n\right) = 0$. 但是另一方面由于 $[0,1] \subset \bigcup_{n=1}^{\infty} E_n$，应有

$$m\left(\bigcup_{n=1}^{\infty} E_n\right) \geqslant 1.$$

这样就导致矛盾. 因此 $E$ 不是可测集.

## 2.4* 测度空间

在近代分析、概率论和数学的其他一些分支中，不仅需要 $\mathbf{R}^n$ 上的 Lebesgue 测度理论，还常常要用到其他空间上的测度理论. 本节介绍一般空间上测度的定义、测度的基本性质和测度的延拓.

如果考查一下本章前三节讨论的 Lebesgue 测度的定义与性质，可以看到其中大多数实际上与空间 $\mathbf{R}^n$ 的结构性质无关. 我们可以将 Lebesgue 测度看做是定义在可测集的 $\sigma$-代数上的，满足某些性质的非负值集函数. 这其中最重要的是有限可加性和可列可加性. 由于空集的测度为零，有限可加性可以从可列可加性推出，因此在一般空间上，我们可以将测度定义为具有可列可加性，并且在空集的值为零的非负值集函数.

虽然在理论和应用上测度都是定义在 $\sigma$-代数上的，但在一些具体的场合，要在一个给定的 $\sigma$-代数上直接定义一个满足某些特定条件的测度，往往是很困难的. 通常的做法是先在一个比 $\sigma$-代数更简单的集类，例如环(下面将给出环的定义)上定义测度，然后再将测度延拓到一个包含这个环的 $\sigma$-代数上去. 因此下面先给出环上测度的定义，介绍测度的性质，然后讨论测度的延拓.

### 2.4.1 环上的测度

以下设 $X$ 是一给定的非空集.

**定义 2.5** 设 $\mathscr{R}$ 是 $X$ 上的集类. 若 $\varnothing \in \mathscr{R}$，并且 $\mathscr{R}$ 对并运算和差运算封闭，则称 $\mathscr{R}$ 为环.

若 $\mathscr{R}$ 是一个环. 则 $\mathscr{R}$ 对交运算封闭. 这是因为

$$A\cap B=(A\cup B)-((A-B)\cup(B-A)),$$

即交运算可以通过并运算和差运算得到. 由 $\mathscr{R}$ 对并运算和差运算的封闭性推出 $\mathscr{R}$ 对交运算封闭.

**例 1** 设 $\mathscr{R}=\{A\subset X:A$ 是有限集$\}$. 则 $\mathscr{R}$ 是一个环.

**例 2** 称形如 $(a,b]$ 的区间为半开区间. 设

$$\mathscr{R}=\{A:A\text{ 是有限个互不相交的半开区间的并，或 }A=\varnothing\}.$$

则 $\mathscr{R}$ 是一个环. 其证明留作习题.

**定义 2.6** 设 $\mathscr{R}$ 是 $X$ 上的环，$\mu$ 是定义在 $\mathscr{R}$ 上的非负值集函数(可以取 $+\infty$ 为值). 如果 $\mu$ 满足如下条件：

(1) $\mu(\varnothing)=0$；

(2) 可列可加性：对 $\mathscr{R}$ 中的任意一列互不相交的集 $\{A_n\}$，当 $\bigcup\limits_{n=1}^{\infty}A_n\in\mathscr{R}$ 时，有

$$\mu\Big(\bigcup_{n=1}^{\infty}A_n\Big)=\sum_{n=1}^{\infty}\mu(A_n),$$

则称 $\mu$ 为 $\mathscr{R}$ 上的测度. 称 $\mu(A)$ 为 $A$ 的测度.

若 $\mathscr{F}$ 是 $X$ 上的 $\sigma$-代数，$\mu$ 是 $\mathscr{F}$ 上的测度，则称三元组合 $(X,\mathscr{F},\mu)$ 为测度空间，$\mathscr{F}$ 中的集称为 $\mathscr{F}$-可测集，在不引起混淆的情况下，可以简称为可测集.

按照这一定义，Lebesgue 测度 $m$ 就是定义在 $\sigma$-代数 $\mathscr{M}(\mathbf{R}^n)$ 上的测度. 又若 $F(x)$ 是定义在 $\mathbf{R}^1$ 上的单调增加的右连续函数，$\mu_F$ 是由 $F(x)$ 导出的 L-S 测度，则 $\mu_F$ 是 $\mathscr{B}(\mathbf{R}^1)$ 上的测度.

**例 3** 设 $\mathscr{F}=\{X,\varnothing\}$. 令 $\mu(\varnothing)=0$, $\mu(X)=1$. 则 $\mu$ 是 $\mathscr{F}$ 上的测度.

**例 4** 设 $a$ 是 $X$ 中的一个固定元. 对任意 $A\in\mathscr{P}(X)$，令

$$\mu(A)=\begin{cases}1, & a\in A,\\ 0, & a\notin A.\end{cases}$$

则 $\mu$ 是 $\mathscr{P}(X)$ 上的测度，称之为点 $a$ 处的 Dirac 测度.

**例 5** 设 $\mathscr{F}$ 是 $X$ 上的 $\sigma$-代数. 对任意 $A\in\mathscr{F}$，若 $A\neq\varnothing$，则令 $\mu(A)=+\infty$. 此外令 $\mu(\varnothing)=0$. 则 $\mu$ 是 $\mathscr{F}$ 上的测度.

**例 6** 设 $X=\{a_1,a_2,\cdots\}$ 是可列集，$\{p_n:n\geqslant 1\}$ 是一列非负实数. 在 $\mathscr{P}(X)$ 上定义 $\mu(\varnothing)=0$，当 $A\neq\varnothing$ 时，令

$$\mu(A)=\sum_{a_i\in A}p_i\quad(A\in\mathscr{P}(X)).$$

容易验证 $\mu$ 是 $\mathscr{P}(X)$ 上的测度. 特别地，当每个 $p_n=1$ 时，

$$\mu(A)=\begin{cases}A\text{ 中元素的个数}, & A\text{ 是有限集},\\ +\infty, & A\text{ 是无限集},\end{cases}$$

称 $\mu$ 为 $X$ 上的计数测度. 特别地若 $X=\mathbf{N}$ 为自然数集，则得到自然数集上的计数测度.

在定义 2.6 中虽然只规定了测度要满足(1)和(2)两条性质. 但由这两条性质还可以推出测度具有一些其他性质.

**定理 2.10** 设 $\mu$ 是环 $\mathscr{R}$ 上的测度. 则 $\mu$ 具有如下性质(设以下所出现的集 $A,B$ 和

$A_n \in \mathscr{R}(n \geqslant 1)$，并且 $\bigcup\limits_{n=1}^{\infty} A_n, \bigcap\limits_{n=1}^{\infty} A_n \in \mathscr{R}$)：

(1) 有限可加性. 若 $A_1, A_2, \cdots, A_n$ 互不相交，则

$$\mu\left(\bigcup_{i=1}^{n} A_i\right) = \sum_{i=1}^{n} \mu(A_i).$$

(2) 单调性. 若 $A \subset B$，则

$$\mu(A) \leqslant \mu(B).$$

(3) 次可列可加性.

$$\mu\left(\bigcup_{n=1}^{\infty} A_n\right) \leqslant \sum_{n=1}^{\infty} \mu(A_n).$$

(4) 可减性. 若 $A \subset B$ 并且 $\mu(A) < \infty$，则

$$\mu(B - A) = \mu(B) - \mu(A).$$

(5) 下连续性. 若 $\{A_n\}$ 是单调递增的，则

$$\mu\left(\bigcup_{n=1}^{\infty} A_n\right) = \lim_{n \to \infty} \mu(A_n).$$

(6) 上连续性. 若 $\{A_n\}$ 是单调递减的，并且 $\mu(A_1) < \infty$，则

$$\mu\left(\bigcap_{n=1}^{\infty} A_n\right) = \lim_{n \to \infty} \mu(A_n).$$

**证** 我们只证(1)～(3). (4)～(6)的证明与定理 2.5 的证明完全一样.

(1) 利用测度的可列可加性和 $\mu(\varnothing)=0$，得到

$$\begin{aligned}\mu\left(\bigcup_{i=1}^{n} A_i\right) &= \mu(A_1 \cup A_2 \cup \cdots \cup A_n \cup \varnothing \cup \cdots) \\ &= \mu(A_1) + \mu(A_2) + \cdots + \mu(A_n) + \mu(\varnothing) + \cdots \\ &= \sum_{i=1}^{n} \mu(A_i).\end{aligned}$$

(2) 由于 $A \subset B$，故 $B = A \cup (B - A)$. 又由于 $A \cap (B - A) = \varnothing$，利用(1)的结论得到

$$\mu(B) = \mu(A) + \mu(B - A).$$

注意到 $\mu(B - A) \geqslant 0$，因此 $\mu(A) \leqslant \mu(B)$.

(3) 令 $B_1 = A_1, B_n = A_n - \bigcup\limits_{i=1}^{n-1} A_i \ (n \geqslant 2)$. 则 $\{B_n\}$ 是 $\mathscr{R}$ 中的一列互不相交的集，$B_n \subset A_n$，并且 $\bigcup\limits_{n=1}^{\infty} A_n = \bigcup\limits_{n=1}^{\infty} B_n$. 利用测度的可列可加性和单调性得到

$$\mu\left(\bigcup_{n=1}^{\infty} A_n\right) = \mu\left(\bigcup_{n=1}^{\infty} B_n\right) = \sum_{n=1}^{\infty} \mu(B_n) \leqslant \sum_{n=1}^{\infty} \mu(A_n).$$

定理证毕. ■

在 2.3 节中关于 Lebesgue 测度的逼近性质和 Lebesgue 测度的平移不变性，依赖于欧氏空间 $\mathbf{R}^n$ 的结构性质. 这些性质在一般的测度空间上不再有意义.

### 2.4.2 外测度与测度的延拓

上面讨论的测度是定义在环上的. 这样做的好处是由于环的结构比较简单，因此在

环上定义一个测度比较容易. 但是环的运算封闭性不够好. 因此需要将环上的测度延拓到包含这个环的$\sigma$-代数上去. 下面就介绍延拓的一般步骤.

设$\mathscr{R}$是$X$上的环, $A\subset X$. 若$\{A_n\}$是$\mathscr{R}$中的有限或无穷序列, 使得

$$A\subset\bigcup_{i=1}^{n}A_i, \text{ 或 } A\subset\bigcup_{i=1}^{\infty}A_i,$$

则称$\{A_n\}$是$A$的一个$\mathscr{R}$覆盖. 由于有限并总可以写成可列并, 因此不妨只考虑由可列个集构成的覆盖.

**定义 2.7** 设$\mu$是环$\mathscr{R}$上的测度. 对每个$A\subset X$, 令

$$\mu^*(A)=\inf\left\{\sum_{n=1}^{\infty}\mu(A_n):\{A_n\}\text{ 是 }A\text{ 的 }\mathscr{R}\text{ 覆盖}\right\}.$$

若$A$无$\mathscr{R}$覆盖, 则令$\mu^*(A)=\infty$. 这样定义的$\mu^*$是定义在$\mathscr{P}(X)$上的非负值集函数. 称$\mu^*$为由$\mu$导出的外测度.

以下设$\mu$是环$\mathscr{R}$上的测度. $\mu^*$为由$\mu$导出的外测度. 下面的定理表明, 外测度$\mu^*$具有与 Lebesgue 外测度一样的基本性质.

**定理 2.11** 外测度$\mu^*$具有以下性质:

(1) $\mu^*(\varnothing)=0$.

(2) 单调性. 若$A\subset B$, 则

$$\mu^*(A)\leqslant\mu^*(B).$$

(3) 次可列可加性. 对$X$中的任意一列集$\{A_n\}$成立

$$\mu^*\left(\bigcup_{n=1}^{\infty}A_n\right)\leqslant\sum_{n=1}^{\infty}\mu^*(A_n).$$

**证** 由于$\{\varnothing\}$是空集$\varnothing$的一个$\mathscr{R}$覆盖, 故$\mu^*(\varnothing)\leqslant\mu(\varnothing)=0$, 从而$\mu^*(\varnothing)=0$. 结论(2)和(3)的证明与定理 2.1 的证明是类似的, 只要将那里的开方体换为$\mathscr{R}$中的集, 将那里方体的体积换为$\mathscr{R}$中集的测度$\mu$. 详细过程从略. ■

与 Lebesgue 外测度$m^*$一样, 从外测度的次可列可加性可以推出外测度$\mu^*$也具有次有限可加性(见 2.1 节中注 1).

与 Lebesgue 外测度$m^*$一样, 外测度$\mu^*$一般不具有可列可加性. 因而一般不是测度. 下面要做的事情与 Lebesgue 外测度的情形一样, 通过适当的限制条件挑选出一部分所谓“可测集”, 这些集构成一个$\sigma$-代数, 将$\mu^*$限制在这个$\sigma$-代数上, $\mu^*$满足可列可加性, 因而成为一个测度. 而且这个$\sigma$-代数一般要比$\mu$的定义域$\mathscr{R}$大, 于是就扩大了原来测度$\mu$的定义域. 这个过程就是测度的延拓.

**定义 2.8** 设$E\subset X$, 若对任意$A\subset X$总有

$$\mu^*(A)=\mu^*(A\cap E)+\mu^*(A\cap E^C), \tag{2.30}$$

则称$E$是$\mu^*$-可测集. $\mu^*$-可测集的全体所成的集类记为$\mathscr{R}^*$.

式(2.30)称为 Caratheodory 条件(简称为卡氏条件). 由于外测度$\mu^*$具有次可列可加性, 所以式(2.30)等价于

$$\mu^*(A)\geqslant\mu^*(A\cap E)+\mu^*(A\cap E^C). \tag{2.31}$$

显然, 空集$\varnothing$和全空间$X$是$\mu^*$-可测集. 又由$\mu^*$的单调性可以看出, 若$\mu^*(E)=0$,

则 $E$ 是 $\mu^*$-可测集.

**引理 2.3** (1) 若 $E_1,E_2,\cdots,E_n$ 是 $\mu^*$-可测集，则 $\bigcup_{i=1}^{n} E_i$ 是 $\mu^*$-可测集.

(2) 若 $E_1,E_2,\cdots,E_n$ 是互不相交的 $\mu^*$ 可测集，$A_i \subset E_i (i=1,2,\cdots,n)$，则有

$$\mu^*\left(\bigcup_{i=1}^{n} A_i\right) = \sum_{i=1}^{n} \mu^*(A_i).$$

特别地，有

$$\mu^*\left(\bigcup_{i=1}^{n} E_i\right) = \sum_{i=1}^{n} \mu^*(E_i).$$

即外测度 $\mu^*$ 在 $\mathscr{R}^*$ 上是有限可加的.

这里的证明与引理 2.2 的证明是类似的. 故略.

**定理 2.12** 设 $\mathscr{R}^*$ 是 $\mu^*$-可测集的全体所成的集类. 则：

(1) $\mathscr{R}^*$ 是 $\sigma$-代数；

(2) 外测度 $\mu^*$ 限制在 $\mathscr{R}^*$ 上是一个测度.

**证** 结论(1)的证明与定理 2.4(1)的证明完全类似. 下面证明结论(2). 只需证明 $\mu^*$ 在 $\mathscr{R}^*$ 上是可列可加的. 设 $\{E_n\}$ 是 $\mathscr{R}^*$ 中的一列互不相交的集. 由外测度的次可列可加性，我们有

$$\mu^*\left(\bigcup_{i=1}^{\infty} E_i\right) \leqslant \sum_{i=1}^{\infty} \mu^*(E_i).$$

另一方面，根据引理 2.3(2)得到对每个 $n$，有

$$\sum_{i=1}^{n} \mu^*(E_i) = \mu^*\left(\bigcup_{i=1}^{n} E_i\right) \leqslant \mu^*\left(\bigcup_{i=1}^{\infty} E_i\right).$$

在上式中令 $n \to \infty$，得到 $\sum_{i=1}^{\infty} \mu^*(E_i) \leqslant \mu^*\left(\bigcup_{i=1}^{\infty} E_i\right)$. 因此

$$\mu^*\left(\bigcup_{i=1}^{\infty} E_i\right) = \sum_{i=1}^{\infty} \mu^*(E_i).$$

即 $\mu^*$ 在 $\mathscr{R}^*$ 上是可列可加的. 所以 $\mu^*$ 是 $\mathscr{R}^*$ 上的测度. ■

由定理 2.12 知道 $\mathscr{R}^*$ 是一个 $\sigma$-代数，$\mu^*$ 限制在 $\mathscr{R}^*$ 上是一个测度. 一个自然的问题是，在 $\mathscr{R}$ 上 $\mu^*$ 是否等于 $\mu$? $\mathscr{R}^*$ 有多大? 下面的定理回答了这两个问题.

**定理 2.13** 设 $\mathscr{R}^*$ 是 $\mu^*$-可测集的全体所成的集类. 则：

(1) 在 $\mathscr{R}$ 上 $\mu^* = \mu$，即当 $A \in \mathscr{R}$ 时 $\mu^*(A) = \mu(A)$；

(2) $\sigma(\mathscr{R}) \subset \mathscr{R}^*$.

**证** (1) 设 $A \in \mathscr{R}$. 由于 $\{A\}$ 是 $A$ 的一个 $\mathscr{R}$ 覆盖，故 $\mu^*(A) \leqslant \mu(A)$. 另一方面，对于 $A$ 的任意一个 $\mathscr{R}$ 覆盖 $\{A_n\}$，由于 $A = \bigcup_{n=1}^{\infty} (A \cap A_n)$，并且 $A \cap A_n \in \mathscr{R}$，利用 $\mu$ 的次可列可加性得到

$$\mu(A) = \mu\left(\bigcup_{n=1}^{\infty} (A \cap A_n)\right) \leqslant \sum_{n=1}^{\infty} \mu(A \cap A_n) \leqslant \sum_{n=1}^{\infty} \mu(A_n).$$

对 $A$ 的所有 $\mathscr{R}$ 覆盖取下确界即得 $\mu(A) \leqslant \mu^*(A)$. 因此 $\mu^*(A) = \mu(A)$.

(2) 先证明 $\mathscr{R}\subset\mathscr{R}^*$. 设 $E\in\mathscr{R}$. 现证卡氏条件(2.31)成立. 对任意 $A\subset X$,不妨设 $\mu^*(A)<\infty$. 对任给的 $\varepsilon>0$, 存在 $A$ 的一个 $\mathscr{R}$ 覆盖 $\{A_n\}$ 使得

$$\sum_{n=1}^{\infty}\mu(A_n)<\mu^*(A)+\varepsilon.$$

由于 $A_n\cap E\in\mathscr{R}$, $A_n\cap E^C=A_n-E\in\mathscr{R}$, 因此

$$\mu(A_n\cap E)+\mu(A_n\cap E^C)=\mu(A_n)\quad(n\geqslant 1).$$

于是

$$\sum_{n=1}^{\infty}\mu(A_n\cap E)+\sum_{n=1}^{\infty}\mu(A_n\cap E^C)=\sum_{n=1}^{\infty}\mu(A_n)<\mu^*(A)+\varepsilon.\tag{2.32}$$

由于 $\{A_n\cap E\}_{n\geqslant 1}$ 和 $\{A_n\cap E^C\}_{n\geqslant 1}$ 分别是 $A\cap E$ 和 $A\cap E^C$ 的 $\mathscr{R}$ 覆盖, 故有

$$\mu^*(A\cap E)\leqslant\sum_{n=1}^{\infty}\mu(A_n\cap E),\qquad \mu^*(A\cap E^C)\leqslant\sum_{n=1}^{\infty}\mu(A_n\cap E^C).$$

利用式(2.32)得到

$$\mu^*(A\cap E)+\mu^*(A\cap E^C)<\mu^*(A)+\varepsilon.$$

由 $\varepsilon>0$ 的任意性得到

$$\mu^*(A\cap E)+\mu^*(A\cap E^C)\leqslant\mu^*(A).$$

这表明 $E$ 满足卡氏条件, 因而 $E$ 是 $\mu^*$-可测集. 这就证明了 $\mathscr{R}\subset\mathscr{R}^*$. 由结论(1), $\mathscr{R}^*$ 是一个 $\sigma$-代数. 因此 $\sigma(\mathscr{R})\subset\mathscr{R}^*$. ■

现在将环上测度的延拓过程小结如下. 设 $\mu$ 是环 $\mathscr{R}$ 上的测度. 通过覆盖的方式可以导出一个定义在 $\mathscr{P}(X)$ 上的外测度 $\mu^*$. 由卡氏条件(2.30)确定 $\mu^*$-可测集. 根据定理2.12, $\mu^*$-可测集的全体 $\mathscr{R}^*$ 是一个 $\sigma$-代数, 并且 $\mu^*$ 限制在 $\mathscr{R}^*$ 上是一个测度. 又由定理2.13, $\sigma(\mathscr{R})\subset\mathscr{R}^*$ 并且在 $\mathscr{R}$ 上 $\mu^*=\mu$. 因此 $\mathscr{R}^*$ 上的测度 $\mu^*$ 是 $\mu$ 的延拓. 今后, 环 $\mathscr{R}$ 上的测度总是按照这种方式, 自动延拓为 $\mathscr{R}^*$ 上的测度. 延拓后的测度仍记为 $\mu$.

测度的延拓过程如图 2-3 所示.

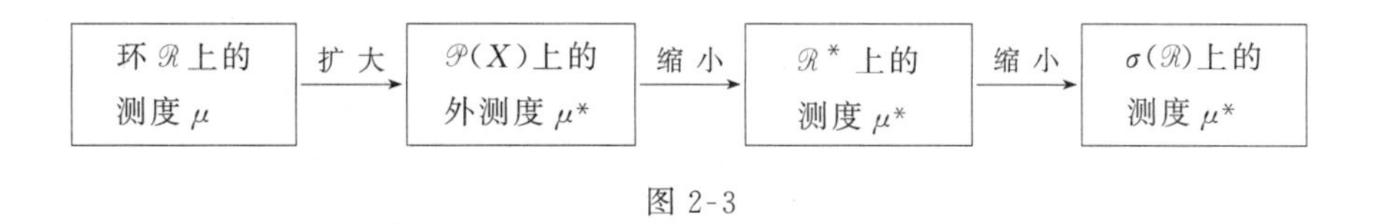


图 2-3

**例 7** 设 $\mathscr{R}$ 是例 2 中的环. 对任意 $A\in\mathscr{R}$, 当 $A\neq\varnothing$ 时, $A$ 可以表示为

$$A=\bigcup_{i=1}^{k}(a_i,b_i],$$

其中, $(a_1,b_1],(a_2,b_2],\cdots,(a_k,b_k]$ 是互不相交的. 此时令

$$\mu(A)=\sum_{i=1}^{k}(b_i-a_i).$$

此外, 令 $\mu(\varnothing)=0$. 则可以证明 $\mu$ 是环 $\mathscr{R}$ 上的测度①. 由 2.3 节中的式(2.24)知道, 由 $\mu$

① 参见:侯友良. 实变函数基础. 武汉:武汉大学出版社,2002.

导出的外测度 $\mu^*$ 就是 Lebesgue 外测度 $m^*$.根据定理 2.12 和定理 2.13，$\mu$ 可以延拓为 $\mathscr{R}^*$ 上的测度，并且$\sigma(\mathscr{R})\subset\mathscr{R}^*$. 实际上 $\sigma(\mathscr{R})$就是 $\mathscr{B}(\mathbf{R}^1)$，$\mathscr{R}^*$ 就是 $\mathscr{M}(\mathbf{R}^1)$，而 $\mu$ 在 $\mathscr{R}^*$ 上的延拓测度就是 Lebesgue 测度 $m$. 因此 Lebesgue 测度也可以用这种方式构造出来. 若将 $\mathscr{R}$ 换为

$$\mathscr{R}=\{A\subset\mathbf{R}^n: A \text{ 是有限个互不相交的半开方体的并，或 } A=\varnothing\}.$$

则 $\mathscr{R}$ 是一个环. 按照上述类似的方法可以构造出 $\mathbf{R}^n$ 上的 Lebesgue 测度.

**定义 2.9** 设 $\mu$ 是$\sigma$-代数 $\mathscr{F}$ 上的测度.

(1) 若 $\mu(X)<\infty$，则称 $\mu$ 是有限的.

(2) 若存在 $\mathscr{F}$ 中一列互不相交集$\{A_n\}$，使得 $\mu(A_n)<\infty(n\geqslant1)$并且 $X=\bigcup\limits_{n=1}^{\infty}A_n$，则称 $\mu$ 是$\sigma$-有限的.

显然 Lebesgue 测度是$\sigma$-有限的. 又上述例 3 和例 4 中的测度是有限的. 例 6 中的测度是$\sigma$-有限的. 例 5 中的测度不是$\sigma$-有限的.

下面我们考虑测度的完备性. 设$(X, \mathscr{F}, \mu)$为一测度空间，$A\subset X$. 若存在零测度集 $E$ 使得 $A\subset E$，则称 $A$ 为$\mu$-可略集. 在有些问题中会涉及关于$\mu$-可略集可测性的讨论. 如果$\mu$-可略集不一定是 $\mathscr{F}$-可测集，有时会带来一些不便. 然而对一般的测度空间而言，$\mu$-可略集不一定是可测集.

**例 8** 设 $X=[0,1]$，$\mathscr{F}=\{X,\varnothing\}$. 令 $\mu(X)=\mu(\varnothing)=0$，则 $\mu$ 是 $\mathscr{F}$ 上的测度. 令 $A=\left[0,\dfrac{1}{2}\right]$，则 $A$ 是$\mu$-可略集，但 $A\notin\mathscr{F}$.

**定义 2.10** 设$(X, \mathscr{F}, \mu)$为一测度空间. 若每个$\mu$-可略集 $A$ 都是 $\mathscr{F}$-可测集，则称 $\mathscr{F}$ 关于测度 $\mu$ 是完备的，此时称测度空间$(X, \mathscr{F}, \mu)$是完备的.

例如，上述例 8 中的 $\mathscr{F}$ 关于 $\mu$ 不是完备的.

**例 9** Lebesgue 测度是完备的. 这是因为如果 $m(E)=0$，$A\subset E$，则 $m^*(A)\leqslant m(E)$，故 $m^*(A)=0$. 根据 2.2 节例 1 的结论(1)，$A$ 是可测集.

## 习 题 2

### A 类

1. 设 $A\subset\mathbf{R}^n$. 证明若 $A$ 有界，则 $m^*(A)<\infty$.

2. 设 $f(x)$是$[a,b]$上的连续函数. 证明曲线 $y=f(x)$的作为 $\mathbf{R}^2$ 的子集，其外测度为零

3. 设 $A\subset\mathbf{R}^1$，$m^*(A)=0$. 令 $E=\{x^2: x\in A\}$，证明 $m^*(E)=0$.

4. 设 $A\subset\mathbf{R}^n$. 若对任意 $x\in A$，存在 $x$ 的邻域 $U(x,\varepsilon)$，使得$m^*(A\cap U(x,\varepsilon))=0$，证明 $m^*(A)=0$.

5. 设 $A,B\subset\mathbf{R}^n$. 若 $A$ 是可测集，$m^*(A\triangle B)-0$，证明 $B$ 是可测集，并且

$$m(B)=m(A).$$

6. 设 $A\subset\mathbf{R}^n$. 若对任意 $\varepsilon>0$，存在可测集 $E\subset A$ 使得 $m^*(A-E)<\varepsilon$. 证明 $A$ 是

可测集．

7．设 $A,B,C$ 是 $\mathbf{R}^n$ 中的可测集．证明：

(1) $m(A\cup B)+m(A\cap B)=m(A)+m(B)$；

(2) 若 $A,B,C$ 的测度都是有限的，则

$$m(A\cup B\cup C)=m(A)+m(B)+m(C)-m(A\cap B)-m(A\cap C)-m(B\cap C)+m(A\cap B\cap C).$$

8．设 $\{A_n\}$ 是 $\mathbf{R}^n$ 中的一列可测集．证明：

(1) $m\left(\varliminf_{n\to\infty}A_n\right)\leqslant\varliminf_{n\to\infty}m(A_n)$；

(2) 若 $m\left(\bigcup_{n=1}^{\infty}A_n\right)<\infty$，则 $m\left(\varlimsup_{n\to\infty}A_n\right)\geqslant\varlimsup_{n\to\infty}m(A_n)$；

(3) 若 $m\left(\bigcup_{n=1}^{\infty}A_n\right)<\infty$，并且极限 $\lim_{n\to\infty}A_n$ 存在，则 $\lim_{n\to\infty}m(A_n)$ 存在，并且 $m\left(\lim_{n\to\infty}A_n\right)=\lim_{n\to\infty}m(A_n)$．

9．设 $\{A_n\}$ 是 $[0,1]$ 中的一列可测集，并且 $m(A_n)=1(n\geqslant1)$．证明

$$m\left(\bigcap_{n=1}^{\infty}A_n\right)=1.$$

10．设 $A_1,A_2,\cdots,A_n$ 是 $[0,1]$ 中的可测集，$\sum_{i=1}^{n}m(A_i)>n-1$．证明 $m\left(\bigcap_{i=1}^{n}A_i\right)>0$．

11．设 $f(x)=x\sin\dfrac{1}{x}(0<x\leqslant1)$，$f(0)=0$．计算

$$m(\{x\in[0,1]:f(x)\geqslant0\}).$$

12．计算 $E$ 的测度，这里

$$E=\{x\in(0,1]:x\text{ 的十进制无限小数表示中不出现 }7\}.$$

13．证明：非空开集的测度大于零．

14．设 $A,G\subset\mathbf{R}^n$，$m(A)=0$，$G$ 是开集．证明 $\overline{G}=\overline{G-A}$．

15．是否存在闭集 $F\subset[0,1]$，使得 $F\neq[0,1]$，并且 $m(F)=1$？

16．设 $0<\varepsilon<1$．在区间 $[0,1]$ 中作出一个开集 $G$，使得 $m(G)\leqslant\varepsilon$，并且

$$\overline{G}=[0,1].$$

17．在区间 $[0,1]$ 中作出一个闭集 $F$，使得 $F$ 不包含任何有理数，并且 $m(F)>0$．

18．设 $0<c<1$．在 $[0,1]$ 中作出一个无内点的闭集 $F$，使得 $m(F)=c$．

19．设 $A\subset\mathbf{R}^1$，$m(A)>0$．证明对任意 $0<c<m(A)$，存在 $A$ 的可测子集 $E$，使得 $m(E)=c$．

20．设 $A\subset\mathbf{R}^n$．证明 $A$ 是可测集当且仅当对任意 $\varepsilon>0$，存在开集 $G$ 和闭集 $F$，使得 $F\subset A\subset G$，并且 $m(G-F)<\varepsilon$．

21．设 $E$ 为 $\mathbf{R}^n$ 中的可测集，$m(E)<\infty$．证明对任意 $\varepsilon>0$，存在有界闭集 $F\subset E$，使得 $m(E-F)<\varepsilon$．

22．若 $E$ 为 $\mathbf{R}^n$ 中的可测集．则

$$m(E)=\inf\{m(G):G\text{ 是开集并且 }G\supset E\},$$

$$m(E)=\sup\{m(F): F \text{ 是有界闭集并且 } F\subset E\}.$$

23. 证明对任意 $A\subset \mathbf{R}^n$，存在 $G_\delta$ 型集 $G\supset A$，使得 $m(G)=m^*(A)$（此时称 $G$ 为 $A$ 的等测包）.

24. 设 $A,B\subset \mathbf{R}^n$. 证明

$$m^*(A\cup B)+m^*(A\cap B)\leqslant m^*(A)+m^*(B).$$

25. 设 $E$ 是 $\mathbf{R}^1$ 中的可测集，$a\in \mathbf{R}^1$，$\delta>0$. 当 $x\in(-\delta,\delta)$ 时，$a+x$ 和 $a-x$ 之中必有一点属于 $E$. 证明 $m(E)\geqslant\delta$.

26. 证明对任意 $A\subset \mathbf{R}^1$，

$$m^*(A)=\inf\left\{\sum_{k=1}^{\infty}(b_k-a_k): A\subset\bigcup_{k=1}^{\infty}(a_k,b_k]\right\}.$$

27. 设 $F(x)$ 是一单调增加的右连续函数，$\mu_F$ 是由 $F(x)$ 导出的 L-S 测度．证明

(1) $\mu_F\{a\}=F(a)-F(a-0)$；

(2) $\mu_F(a,b)=F(b-0)-F(a)$；

(3) $\mu_F(a,\infty)=F(+\infty)-F(a)$，其中 $F(+\infty)=\lim\limits_{x\to+\infty}F(x)$.

注：由(1)知道，$\mu_F\{a\}=0$ 当且仅当 $F(x)$ 在点 $a$ 处连续．

28. 证明：(1) 若 $\varnothing\in\mathscr{R}$，并且 $\mathscr{R}$ 对不相交并和差运算封闭，则 $\mathscr{R}$ 是环．

(2) 设 $\mathscr{R}=\{A: A$ 是有限个互不相交的左开右闭区间的并，或 $A=\varnothing\}$. 则 $\mathscr{R}$ 是环．

29. 设 $A$ 是 $X$ 的一个非空真子集．试在 $\sigma$-代数 $\mathscr{F}=\{\varnothing,X,A,A^C\}$ 上定义一个不恒为零的有限测度．

30. 设 $X$ 是一不可列集．令

$$\mathscr{F}=\{A\subset X: A \text{ 或 } A^C \text{ 是可数集}\}.$$

则 $\mathscr{F}$ 是一个 $\sigma$-代数（见习题 1，A 类第 17 题）. 在 $\mathscr{F}$ 定义函数 $\mu$ 如下：若 $A$ 是可数集，则令 $\mu(A)=0$. 若 $A^C$ 是可数集，则令 $\mu(A)=1$. 证明 $\mu$ 是 $\mathscr{F}$ 上的测度.

31. 在 $\mathscr{B}(\mathbf{R}^1)$ 上定义函数 $\mu$ 如下：$\mu(A)$ 等于 $A$ 中的有理数的个数（若 $A$ 中有无穷多个有理数，则令 $\mu(A)=+\infty$）. 证明 $\mu$ 是 $(\mathbf{R}^1,\mathscr{B}(\mathbf{R}^1))$ 上的 $\sigma$-有限测度.

32. 设 $\mu$ 是 $\mathscr{B}(\mathbf{R}^1)$ 上的一有限测度．令

$$F(x)=\mu(-\infty,x]\quad(x\in\mathbf{R}^1).$$

证明 $F$ 是单调增加的右连续的，并求 $\lim\limits_{x\to-\infty}F(x)$ 和 $\lim\limits_{x\to+\infty}F(x)$.

## B 类

1. 设 $\{r_n\}$ 是有理数的全体．令

$$G=\bigcup_{n=1}^{\infty}\left(r_n-\frac{1}{n^2},r_n+\frac{1}{n^2}\right).$$

证明对任意闭集 $F\subset\mathbf{R}^1$，必有 $m(G\triangle F)>0$.

2. 设 $E$ 是 $\mathbf{R}^n$ 中的可测集，$\lambda$ 是实数．证明 $\lambda E$ 是可测的并且

$$m(\lambda E)=|\lambda|^n m(E).$$

其中 $\lambda E=\{\lambda x: x\in E\}$.

3. 设 $A\subset[-1,1]$，$m(A)>1$.证明存在 $A$ 的可测子集 $E$，使得 $E$ 关于原点对称并且 $m(E)>0$.

4. 设 $A\subset\mathbf{R}^1$，$m(A)>0$. 证明对任意 $0<\lambda<1$，存在开区间 $I$，使得 $m(A\cap I)>\lambda|I|$.（本题说明正测度集必充分地填满某个区间.）

5. 设 $A\subset\mathbf{R}^1$，$m(A)>0$. 证明存在 $\varepsilon>0$ 使得当 $|x|<\varepsilon$ 时，$m((x+A)\cap A)>0$.

6. 设 $A\subset\mathbf{R}^1$，$m(A)>0$. 令 $A+A=\{x+y:x,y\in A\}$. 证明 $A+A$ 必包含某一区间.

7. 设 $A\subset\mathbf{R}^1$. 证明若 $m(A)<\infty$，则 $\lim\limits_{x\to+\infty}m((x+A)\cap A)=0$.

8. 证明直线上的可测集的全体 $\mathscr{M}(\mathbf{R}^1)$的基数是 $2^c$.

9. 设映射 $f:\mathbf{R}^n\to\mathbf{R}^n$ 是一个双射，并且保持外测度不变，即对任意 $A\subset\mathbf{R}^n$，有 $m^*(f(A))=m^*(A)$. 证明 $f$ 将可测集映射为可测集.

10. 设 $A\subset\mathbf{R}^1$，$m(A)>0$. 证明存在 $x,y\in A$，使得 $x-y$ 是无理数.

11. 设 $A\subset\mathbf{R}^1$，$m(A)>0$. 证明存在 $x,y\in A$，$x\neq y$，使得 $x-y$ 是有理数.

# 第3章　可测函数

设 $f$ 是定义在可测集 $E$ 上的函数. 由这个函数可以自然地产生出各种各样的集，例如

$$\{x\in E: f(x)>a\},\quad \{x\in E: a<f(x)\leqslant b\},$$

等等. 为用测度论的方法研究这个函数，自然要求这些集是可测的. 但这些集未必总是可测的. 例如，设 $A$ 是 $[0,1]$ 中的不可测集，$\chi_A(x)$ 是 $A$ 的特征函数，则

$$\{x\in[0,1]: \chi_A(x)>0\}=A$$

就不是可测集. 为了避免出现这样的情况，就要求所讨论的函数是可测的. 可测函数是一类很广泛的函数，例如所有的连续函数都是可测函数，而且可测函数类具有相当好的运算封闭性. 这对讨论可测函数的积分是十分有利的.

本章的 3.1 节、3.2 节和 3.3 节中分别介绍可测函数的基本性质、可测函数列的收敛和可测函数与连续函数的联系. 3.4 节中介绍一般测度空间上的可测函数.

## 3.1　可测函数的性质

在积分理论中为了方便(例如可以使一些定理的叙述更简洁)，允许函数取“$+\infty$”和“$-\infty$”为值(它们分别读作正无穷和负无穷). 在 2.1 节中我们曾经对涉及 $+\infty$ 的加法运算作了规定. 这里对涉及 $\pm\infty$ 的运算一并作出规定. 以下设 $a$ 是实数.

(1) 序关系：$-\infty<a<+\infty$.

(2) 加减法：$a+(\pm\infty)=(\pm\infty)+a=(\pm\infty)+(\pm\infty)=\pm\infty$,

$$a-(\mp\infty)=(\pm\infty)-(\mp\infty)=\pm\infty.$$

(3) 乘法：$x\cdot(\pm\infty)=(\pm\infty)\cdot x=\begin{cases}\pm\infty, & 0<x\leqslant+\infty,\\ 0, & x=0,\\ \mp\infty, & -\infty\leqslant x<0.\end{cases}$

(4) 除法：$\dfrac{a}{\pm\infty}=0$.

(5) 绝对值：$|\pm\infty|=+\infty$.

诸如 $(\pm\infty)-(\pm\infty)$ 和 $\dfrac{\pm\infty}{\pm\infty}$ 等未定义的运算是无意义的，在运算中应注意避免这种情况出现.

以后若无特别申明，“函数”一词总是指可以取 $\pm\infty$ 为值的广义实值函数. 取值于 $\mathbf{R}^1$ (即不取 $\pm\infty$ 为值)的函数仍称为实值函数.

### 3.1.1 可测函数的定义与例

**定义 3.1** 设 $E$ 是 $\mathbf{R}^n$ 中的可测集. $f$ 是定义在 $E$ 上的函数. 若对任意实数 $a$,

$$\{x\in E: f(x)>a\}$$

是可测集, 则称 $f$ 为 $E$ 上的 Lebesgue 可测函数(简称为可测函数), 或称 $f$ 在 $E$ 上可测.

以下总是设 $E$ 是 $\mathbf{R}^n$ 中一给定的可测集.

**例 1** 若 $f(x)\equiv c$ 是 $E$ 上的常值函数. 则 $f$ 在 $E$ 上可测. 这是因为对任意实数 $a$, 有

$$\{x\in E: f(x)>a\}=\begin{cases}E, & a<c,\\ \varnothing, & a\geqslant c.\end{cases}$$

因此对任意实数 $a$, $\{x\in E: f(x)>a\}$是可测集, 从而 $f$ 是可测的.

**例 2** 设 $A\subset\mathbf{R}^n$, $\chi_A$ 是 $A$ 的特征函数. 则对任意实数 $a$, 有

$$\{x\in\mathbf{R}^n: \chi_A(x)>a\}=\begin{cases}\mathbf{R}^n, & a<0,\\ A, & 0\leqslant a<1,\\ \varnothing, & a\geqslant 1.\end{cases}$$

由上式知道 $\chi_A$ 是可测函数当且仅当 $A$ 为可测集. 特别地, 设 $D(x)$是 $\mathbf{R}^1$ 上的 Dirichlet 函数

$$D(x)=\begin{cases}1, & 若\ x\ 是有理数,\\ 0, & 若\ x\ 是无理数.\end{cases}$$

即 $D(x)=\chi_{\mathbf{Q}}(x)$, 其中 $\mathbf{Q}$ 是有理数集. 由于 $\mathbf{Q}$ 是可测集, 故 $D(x)$是可测的.

**例 3** 设 $f$ 是 $E$ 上的连续函数, 则 $f$ 在 $E$ 上可测. 这是因为, 根据 1.4 节中例 5, 对任意实数 $a$, 存在 $\mathbf{R}^n$ 中的开集 $G$, 使得

$$\{x\in E: f(x)>a\}=E\cap G.$$

而开集是可测集, 因而 $f$ 是可测的.

**例 4** 设 $f$ 是定义在区间$[a,b]$上的单调函数. 则 $f$ 是$[a,b]$上的可测函数. 事实上, 对任意实数 $c$, 由于 $f$ 是单调的, 容易知道集$\{x\in[a,b]: f(x)>c\}$是区间、单点集或者空集. 总之, $\{x\in[a,b]: f(x)>c\}$是可测集. 因此 $f$ 是可测的.

**例 5** (1) 若 $f$ 在 $E$ 上可测, $E_1$ 是 $E$ 的可测子集, 则 $f$ 在 $E_1$ 上可测.

(2)设 $E_1$ 和 $E_2$ 是 $E$ 的可测子集, 并且 $E=E_1\cup E_2$. 若 $f$ 在 $E_1$ 和 $E_2$ 上可测, 则 $f$ 在 $E$ 上可测.

事实上, 对任意实数 $a$, 我们有

$$\{x\in E_1: f(x)>a\}=\{x\in E: f(x)>a\}\cap E_1$$

$$\{x\in E: f(x)>a\}=\{x\in E_1: f(x)>a\}\cup\{x\in E_2: f(x)>a\}.$$

由假设条件知道以上两式的右端的集都是可测的, 因此结论(1)和结论(2)成立.

为简单计, 以后我们将集$\{x\in E: f(x)>a\}$简记为 $E(f>a)$, 将$\{x\in E: f(x)\leqslant g(x)\}$简记为$E(f\leqslant g)$等.

**定理 3.1** 设 $f$ 是定义在 $E$ 上的函数. 则以下(1)～(5)是等价的:

(1) $f$ 是 $E$ 上的可测函数;

(2) 对任意实数 $a$，$E(f\geqslant a)$是可测集；

(3) 对任意实数 $a$，$E(f<a)$是可测集；

(4) 对任意实数 $a$，$E(f\leqslant a)$是可测集；

(5) 对任意 $A\in\mathscr{B}(\mathbf{R}^1)$，$f^{-1}(A)$是可测集，并且 $E(f=+\infty)$是可测集.

**证** (1)⇒(2) 对任意实数 $a$，有

$$E(f\geqslant a)=\bigcap_{k=1}^{\infty}E\left(f>a-\frac{1}{k}\right).$$

由于 $f$ 在 $E$ 上可测，对任意 $k$，$E\left(f>a-\dfrac{1}{k}\right)$是可测集，因而 $E(f\geqslant a)$是可测集.

(2)⇒(3) 由等式 $E(f<a)=E-E(f\geqslant a)$即知.

(3)⇒(4) 由等式 $E(f\leqslant a)=\bigcap\limits_{k=1}^{\infty}E\left(f<a+\dfrac{1}{k}\right)$即知.

(4)⇒(1) 由等式 $E(f>a)=E-E(f\leqslant a)$即知.

因此，(1)～(4)是等价的.

(1)⇒(5) 令 $\mathscr{F}=\{A\subset\mathbf{R}^1: f^{-1}(A)$是可测集$\}$. 由原像的性质，

$$f^{-1}\left(\bigcup_{n=1}^{\infty}A_n\right)=\bigcup_{n=1}^{\infty}f^{-1}(A_n),\quad f^{-1}(A^C)=(f^{-1}(A))^C.$$

易见 $\mathscr{F}$ 是 $\sigma$-代数. 令 $\mathscr{C}$ 是直线上半开区间的全体. 对任意$(a,b]\in\mathscr{C}$，我们有

$$f^{-1}((a,b])=E(a<f\leqslant b)=E(f>a)-E(f>b).$$

由上式和假设条件知道 $f^{-1}((a,b])$是可测集，因此 $\mathscr{C}\subset\mathscr{F}$，从而 $\sigma(\mathscr{C})\subset\mathscr{F}$. 由习题1，A类第37题的结论，$\sigma(\mathscr{C})=\mathscr{B}(\mathbf{R}^1)$，因此 $\mathscr{B}(\mathbf{R}^1)\subset\mathscr{F}$. 这表明对任意 $A\in\mathscr{B}(\mathbf{R}^1)$，$f^{-1}(A)$是可测集. 由于

$$E(f=+\infty)=\bigcap_{k=1}^{\infty}E(f>k),$$

故 $E(f=+\infty)$是可测集.

(5)⇒(1) 由于

$$E(f>a)=E(a<f\leqslant\infty)=f^{-1}((a,\infty))\cup E(f=+\infty),$$

而区间$(a,\infty)$是 Borel 集，由假设条件知道 $E(f>a)$是可测集. ■

**例 6** 设 $f$ 是 $E$ 上的可测函数. 由于单点集$\{a\}$($a$ 是实数)是 Borel 集，由定理 3.1 知道 $E(f=a)=f^{-1}(\{a\})$是可测集. 同理，以下几个集也是可测的：

$$E(a<f<b),\quad E(a\leqslant f\leqslant b),$$
$$E(a<f\leqslant b),\quad E(a\leqslant f<b).$$

此外，由于 $E(f=-\infty)=\bigcap\limits_{k=1}^{\infty}E(f<-k)$，故 $E(f=-\infty)$是可测集.

### 3.1.2 可测函数的运算封闭性

设 $f$ 和 $g$ 是定义在 $E$ 上的函数. 若 $f(x)$和 $g(x)$在某一点 $x$ 处取异号的$\infty$为值，则 $f(x)+g(x)$无意义. 此时规定 $f(x)+g(x)=0$.

**定理 3.2** 设 $f$ 和 $g$ 在 $E$ 上可测. 则函数 $cf$($c$ 是实数)，$f+g$，$fg$ 和$|f|$都在 $E$ 上

可测.

**证** (1) 若 $c=0$，则 $cf\equiv 0$. 由例 1 知道此时 $cf$ 是可测的. 当 $c\neq 0$ 时，对任意实数 $a$，有

$$E(cf>a)=\begin{cases}E\left(f>\dfrac{a}{c}\right), & c>0,\\ E\left(f<\dfrac{a}{c}\right), & c<0.\end{cases}$$

上式右边的集都是可测集，因此 $cf$ 可测.

(2) 先设 $f$ 和 $g$ 不取异号 $\infty$ 为值. 设 $\{r_n\}$ 是有理数的全体. 对任意固定的 $x\in E$，$f(x)+g(x)>a$ 当且仅当存在 $r_n$ 使得 $f(x)>r_n$ 并且 $g(x)>a-r_n$. 因此

$$E(f+g>a)=\bigcup_{n=1}^{\infty}(E(f>r_n)\cap E(g>a-r_n)).$$

由上式知道 $E(f+g>a)$ 是可测集，因此 $f+g$ 可测. 再考虑一般情形. 令

$$A=[E(f=+\infty)\cap E(g=-\infty)]\cup[E(f=-\infty)\cap E(g=+\infty)].$$

则 $A$ 是可测集. 我们有

$$\begin{aligned}&\{x\in E:f(x)+g(x)>a\}\\ &=\{x\in E-A:f(x)+g(x)>a\}\cup\{x\in A:f(x)+g(x)>a\}\end{aligned}\tag{3.1}$$

由例 5 的结论(1)知道 $f$ 和 $g$ 在 $E-A$ 上可测. 由于在 $E-A$ 上 $f$ 和不取异号的$\infty$为值，由上面所证的结果知道 $f+g$ 在 $E-A$ 上可测. 由于在 $A$ 上 $f+g\equiv 0$，因此 $f+g$ 在 $A$ 上可测. 于是式(3.1)右端的两个集都是可测集，因而 $f+g$ 在 $E$ 上可测.

(3) 先证 $f^2$ 可测. 由于

$$E(f^2>a)=\begin{cases}E, & a<0,\\ E(f>\sqrt{a})\cup E(f<-\sqrt{a}), & a\geqslant 0,\end{cases}$$

由上式知道 $E(f^2>a)$ 是可测集，故 $f^2$ 可测. 再由等式

$$fg=\frac{1}{4}[(f+g)^2-(f-g)^2]$$

即知 $fg$ 可测.

(4)由于

$$E(|f|>a)=\begin{cases}E, & a<0,\\ E(f>a)\cup E(f<-a), & a\geqslant 0,\end{cases}$$

由此知道 $|f|$ 在 $E$ 上可测. ■

设 $f$ 是定义在 $E$ 上的函数. 令

$$f^+(x)=\max\{f(x),0\},\quad f^-(x)=\max\{-f(x),0\},$$

或者写成

$$f^+(x)=\begin{cases}f(x), & f(x)\geqslant 0,\\ 0, & f(x)<0.\end{cases}\qquad f^-(x)=\begin{cases}0, & f(x)\geqslant 0,\\ -f(x), & f(x)<0.\end{cases}$$

分别称 $f^+$ 和 $f^-$ 为 $f$ 的正部和负部. $f^+$ 和 $f^-$ 都是非负值函数，并且对任意 $x\in E$ 有

$$f(x)=f^+(x)-f^-(x),\quad |f(x)|=f^+(x)+f^-(x).$$

**定理 3.3** 若 $f$ 在 $E$ 上可测，则 $f^+$ 和 $f^-$ 都在 $E$ 上可测.

**证** 对任意实数 $a$，我们有

$$E(f^+>a)=\begin{cases}E(f>a), & a\geqslant 0,\\ E, & a<0.\end{cases}$$

$$E(f^->a)=\begin{cases}E(f<-a), & a\geqslant 0,\\ E, & a<0.\end{cases}$$

由此知道 $f^+$ 和 $f^-$ 都在 $E$ 上可测. ■

**定理 3.4** 设$\{f_n\}$是 $E$ 上的可测函数列. 则函数$\sup\limits_{n\geqslant 1} f_n$，$\inf\limits_{n\geqslant 1} f_n$，$\overline{\lim\limits_{n\to\infty}} f_n$ 和$\underline{\lim\limits_{n\to\infty}} f_n$都在 $E$ 上可测. 特别地，若对每个 $x\in E$，极限$\lim\limits_{n\to\infty} f_n(x)$存在(有限或$\pm\infty$)，则$\lim\limits_{n\to\infty} f_n$ 在 $E$ 上可测.

**证** 对任意固定的 $x\in E$ 和实数 $a$，由于$\sup\limits_{n\geqslant 1} f_n(x)>a$ 当且仅当存在 $n$，使得 $f_n(x)>a$，而$\inf\limits_{n\geqslant 1} f_n(x)<a$ 当且仅当存在 $n$，使得 $f_n(x)<a$，因此

$$E\left(\sup_{n\geqslant 1} f_n>a\right)=\bigcup_{n=1}^{\infty}E(f_n>a),$$

$$E\left(\inf_{n\geqslant 1} f_n<a\right)=\bigcup_{n=1}^{\infty}E(f_n<a).$$

由此知道$\sup\limits_{n\geqslant 1} f_n$ 和$\inf\limits_{n\geqslant 1} f_n$ 都在 $E$ 上可测. 由于

$$\overline{\lim_{n\to\infty}} f_n(x)=\inf_{n\geqslant 1}\sup_{k\geqslant n} f_k(x),\quad \underline{\lim_{n\to\infty}} f_n(x)=\sup_{n\geqslant 1}\inf_{k\geqslant n} f_k(x),$$

由此知道$\overline{\lim\limits_{n\to\infty}} f_n$ 和$\underline{\lim\limits_{n\to\infty}} f_n$ 都在 $E$ 上可测. ■

### 3.1.3 可测函数用简单函数逼近

下面讨论一类特别简单的可测函数——简单函数. 简单函数在可测函数中具有特殊的作用.

设 $E$ 是 $\mathbf{R}^n$ 中的可测集. 若 $A_1,A_2,\cdots,A_k$ 是 $E$ 的互不相交的可测子集，并且 $E=\bigcup\limits_{i=1}^{k}A_i$，则称$\{A_1,A_2,\cdots,A_k\}$是 $E$ 的一个可测分割.

**定义 3.2** 设 $f$ 是定义在 $E$ 上的函数. 若存在 $E$ 的一个可测分割$\{A_1,A_2,\cdots,A_k\}$和实数 $a_1,a_2,\cdots,a_k$，使得当 $x\in A_i$ 时，$f(x)=a_i(i=1,2,\cdots,k)$，则称 $f$ 为 $E$ 上的简单函数. 换言之，$f$ 为简单函数当且仅当 $f$ 可以表示为

$$f(x)=\sum_{i=1}^{k}a_i\chi_{A_i}(x)\quad (x\in E).$$

由于可测集的特征函数是可测函数，因此简单函数是可测函数.

设 $I_1,I_2,\cdots,I_k$ 为$[a,b]$上的互不相交的子区间，并且$[a,b]=\bigcup\limits_{i=1}^{k}I_i$. 称形如 $f(x)=\sum\limits_{i=1}^{k}a_i\chi_{I_i}(x)$ 的函数为$[a,b]$上的阶梯函数. 显然简单函数是阶梯函数的推广.

**定理 3.5** 设 $f$ 和 $g$ 都是简单函数. 则：

(1) $cf$($c$ 是实数)，$f+g$ 是简单函数.

(2) 若 $\varphi$ 是 $\mathbf{R}^1$ 上的实值函数，则 $\varphi(f(x))$是简单函数.

**证** (1)显然 $cf$ 是简单函数. 设

$$f(x)=\sum_{i=1}^{p}a_i\chi_{A_i}(x),\ g(x)=\sum_{j=1}^{q}b_j\chi_{B_j}(x).$$

其中$\{A_1,A_2,\cdots,A_p\}$和$\{B_1,B_2,\cdots,B_q\}$都是 $E$ 的可测分割. 由于$\{A_i\cap B_j:1\leqslant i\leqslant p,1\leqslant j\leqslant q\}$也是 $E$ 的一个可测分割，并且当 $x\in A_i\cap B_j$ 时 $f(x)+g(x)=a_i+b_j$，因此 $f+g$ 是简单函数.

(2) 设 $f(x)=\sum_{i=1}^{k}a_i\chi_{A_i}(x)$. 则

$$\varphi(f(x))=\sum_{i=1}^{k}\varphi(a_i)\chi_{A_i}(x)\quad(x\in E).$$

因此 $\varphi(f(x))$是简单函数.■

**注 1** 在定理 3.5 的证明中，如果将$\{A_i\cap B_j:1\leqslant i\leqslant p,1\leqslant j\leqslant q\}$重新编号记为$\{E_1,E_2,\cdots,E_k\}$. 则 $f$ 和 $g$ 可以分别表示为

$$f(x)=\sum_{i=1}^{k}a_i'\chi_{E_i}(x),\ g(x)=\sum_{i=1}^{k}b_i'\chi_{E_i}(x).$$

这说明对于给定两个简单函数 $f$ 和 $g$，可以设它们的表达式中所对应的 $E$ 的可测分割是一样的. 这个简单事实以后会用到.

设$\{f_n\}$是一列定义在 $E$ 上的函数. 若对每个 $x\in E$，总有

$$f_1(x)\leqslant f_2(x)\leqslant\cdots\leqslant f_n(x)\leqslant f_{n+1}(x)\leqslant\cdots,$$

则称函数列$\{f_n\}$是单调增加的，记为 $f_n\uparrow$. 若$\{f_n\}$是单调增加的函数列，并且 $\lim\limits_{n\to\infty}f_n(x)=f(x)(x\in E)$，则记为 $f_n\uparrow f(n\to\infty)$.

**定理 3.6** 设 $f$ 是 $E$ 上的非负可测函数. 则存在 $E$ 上的非负简单函数列$\{f_n\}$，使得$\{f_n\}$是单调增加的，并且

$$\lim_{n\to\infty}f_n(x)=f(x)\quad(x\in E).$$

若 $f$ 在 $E$ 上还是有界的，则$\{f_n\}$收敛于 $f$ 是一致的.

**证** 对每个自然数 $n\geqslant 1$，把区间$[0,n]$分割成 $n\cdot 2^n$ 个长度为$\frac{1}{2^n}$的小区间. 令

$$f_n(x)=\begin{cases}\dfrac{i-1}{2^n}, & x\in E\left(\dfrac{i-1}{2^n}\leqslant f<\dfrac{i}{2^n}\right)\quad(i=1,2,\cdots,n\cdot 2^n),\\ n, & x\in E(f\geqslant n).\end{cases}$$

(图 3-1 是当 $E=[a,b]$时的示意图)由于 $f$ 是可测函数，故

$$E\left(\frac{i-1}{2^n}\leqslant f<\frac{i}{2^n}\right)\quad(i=1,2,\cdots,n\cdot 2^n)$$

和 $E(f\geqslant n)$都是可测集，因而 $f_n$ 是非负简单函数. 容易知道$\{f_n\}$是单调增加的. 设 $x\in E$. 若 $f(x)<+\infty$，则当 $n>f(x)$时，必存在正整数 $i(1\leqslant i\leqslant n\cdot 2^n)$，使得 $x\in E\left(\frac{i-1}{2^n}\leqslant f<\frac{i}{2^n}\right)$.此时

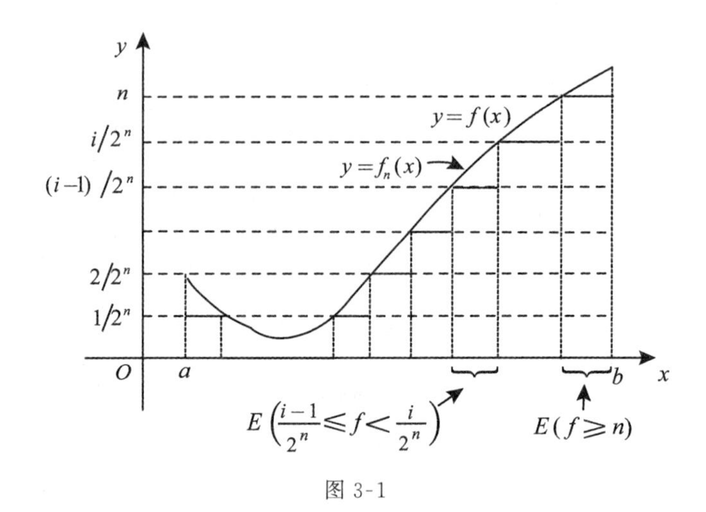


图 3-1

$$\frac{i-1}{2^n}\leqslant f(x)<\frac{i}{2^n},\ f_n(x)=\frac{i-1}{2^n}.$$

因此

$$0\leqslant f(x)-f_n(x)<\frac{1}{2^n}. \tag{3.2}$$

故此时$\lim\limits_{n\to\infty} f_n(x)=f(x)$. 若 $f(x)=+\infty$，则对任意 $n\geqslant 1$，$x\in E(f\geqslant n)$，因此 $f_n(x)=n(n\geqslant 1)$.此时也有$\lim\limits_{n\to\infty} f_n(x)=f(x)$.

现在设 $f$ 在$E$ 上还是有界的，$0\leqslant f(x)\leqslant M(x\in E)$. 则当 $n>M$ 时，对任意$x\in E$ 有 $n>f(x)$，此时式(3.2)成立. 这表明$\{f_n\}$在 $E$ 上一致收敛于 $f$. ■

**推论 3.1**　设 $f$ 是$E$ 上的可测函数. 则存在 $E$ 上的简单函数列$\{f_n\}$，使得

$$\lim_{n\to\infty} f_n(x)=f(x)\quad (x\in E),$$

并且$|f_n|\leqslant|f|(n\geqslant 1)$. 若 $f$ 在$E$ 上还是有界的，则上述收敛是一致的.

**证**　由于 $f$ 可测，故$f^+$和$f^-$都是非负可测函数. 由定理 3.6，存在非负简单函数列$\{g_n\}$和$\{h_n\}$，使得 $g_n\uparrow f^+$，$h_n\uparrow f^-$. 令 $f_n=g_n-h_n(n\geqslant 1)$. 则$\{f_n\}$是简单函数列，并且对任意 $x\in E$ 有

$$\lim_{n\to\infty} f_n(x)=\lim_{n\to\infty}(g_n(x)-h_n(x))=f^+(x)-f^-(x)=f(x),$$

$$|f_n(x)|\leqslant g_n(x)+h_n(x)\leqslant f^+(x)+f^-(x)=|f(x)|.$$

若 $f$ 是有界的，则$f^+$和$f^-$都是有界的. 于是$\{g_n\}$和$\{h_n\}$在 $E$ 上分别一致收敛于$f^+$和$f^-$，因而$\{f_n\}$在 $E$ 上一致收敛于 $f$. ■

由于简单函数是可测函数，因此简单函数列的极限函数是可测函数. 结合推论 3.1 得到如下推论：

**推论 3.2**　设 $f$ 是定义在 $E$ 上的函数. 则 $f$ 可测的充要条件是存在简单函数列$\{f_n\}$在$E$ 上处处收敛于 $f$.

推论 3.2 给出了可测函数的一个构造性特征.

定理 3.6 表明，一个非负可测函数可以用非负简单函数的单调增加序列来逼近. 而非负简单函数往往较容易处理. 这样，在研究可测函数的某种性质时，可以先考虑非负简单函数，通过取极限的过程，得到非负可测函数的相应性质. 而一般可测函数 $f$ 可以表示成 $f^+$ 和 $f^-$ 这两个非负可测函数之差. 因此又可以得到关于一般可测函数相应的结论. 这种方法在后面研究可测函数积分的性质时是常常用到的.

利用推论 3.2，容易得到关于复合函数可测性的如下定理.

**定理 3.7** 设 $f$ 是 $E$ 上的实值可测函数，$g$ 是 $\mathbf{R}^1$ 上的连续函数. 则复合函数 $g(f(x))$ 在 $E$ 上可测.

**证** 由于 $f$ 在 $E$ 上可测，根据推论 3.2，存在简单函数列 $\{f_n\}$ 处处收敛于 $f$. 根据定理 3.5，$\{g(f_n(x))\}$ 是简单函数列. 由于 $g$ 在 $\mathbf{R}^1$ 上连续，故

$$\lim_{n\to\infty} g(f_n(x)) = g(f(x)) \quad (x \in E).$$

即 $g(f(x))$ 是一列简单函数的极限. 再次利用推论 3.2 知道 $g(f(x))$ 在 $E$ 上可测. ■

**例 7** 设 $f$ 是 $E$ 上的实值可测函数. 由定理 3.7 知道，$\ln(1+f(x)^2)$ 和 $|f(x)|^p\ (p>0)$ 都是 $E$ 上的可测函数.

### 3.1.4* 几个反例

本节最后利用 1.4 节中定义的 Cantor 函数给出一个例子，说明 $\mathscr{M}(\mathbf{R}^n)$ 严格包含 $\mathscr{B}(\mathbf{R}^n)$. 先介绍 Borel 可测函数的概念.

**定义 3.3** 设 $E$ 是 $\mathbf{R}^n$ 上的 Borel 集，$f$ 是定义在 $E$ 上的函数. 若对任意实数 $a$，

$$\{x \in E : f(x) > a\}$$

是 Borel 集，则称 $f$ 为 $E$ 上的 Borel 可测函数.

由于 Borel 集都是可测集，因此 Borel 可测函数是 Lebesgue 可测函数.

**例 8** 若 $f$ 是定义在 Borel 集 $E$ 上的连续函数，则 $f$ 是 $E$ 上的 Borel 可测函数. 这是因为，根据 1.4 节中例 5，对任意实数 $a$，存在 $\mathbf{R}^n$ 中的开集 $G$，使得

$$E(f>a) = E \cap G.$$

而开集是 Borel 集，故 $E(f>a)$ 是 Borel 集，因而 $f$ 是 Borel 可测的.

又如上述例 4 中，区间 $[a,b]$ 上的单调函数实际上是 Borel 可测的.

与定理 3.1 中的(1)⇒(5)类似，可以证明如下定理：

**定理 3.8** 若 $f$ 是 Borel 集 $E$ 上的 Borel 可测函数，则对任意 $A \in \mathscr{B}(\mathbf{R}^1)$，$f^{-1}(A)$ 是 Borel 集.

**例 9** 存在不是 Borel 集的可测集.

**证** 设 $K$ 和 $K(x)$ 分别为 Cantor 集和 Cantor 函数(见 1.4 节中例 7). $K(x)$ 是区间 $[0,1]$ 上的单调增加的连续函数，并且 $K([0,1])=[0,1]$. 令

$$\varphi(x) = \frac{1}{2}(x + K(x)) \quad (x \in [0,1]).$$

则 $\varphi(x)$ 是 $[0,1]$ 上的严格单调增加的连续函数，并且 $\varphi([0,1])=[0,1]$. 因此 $\varphi(x)$ 存在

反函数，记其为 $\psi(x)$. $\psi(x)$也是$[0,1]$上的严格单调增加的连续函数. 将那些在构造 Cantor 集的过程中每次去掉的开区间依次记为

$$I_k^{(n)} \quad (k=1,2,\cdots,2^{n-1},\ n=1,2,\cdots).$$

则这些区间的长度之和为 1(见 1.4 节中例 6). 由于 $K(x)$在每个 $I_k^{(n)}$ 上为常数，因此 $\varphi(I_k^{(n)})$是长度为$\frac{1}{2}|I_k^{(n)}|$的开区间. 于是

$$m\left(\varphi\left(\bigcup_{n=1}^{\infty}\bigcup_{k=1}^{2n-1} I_k^{(n)}\right)\right)=\frac{1}{2}\sum_{n=1}^{\infty}\sum_{k=1}^{2n-1}|I_k^{(n)}|=\frac{1}{2}.$$

因此 $m(\varphi(K))=1-\frac{1}{2}=\frac{1}{2}$. 由于$m(\varphi(K))>0$，与 2.3 节中例 3 一样，可以证明在 $\varphi(K)$中存在不可测的子集. 设 $E$ 是 $\varphi(K)$中的不可测子集. 记 $\psi(E)=A$，则 $A\subset K$. 由于 $K$ 是零测度集，因此 $A$ 是可测集. 但 $A$ 不是 Borel 集. 若不然，由于 $\psi(x)$在$[0,1]$上是连续的，根据上述例 8 和定理 3.8，$E=\psi^{-1}(A)$应该是 Borel 集. 这与 $E$ 是不可测集矛盾！因此 $A$ 不是 Borel 集.

在 2.4 节中我们定义了测度的完备性. 从例 9 的证明可以顺便得到如下结论：

**例 10** Borel $\sigma$-代数 $\mathscr{B}(\mathbf{R}^1)$关于 Lebesgue 测度不是完备的.

**证** 注意到 Cantor 集 $K$ 是闭集，因此是 Borel 集，而且是零测度集. 在例 9 中我们已经证明了在 $K$ 中存在一个子集 $A$ 不是 Borel 集. 这表明 Borel $\sigma$-代数$\mathscr{B}(\mathbf{R}^1)$关于 Lebesgue 测度不是完备的.

根据定理 3.7，若 $f$ 是可测集 $E$ 上的实值可测函数，$g$ 是 $\mathbf{R}^1$ 上的连续函数. 则复合函数 $g(f(x))$是 $E$ 上的可测函数. 下面的例子表明若 $g$ 仅仅是可测的，即使 $f$ 是连续的，$g(f(x))$也不一定是可测的.

**例 11** 仍沿用例 9 中的记号. 令 $g(x)=\chi_A(x)$. 由于 $A$ 是可测集，因此 $g$ 是可测的. 又 $\psi(x)$是$[0,1]$上的连续函数. 由于

$$\{x\in[0,1]: g(\psi(x))=1\}=\{x: \psi(x)\in A\}=\psi^{-1}(A)=E,$$

而 $E$ 是不可测集，因此 $g(\psi(x))$不是可测的.

## 3.2 可测函数列的收敛

本节将定义可测函数列的几种收敛性，并讨论它们之间的关系. 本节以下总是设 $E$ 是 $\mathbf{R}^n$ 中一给定的可测集.

### 3.2.1 几乎处处成立的性质

先介绍几乎处处成立的性质的概念. 设 $P(x)$是一个与 $E$ 中的点 $x$ 有关的命题. 若

$$m(\{x\in E: P(x)\text{不成立}\})=0,$$

换言之，存在 $E$ 的一个零测度子集$E_0$，使得当 $x\in E-E_0$时命题 $P(x)$成立，则称 $P(x)$在 $E$ 上几乎处处成立，记为 $P(x)$ a.e. 于 $E$. 在不会引起混淆的情况下也可以简记为

$P(x)$ a.e.①.

**例 1** 设 $f$ 和 $g$ 是定义在 $E$ 上的可测函数. 若 $mE(f\neq g)=0$，换言之，存在 $E$ 的一个零测度子集$E_0$，使得当$x\in E-E_0$时 $f(x)=g(x)$,则称 $f$ 和 $g$ 在 $E$ 上几乎处处相等，记为 $f=g$ a.e.于 $E$. 例如，设 $D(x)$是 $\mathbf{R}^1$ 上的 Dirichlet 函数(见 3.1 节中例 2).由于 $mE(D\neq 0)=m(\mathbf{Q})=0$,因此在 $\mathbf{R}^1$ 上 $D(x)=0$ a.e.

**例 2** 设 $f$ 是定义在 $E$ 上的可测函数. 若 $mE(|f|=\infty)=0$，换言之，存在 $E$ 的一个零测度子集$E_0$,使得当 $x\in E-E_0$时 $f(x)\neq\pm\infty$，则称 $f$ 在 $E$ 上是几乎处处有限的，记为 $|f|<\infty$ a.e.于 $E$. 例如，设 $f(x)=\dfrac{1}{x}(0<x\leqslant 1)$，$f(0)=+\infty$. 则 $f$ 在$[0,1]$上是几乎处处有限的.

注意，$f$ 在 $E$ 上几乎处处有限与在下述意义下本性有界的区别：称 $f$ 在 $E$ 上是本性有界的，若存在 $E$ 的一个零测度子集$E_0$和 $M>0$，使得当 $x\in E-E_0$时 $|f(x)|\leqslant M$. 本性有界的可测函数是几乎处处有限的，但反过来不一定. 例如，上述例 2 中的 $f$ 在$[0,1]$上是几乎处处有限的，但 $f$ 在$[0,1]$上不是本性有界的.

**例 3** 设 $f$ 是 $E$ 上的可测函数，$g=f$ a.e. 于 $E$，则 $g$ 在 $E$ 上可测. 事实上，由于 $g=f$ a.e.于 $E$，存在 $E$ 的一个零测度子集$E_0$，使得当 $x\in E-E_0$时 $g(x)=f(x)$. 因此，对任意实数 $a$，

$$\begin{aligned}E(g>a)&=\{x\in E-E_0: g(x)>a\}\cup\{x\in E_0: g(x)>a\}\\&=\{x\in E-E_0: f(x)>a\}\cup\{x\in E_0: g(x)>a\}.\end{aligned}$$

由于 $f$ 在 $E-E_0$上也是可测的，因而上式右边的第一个集是可测集. 第二个集是零测度集$E_0$的子集，因而也是可测的. 因此 $E(g>a)$是可测集. 这表明 $g$ 在 $E$ 上可测.

**注 1** 例 3 说明改变函数在一个零测度集上的函数值，不改变函数的可测性. 此外从例 3 的证明可以看出，若存在 $E$ 的一个零测度子集 $E_0$，使得 $f$ 在 $E-E_0$ 上有定义并且可测，任意补充 $f$ 在 $E_0$ 上的定义后，则 $f$ 在 $E$ 上可测. 因此若 $f$ 在 $E-E_0$ 上有定义并且可测，则可以将 $f$ 视为 $E$ 上的可测函数.

### 3.2.2 可测函数列的几种收敛

在数学分析中，我们已经熟悉函数列的处处收敛和一致收敛. 下面定义的几乎处处收敛和几乎一致收敛分别与这两种收敛类似，但更弱一些. 而依测度收敛则是一种全新的收敛，在后面讨论积分的极限定理时，将会用到.

以下设所出现的可测函数都是几乎处处有限的.

**定义 3.4** 设$\{f_n\}$是 $E$ 上的可测函数列，$f$ 是 $E$ 上的可测函数.

(1) 若存在 $E$ 的一个零测度子集$E_0$，使得当 $x\in E-E_0$时 $f_n(x)\to f(x)$，则称$\{f_n\}$在 $E$ 上几乎处处收敛于 $f$，记为 $f_n\to f$ a.e. 于 $E$.

(2) 若对任给的$\varepsilon>0$，总有

$$\lim_{n\to\infty} m\{x\in E: |f_n(x)-f(x)|\geqslant\varepsilon\}=0,$$

---

① a.e.是英文 almost everywhere 的缩写.

则称$\{f_n\}$在$E$上依测度收敛于$f$，记为在$E$上$f_n \xrightarrow{m} f$.

(3) 若对任给的$\delta>0$，存在$E$的可测子集$E_\delta$，$m(E-E_\delta)<\delta$，使得$\{f_n\}$在$E_\delta$上一致收敛于$f$，则称$\{f_n\}$在$E$上几乎一致收敛于$f$，记为$f_n \to f$ a.un. 于$E$.①

注意，实际上几乎一致收敛不是一个几乎处处成立的性质，因此"几乎一致收敛"也许并不是一个很恰当的术语. 由于这个原因，"几乎一致收敛"这个术语并不是普遍使用的. 但是为了行文的简洁与方便，我们仍然使用这个术语.

**例4**(几乎处处收敛不能推出依测度收敛) 对每个自然数$n$，令

$$f_n(x)=\begin{cases}1, & x\in[0,n],\\ 0, & x\in(n,\infty).\end{cases}$$

则$\{f_n\}$在$[0,\infty)$上处处收敛于1，但是当$n\to\infty$时

$$mE\left(|f_n-1|\geqslant\frac{1}{2}\right)=m(n,\infty)=\infty \not\to 0.$$

因此$f_n(x)$不依测度收敛于1.

**例5** 设$E=[0,1]$，$f_n(x)=x^n(n=1,2,\cdots)$. 对任意$\delta>0$(不妨设$\delta<1$)，令$E_\delta=[0,1-\delta]$，则$m(E-E_\delta)\leqslant\delta$，并且$f_n(x)$在$E_\delta$上一致收敛于0. 因此$f_n(x)$在$[0,1]$上几乎一致收敛于0.

**例6**(依测度收敛不能推出几乎处处收敛) 对每个自然数$n$，将区间$[0,1]$分为$n$个等长的小区间. 记

$$A_n^i=\left[\frac{i-1}{n},\frac{i}{n}\right] \quad (i=1,2,\cdots,n).$$

如图3-2所示，将$\{A_n^i\}$按照下面所示的顺序

$$A_1^1, A_2^1, A_2^2, A_3^1, A_3^2, A_3^3,\cdots$$

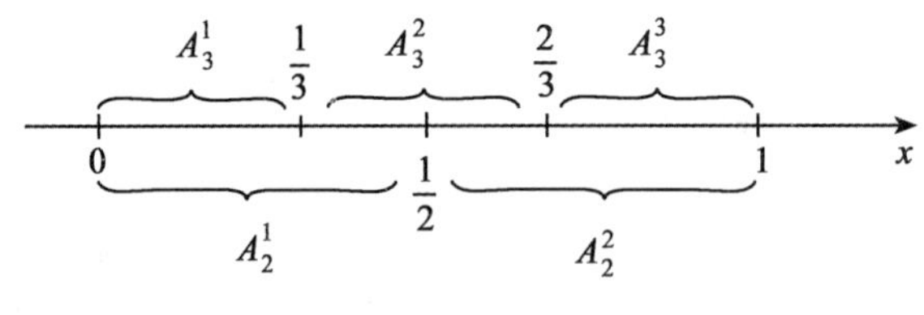


图3-2

重新编号记为$\{E_n\}$. 显然$m(E_n)\to 0(n\to\infty)$. 对每个自然数$n$，令

$$f_n(x)=\chi_{E_n}(x) \quad (x\in[0,1]).$$

对任意$\varepsilon>0$(不妨设$\varepsilon<1$)，由于当$n\to\infty$时

$$mE(|f_n|\geqslant\varepsilon)=m(E_n)\to 0,$$

因此在$[0,1]$上$\{f_n\}$依测度收敛于0. 但$\{f_n\}$在$[0,1]$上处处不收敛. 事实上，对任意

① a.un.是英文 almost uniformly 的缩写.

$x_0\in[0,1]$，必有无限多个 $E_n$ 包含$x_0$，也有无限多个 $E_n$ 不包含$x_0$. 因此有无限多个 $n$ 使得 $f_n(x_0)=1$，又有无限多个 $n$ 使得 $f_n(x_0)=0$. 这说明 $f_n(x_0)$不收敛. 这个例子表明依测度收敛不能推出几乎处处收敛.

从上述例 6 可以看出几乎处处收敛与依测度收敛的不同意义. 对于例 6 中的函数列 $\{f_n\}$而言，对任意固定的$x_0\in[0,1]$，有无限多个 $n$ 使得 $f_n(x_0)=1$. 因此$f_n(x_0)$不趋于 0. 但对固定的 $n$ 而言，使得 $f_n(x)=0$ 的点 $x$ 出现的"频率"却很大. 而且随着 $n\to\infty$，$E(f_n=0)$的测度趋近于整个 $E$ 的测度. 这说明依测度收敛是从整体的角度反映当 $n\to\infty$时$\{f_n\}$的变化性态的一种收敛.

### 3.2.3 几种收敛的相互关系

现在讨论上面定义的几种收敛性的相互关系. 先证明一个引理.

**引理 3.1** 设 $m(E)<\infty$. 若 $f_n\to f$ a.e.于 $E$，则对任意 $\varepsilon>0$，有

$$\lim_{n\to\infty} m\left(\bigcup_{k=n}^{\infty}E(|f_k-f|\geqslant\varepsilon)\right)=0.$$

**证** 对于给定的 $x_0\in E$，若对任意 $n\geqslant1$，存在 $k\geqslant n$，使得$|f_k(x_0)-f(x_0)|\geqslant\varepsilon$，则 $f_k(x_0)$不收敛于 $f(x_0)$. 这表明

$$\bigcap_{n=1}^{\infty}\bigcup_{k=n}^{\infty}E(|f_k-f|\geqslant\varepsilon)\subset\{x\in E: f_k(x)\not\to f(x)\}.$$

由于 $f_n\to f$ a.e.于 $E$，上式右边的集是零测度集，故

$$m\left(\bigcap_{n=1}^{\infty}\bigcup_{k=n}^{\infty}E(|f_k-f|\geqslant\varepsilon)\right)=0.$$

注意到 $m(E)<\infty$，由测度的上连续性，我们有

$$\lim_{n\to\infty} m\left(\bigcup_{k=n}^{\infty}E(|f_k-f|\geqslant\varepsilon)\right)=m\left(\bigcap_{n=1}^{\infty}\bigcup_{k=n}^{\infty}E(|f_k-f|\geqslant\varepsilon)\right)=0.$$

引理证毕. ■

容易证明，$f_n\to f$ a.un. 蕴涵 $f_n\to f$ a.e.(其证明留作习题). 下面的定理表明当 $m(E)<\infty$时，其逆也成立.

**定理 3.9**(Egoroff 定理) 设 $m(E)<\infty$. 若 $f_n\to f$ a.e.，则 $f_n\to f$ a.un.

**证** 由引理 3.1，对每个自然数 $k\geqslant1$，有

$$\lim_{n\to\infty} m\left(\bigcup_{i=n}^{\infty}E\left(|f_i-f|\geqslant\frac{1}{k}\right)\right)=0.$$

于是对任意给定的 $\delta>0$，可以依次选取自然数 $n_1<n_2<\cdots<n_k<\cdots$，使得

$$m\left(\bigcup_{i=n_k}^{\infty}E\left(|f_i-f|\geqslant\frac{1}{k}\right)\right)<\frac{\delta}{2^k}\quad(k=1,2,\cdots).$$

令 $E_\delta=\bigcap\limits_{k=1}^{\infty}\bigcap\limits_{i=n_k}^{\infty}E\left(|f_i-f|<\dfrac{1}{k}\right)$. 由 De Morgan 公式得到

$$E-E_\delta=\bigcup_{k=1}^{\infty}\bigcup_{i=n_k}^{\infty}E\left(|f_i-f|\geqslant\frac{1}{k}\right).$$

由测度的次可列可加性得到

$$m(E-E_\delta)\leqslant\sum_{k=1}^{\infty}m\left(\bigcup_{i=n_k}^{\infty}E\left(|f_i-f|\geqslant\frac{1}{k}\right)\right)<\sum_{k=1}^{\infty}\frac{\delta}{2^k}=\delta.$$

对任意 $\varepsilon>0$，取 $k$ 足够大使得 $\frac{1}{k}<\varepsilon$. 则当 $i\geqslant n_k$ 时，对所有 $x\in E_\delta$ 有

$$|f_i(x)-f(x)|<\frac{1}{k}<\varepsilon.$$

这表明 $\{f_n\}$ 在 $E_\delta$ 上一致收敛于 $f$. 这就证明了 $f_n\to f$ a.un.于 $E$. ■

**例 7** 在 Egoroff 定理中，条件 $m(E)<\infty$ 不能去掉. 例如，设 $\{f_n\}$ 是例 4 中定义的函数列. 在例 4 中我们已经知道 $\{f_n\}$ 在 $[0,\infty)$ 上处处收敛于 1，但不依测度收敛于 1. 因此 $\{f_n\}$ 更不可能在 $[0,\infty)$ 上几乎一致收敛于 1(参见习题 3，A 类第 18 题).

**定理 3.10** 设 $m(E)<\infty$. 若 $f_n\to f$ a.e.，则 $f_n\xrightarrow{m}f$.

**证** 由引理 3.1，对任意 $\varepsilon>0$ 有

$$\lim_{n\to\infty}m\left(\bigcup_{k=n}^{\infty}E(|f_k-f|\geqslant\varepsilon)\right)=0.$$

由测度的单调性立即得到

$$0\leqslant mE(|f_n-f|\geqslant\varepsilon)\leqslant m\left(\bigcup_{k=n}^{\infty}E(|f_k-f|\geqslant\varepsilon)\right).$$

令 $n\to\infty$ 得到 $\lim\limits_{n\to\infty}E(|f_n-f|\geqslant\varepsilon)=0$，即 $f_n\xrightarrow{m}f$. ■

本节例 4 表明，在定理 3.10 中，条件 $m(E)<\infty$ 不能去掉.

在例 6 中我们已经看到，依测度收敛不能推出几乎处处收敛. 但我们有下面的重要定理：

**定理 3.11**(F.Riesz 定理) 若 $f_n\xrightarrow{m}f$，则存在 $\{f_n\}$ 的子列 $\{f_{n_k}\}$，使得 $f_{n_k}\to f$ a.e.

**证** 设 $f_n\xrightarrow{m}f$. 则对任意 $\varepsilon>0$ 和 $\delta>0$，存在 $N\geqslant1$，使得当 $n\geqslant N$ 时，有

$$mE(|f_n-f|\geqslant\varepsilon)<\delta.$$

于是对于每个自然数 $k$，令 $\varepsilon=\frac{1}{k}$，$\delta=\frac{1}{2^k}$，可以依次选取自然数 $n_1<n_2<\cdots<n_k<\cdots$，使得

$$mE\left(|f_{n_k}-f|\geqslant\frac{1}{k}\right)<\frac{1}{2^k}\tag{3.3}$$

我们证明 $f_{n_k}\to f$ a.e. 令

$$E_0=\bigcap_{N=1}^{\infty}\bigcup_{k=N}^{\infty}E\left(|f_{n_k}-f|\geqslant\frac{1}{k}\right).$$

对每个 $N=1,2,\cdots$，利用式(3.3)得到

$$m(E_0)\leqslant m\left(\bigcup_{k=N}^{\infty}E\left(|f_{n_k}-f|\geqslant\frac{1}{k}\right)\right)\leqslant\sum_{k=N}^{\infty}mE\left(|f_{n_k}-f|\geqslant\frac{1}{k}\right)<\sum_{k=N}^{\infty}\frac{1}{2^k}=\frac{1}{2^{N-1}}.$$

令 $N\to\infty$ 即知 $m(E_0)=0$. 由 De Morgan 公式得到

$$E-E_0=\bigcup_{N=1}^{\infty}\bigcap_{k=N}^{\infty}E\left(|f_{n_k}-f|<\frac{1}{k}\right).$$

因此若 $x\in E-E_0$，则存在 $N\geqslant 1$，使得当 $k\geqslant N$ 时，有

$$|f_{n_k}(x)-f(x)|<\frac{1}{k}.$$

因此 $f_{n_k}(x)\to f(x)$. 这表明在 $E-E_0$ 上 $f_{n_k}\to f$，即在 $E$ 上 $f_{n_k}\to f$ a.e. ■

**定理 3.12** 设 $m(E)<\infty$. 则 $f_n\xrightarrow{m}f$ 的充要条件是对 $\{f_n\}$ 的任一子列 $\{f_{n_k}\}$，都存在其子列 $\{f_{n_{k'}}\}$ 使得 $f_{n_{k'}}\to f$ a.e.

**证** 必要性：设 $f_n\xrightarrow{m}f$. 显然 $\{f_n\}$ 的任一子列 $\{f_{n_k}\}$ 也依测度收敛于 $f$. 根据 Riesz 定理，存在 $\{f_{n_k}\}$ 的子列 $\{f_{n_{k'}}\}$，使得 $f_{n_{k'}}\to f$ a.e. $(k'\to\infty)$.

充分性：若 $\{f_n\}$ 不依测度收敛于 $f$，则存在 $\varepsilon>0$，使得 $mE(|f_n-f|\geqslant\varepsilon)$ 不收敛于 0. 于是存在 $\delta>0$ 和 $\{f_n\}$ 的一个子列 $\{f_{n_k}\}$，使得

$$mE(|f_{n_k}-f|\geqslant\varepsilon)\geqslant\delta\quad(k=1,2,\cdots).\tag{3.4}$$

另一方面，由假设条件，存在 $\{f_{n_k}\}$ 的子列 $\{f_{n_{k'}}\}$，使得 $f_{n_{k'}}\to f$ a.e. 因为 $m(E)<\infty$，由定理 3.10 此时应有 $f_{n_{k'}}\xrightarrow{m}f$. 但这与式(3.4)矛盾. 因此必有 $f_n\xrightarrow{m}f$. ■

几种收敛之间的关系总结如图 3-3 所示.

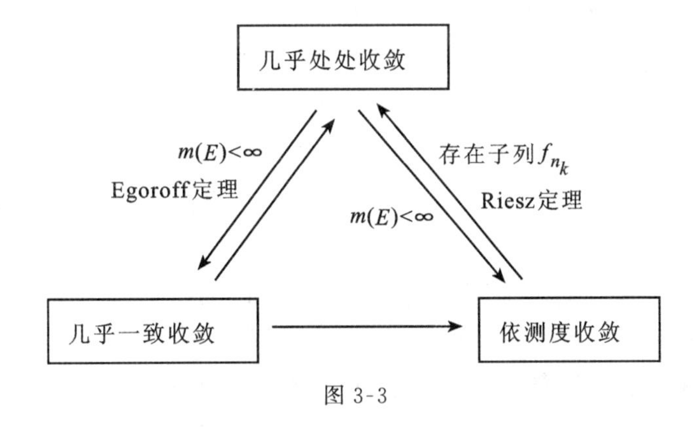


图 3-3

Riesz 定理和定理 3.12 给出了依测度收敛与几乎处处收敛的联系. 利用这种联系，常常可以把依测度收敛的问题转化为几乎处处收敛的问题. 而几乎处处收敛是比较容易处理的.

**例 8** 设 $m(E)<\infty$，$f$，$f_n(n\geqslant 1)$ 是 $E$ 上的实值可测函数，$\varphi$ 是 $\mathbf{R}^1$ 上的连续函数. 若在 $E$ 上 $f_n\xrightarrow{m}f$，则在 $E$ 上 $\varphi(f_n)\xrightarrow{m}\varphi(f)$.

**证** 设 $\varphi(f_{n_k})$ 是 $\varphi(f_n)$ 的任一子列. 由于 $f_n\xrightarrow{m}f$，根据定理 3.12，存在 $\{f_{n_k}\}$ 的子列 $\{f_{n_{k'}}\}$ 使得 $f_{n_{k'}}\to f$ a.e. $(k'\to\infty)$. 既然 $\varphi$ 是连续的，因此有 $\varphi(f_{n_{k'}})\to\varphi(f)$ a.e. 这表明对 $\varphi(f_n)$ 的任一子列 $\varphi(f_{n_k})$，都存在其子列 $\varphi(f_{n_{k'}})$ 使得 $\varphi(f_{n_{k'}})\to\varphi(f)$ a.e. 再次应用定理 3.12 知道 $\varphi(f_n)\xrightarrow{m}\varphi(f)$.

## 3.3 可测函数与连续函数的关系

$\mathbf{R}^n$ 上的可测函数与我们熟悉的连续函数有密切的联系. 一方面，可测集上的连续函数是可测的. 另一方面，本节将证明的 Lusin 定理表明，可测函数可以用连续函数在某种意义下逼近. 由于连续函数具有较好的性质，比较容易处理，因此这个结果在有些情况下是很有用的.

先看一个例子.

**例 1** 设 $D(x)$是区间$[0,1]$上的 Dirichlet 函数

$$D(x)=\begin{cases}1, & x \text{ 是有理数}, \\ 0, & x \text{ 是无理数}.\end{cases}$$

则 $D(x)$在$[0,1]$上是可测的，但 $D(x)$在$[0,1]$上处处不连续. 设$[0,1]$中的有理数的全体为$\{r_1,r_2,\cdots\}$. 对任意 $\delta>0$，令

$$F_\delta=[0,1]-\bigcup_{i=1}^{\infty}\left(r_i-\frac{\delta}{2^{i+1}},\ r_i+\frac{\delta}{2^{i+1}}\right).$$

则 $F_\delta$ 是$[0,1]$中的闭集，并且

$$\begin{aligned}m([0,1]-F_\delta) &\leqslant m\left(\bigcup_{i=1}^{\infty}\left(r_i-\frac{\delta}{2^{i+1}},\ r_i+\frac{\delta}{2^{i+1}}\right)\right) \\ &\leqslant \sum_{i=1}^{\infty} m\left(r_i-\frac{\delta}{2^{i+1}},\ r_i+\frac{\delta}{2^{i+1}}\right) \\ &=\sum_{i=1}^{\infty}\frac{\delta}{2^i}=\delta.\end{aligned}$$

由于 $F_\delta$ 中不含有理数，因此 $D(x)$在 $F_\delta$ 恒为零. 所以 $D(x)$在 $F_\delta$ 上的限制所得到的函数 $D|_{F_\delta}$ 在 $F_\delta$ 上连续.

下面将要证明的 Lusin 定理表明，例 1 中出现的情况不是偶然的. 先证明一个引理.

**引理 3.2** 设 $F_1,F_2,\cdots,F_k$ 是 $\mathbf{R}^n$ 中的$k$ 个互不相交的闭集，$F=\bigcup_{i=1}^{k}F_i$. 则简单函数 $f(x)=\sum_{i=1}^{k}a_i\chi_{F_i}(x)$ 是 $F$ 上的连续函数.

**证** 设 $x_0\in F$，则存在 $i_0$ 使得 $x_0\in F_{i_0}$. 由于 $F_1,F_2,\cdots,F_k$ 互不相交，故 $x_0\notin\bigcup_{i\neq i_0}F_i$. 由于 $\bigcup_{i\neq i_0}F_i$ 是闭集，令 $\delta=d\left(x_0,\ \bigcup_{i\neq i_0}F_i\right)$，则 $\delta>0$. 对任意 $\varepsilon>0$，当 $d(x,x_0)<\delta$ 并且$x\in F$ 时，必有 $x\in F_{i_0}$. 于是

$$|f(x)-f(x_0)|=|a_{i_0}-a_{i_0}|=0<\varepsilon.$$

故 $f(x)$在$x_0$处连续. 由于 $x_0$是在 $F$ 中任意取的，因此 $f(x)$在 $F$ 上连续. ■

**定理 3.13**(Lusin 定理) 设 $E$ 是 $\mathbf{R}^n$ 中的可测集，$f$ 是 $E$ 上 a.e.有限的可测函数. 则对任意 $\delta>0$，存在 $E$ 的闭子集$F_\delta$，使得 $m(E-F_\delta)<\delta$，并且 $f$ 是$F_\delta$ 上的连续函数(即 $f|_{F_\delta}$在 $F_\delta$ 上连续).

**证** 分两步证明.(1) 先设 $f$ 是简单函数，即

$$f(x)=\sum_{i=1}^{k}a_i\chi_{E_i}(x),$$

其中 $E_1,E_2,\cdots,E_k$ 是 $E$ 的一个可测分割. 由定理 2.6，对任意给定的 $\delta>0$，对每个 $i=1,2,\cdots,k$，存在 $E_i$ 的闭子集 $F_i$ 使得

$$m(E_i-F_i)<\frac{\delta}{k}\quad(i=1,2,\cdots,k).$$

令 $F_\delta=\bigcup_{i=1}^{k}F_i$，则 $F_\delta$ 是 $E$ 的闭子集，并且

$$m(E-F_\delta)=m\left(\bigcup_{i=1}^{k}(E_i-F_i)\right)=\sum_{i=1}^{k}m(E_i-F_i)<\delta.$$

由于将 $f$ 限制在 $F_\delta$ 上时，$f$ 的表达式为 $f(x)=\sum_{i=1}^{k}a_i\chi_{F_i}(x)$，根据引理 3.2，$f$ 是 $F_\delta$ 上的连续函数.

(2) 一般情形. 设 $f$ 是 $E$ 上的 a.e.有限的可测函数. 显然我们可以设 $f$ 是处处有限的. 若令

$$g(x)=\frac{f(x)}{1+|f(x)|}\quad\left(\text{逆变换为 } f(x)=\frac{g(x)}{1-|g(x)|}\right),$$

则 $g$ 是有界可测函数，并且若 $g$ 在某个闭集 $F_\delta$ 上连续，则 $f$ 也在 $F_\delta$ 上连续. 故不妨设 $f$ 有界. 由推论 3.1，存在简单函数列 $\{f_k\}$ 在 $E$ 上一致收敛于 $f$. 对任给的 $\delta>0$，由情形 (1) 的结论，对每个 $f_k$ 存在 $E$ 的闭子集 $F_k$，使得 $f_k$ 在 $F_k$ 上连续，并且 $m(E-F_k)<\frac{\delta}{2^k}$.

令 $F_\delta=\bigcap_{k=1}^{\infty}F_k$，则 $F_\delta$ 是 $E$ 的闭子集，并且

$$m(E-F_\delta)=m\left(\bigcup_{k=1}^{\infty}(E-F_k)\right)\leqslant\sum_{k=1}^{\infty}m(E-F_k)<\delta.$$

由于每个 $f_k$ 都在 $F_\delta$ 上连续，并且 $\{f_k\}$ 在 $F_\delta$ 上一致收敛于 $f$，因此 $f$ 在 $F_\delta$ 上连续. ■

下面将给出 Lusin 定理的另一种形式. 为此，先作一些准备.

**引理 3.3** 设 $A,B\subset\mathbf{R}^n$ 是两个闭集，并且 $A\cap B=\varnothing$. 又设 $a$ 和 $b$ 是实数，并且 $a<b$. 则存在 $\mathbf{R}^n$ 上的一个连续函数 $f$，使得 $f|_A=a$，$f|_B=b$，并且 $a\leqslant f(x)\leqslant b$ $(x\in\mathbf{R}^n)$.

**证** 容易证明，$d(x,A)$ 作为 $x$ 的函数在 $\mathbf{R}^n$ 上连续，并且若 $A$ 是闭集，则 $d(x,A)=0$ 当且仅当 $x\in A$（见习题 1，A 类第 27 题）. 因此，若令

$$f(x)=\frac{ad(x,B)+bd(x,A)}{d(x,B)+d(x,A)},$$

直接验证知道 $f$ 满足所要求的性质. ■

**定理 3.14**（Tietze 扩张定理） 设 $F$ 是 $\mathbf{R}^n$ 中的闭集，$f$ 是定义在 $F$ 上的连续函数. 则存在 $\mathbf{R}^n$ 上的连续函数 $g$，使得当 $x\in F$ 时 $g(x)=f(x)$，并且

$$\sup_{x\in\mathbf{R}^n}|g(x)|=\sup_{x\in F}|f(x)|.\tag{3.5}$$

**证** 先设 $\sup\limits_{x\in F}|f(x)|=M<\infty$. 令

$$A=\left\{x\in F:-M\leqslant f(x)\leqslant -\frac{M}{3}\right\},$$

$$B=\left\{x\in F:\frac{M}{3}\leqslant f(x)\leqslant M\right\}.$$

则 $A$ 和 $B$ 是两个闭集并且 $A\cap B=\varnothing$.由引理 3.3，存在 $\mathbf{R}^n$ 上的连续函数 $g_1$，使得 $g_1|_A=-\dfrac{M}{3}$，$g_1|_B=\dfrac{M}{3}$，并且

$$|g_1(x)|\leqslant\frac{M}{3}\quad(x\in\mathbf{R}^n).$$

分别考查当 $x$ 属于 $A$,$B$ 和 $F-A-B$ 的情形，容易知道

$$|f(x)-g_1(x)|\leqslant\frac{2}{3}M\quad(x\in F).$$

对函数 $f-g_1$ 应用引理 3.3，存在 $\mathbf{R}^n$ 上的一个连续函数 $g_2$，使得$\left(\text{注意此时}\,|f-g_1|\,\text{的上界是}\dfrac{2}{3}M\right)$

$$|g_2(x)|\leqslant\frac{1}{3}\cdot\frac{2}{3}M\quad(x\in\mathbf{R}^n),$$

$$|f(x)-g_1(x)-g_2(x)|\leqslant\frac{2}{3}\cdot\frac{2}{3}M=\left(\frac{2}{3}\right)^2M\quad(x\in F).$$

这样一直作下去，得到 $\mathbf{R}^n$ 上的一列连续函数$\{g_k\}$，使得

$$|g_k(x)|\leqslant\frac{1}{3}\cdot\left(\frac{2}{3}\right)^{k-1}M\quad(x\in\mathbf{R}^n,\ k=1,2,\cdots),\tag{3.6}$$

$$\left|f(x)-\sum_{i=1}^{k}g_i(x)\right|\leqslant\left(\frac{2}{3}\right)^kM\quad(x\in F,\ k=1,2,\cdots).\tag{3.7}$$

由式(3.6) 知道级数 $\sum\limits_{k=1}^{\infty}g_k(x)$ 在 $\mathbf{R}^n$ 上一致收敛. 记其和为 $g(x)$，则 $g(x)$ 是 $\mathbf{R}^n$ 上的连续函数. 而式(3.7) 表明当 $x\in F$ 时 $g(x)=f(x)$，并且

$$|g(x)|\leqslant\sum_{k=1}^{\infty}|g_k(x)|\leqslant\frac{M}{3}\sum_{k=1}^{\infty}\left(\frac{2}{3}\right)^{k-1}=M\quad(x\in\mathbf{R}^n).$$

因此式(3.5) 成立. 这就证明了当 $f$ 有界时，定理的结论成立.

若 $f(x)$ 无界，令 $u(x)=\arctan f(x)(x\in F)$，则 $|u(x)|\leqslant\dfrac{\pi}{2}$. 由上面所证，存在 $\mathbf{R}^n$ 上的连续函数$v(x)$，使得当 $x\in F$ 时 $v(x)=u(x)$. 令 $g(x)=\tan v(x)$. 则$g$ 是$\mathbf{R}^n$ 上的连续函数并且当 $x\in F$ 时

$$g(x)=\tan v(x)=\tan u(x)=f(x).$$ ■

**定理 3.15**(Lusin 定理) 设 $E$ 是 $\mathbf{R}^n$ 中的可测集，$f$ 是 $E$ 上 a.e.有限的可测函数. 则对任意 $\delta>0$，存在 $\mathbf{R}^n$ 上的连续函数 $g$，使得

$$m\{x\in E:f(x)\neq g(x)\}<\delta,\tag{3.8}$$

并且
$$\sup_{x\in\mathbf{R}^n}|g(x)|\leqslant\sup_{x\in E}|f(x)|. \tag{3.9}$$

**证** 由定理 3.13，对任意 $\delta>0$，存在 $E$ 的闭子集 $F$，使得 $f$ 在 $F$ 上连续并且 $m(E-F)<\delta$. 由 Tietze 扩张定理，存在 $\mathbf{R}^n$ 上的连续函数 $g$，使得当 $x\in F$ 时 $g(x)=f(x)$，并且
$$\sup_{x\in\mathbf{R}^n}|g(x)|=\sup_{x\in F}|f(x)|\leqslant\sup_{x\in E}|f(x)|.$$
由于 $\{x\in E:f(x)\neq g(x)\}\subset E-F$. 因此
$$m\{x\in E:f(x)\neq g(x)\}\leqslant m(E-F)<\delta. ■$$

定义在 $\mathbf{R}^n$ 上的实值函数 $f$ 称为是具有紧支集的，若存在一个有界集 $A$，使得当 $x\in A^C$ 时，$f(x)=0$.

**推论 3.3** 在定理 3.15 中，若 $E$ 是有界集，则还可以使得 $g$ 是具有紧支集的连续函数.

**证** 沿用定理 3.15 的证明中的记号. 若 $E$ 是有界集，则存在闭球 $\overline{B(0,r_1)}$ 和开球 $B(0,r_2)$，使得 $E\subset\overline{B(0,r_1)}\subset B(0,r_2)$. 由于 $\overline{B(0,r_1)}\cap B(0,r_2)^C=\varnothing$，由引理3.3，存在 $\mathbf{R}^n$ 上的一个连续函数 $\varphi$，使得 $0\leqslant\varphi(x)\leqslant 1$ 并且 $\varphi|_{\overline{B(0,r_1)}}=1$，$\varphi|_{B(0,r_2)^C}=0$. 令
$$g_1(x)=g(x)\varphi(x)\quad(x\in\mathbf{R}^n).$$
则 $g_1$ 是 $\mathbf{R}^n$ 上的具有紧支集的连续函数，并且仍满足式(3.8) 和式(3.9). ■

## 3.4* 测度空间上的可测函数

与在 $\mathbf{R}^n$ 上的情形一样，为了在一般测度空间上定义积分，同样需要讨论可测函数. 事实上，$\mathbf{R}^n$ 上 Lebesgue 可测函数是一般情形的特例. 关于 Lebesgue 可测函数的基本性质和收敛性的结论，对一般测度空间上的可测函数也成立，并且其证明也是完全类似的. 因此本节只叙述相应结论而不重新证明.

注意到 3.1 节中关于可测函数的定义及其基本性质，并未涉及 Lebesgue 测度，只与集的可测性有关. 为了在尽可能一般的情况下讨论可测函数，我们引入可测空间的概念.

**定义 3.5** 设 $X$ 是一个非空集，$\mathscr{F}$是 $X$ 上的一个$\sigma$- 代数. 称二元组合$(X,\mathscr{F})$为可测空间. 若 $E\in\mathscr{F}$，则称 $E$ 为 $\mathscr{F}$- 可测集，简称为可测集.

例如，$\mathscr{M}(\mathbf{R}^n)$ 和 $\mathscr{B}(\mathbf{R}^n)$ 都是 $\mathbf{R}^n$ 上的$\sigma$- 代数，因此$(\mathbf{R}^n,\mathscr{M}(\mathbf{R}^n))$ 和$(\mathbf{R}^n,\mathscr{B}(\mathbf{R}^n))$ 都是可测空间.

**定义 3.6** 设$(X,\mathscr{F})$为一可测空间，$E$ 是一个可测集，$f$ 是定义在$E$ 上的函数. 若对任意实数 $a$，$\{x\in E:f(x)>a\}$ 是可测集，则称 $f$ 为$E$ 上的 $\mathscr{F}$- 可测函数. 在不致引起混淆的情况下，可以简称为可测函数.

显然，在 3.1 节中讨论的 Lebesgue 可测函数就是当可测空间取为$(\mathbf{R}^n,\mathscr{M}(\mathbf{R}^n))$ 时的情形，定义 3.3 中定义的 Borel 可测函数就是当可测空间取为$(\mathbf{R}^n,\mathscr{B}(\mathbf{R}^n))$ 时的情形. 由于 $\mathscr{B}(\mathbf{R}^n)\subset\mathscr{M}(\mathbf{R}^n)$，因此每个 Borel 可测函数是Lebesgue 可测函数.

一般地，设 $\mathscr{F}_1$ 和 $\mathscr{F}_2$ 是 $X$ 上的两个$\sigma$- 代数并且 $\mathscr{F}_1\subset\mathscr{F}_2$，则每个 $\mathscr{F}_1$- 可测函数都是

$\mathscr{F}_2$-可测函数.

由于3.1节中关于$\mathbf{R}^n$上的可测函数的基本性质的讨论，除了例3、例4、例8、例9和例10外，并未用到$\mathbf{R}^n$的特有的结构性质，因此除了这些提到的几个例外，3.1节中的所有结论在一般可测空间上仍然成立，其证明也完全一样. 下面列举部分结果.

以下设$(X, \mathscr{F})$为一可测空间，$E$是$X$中的一给定的可测集.

**例1** 若$f(x) \equiv c$是$E$上的常值函数. 则$f$在$E$上可测.

**例2** 设$A \subset X$. 则$A$的特征函数$\chi_A$是可测函数当且仅当$A$为可测集.

**定理3.16** 设$f$是定义在$E$上的函数. 则以下(1)～(5)是等价的：

(1) $f$是$E$上的可测函数；

(2) 对任意实数$a$，$E(f \geqslant a)$是可测集；

(3) 对任意实数$a$，$E(f < a)$是可测集；

(4) 对任意实数$a$，$E(f \leqslant a)$是可测集；

(5) 对任意$A \in \mathscr{B}(\mathbf{R}^1)$，$f^{-1}(A)$是可测集，并且$E(f = +\infty)$是可测集.

**定理3.17** 设$f$和$g$在$E$上可测. 则函数$cf$($c$是实数)，$f+g$，$fg$，$|f|$都在$E$上可测.

**定理3.18** 设$\{f_n\}$是$E$上的可测函数列. 则函数$\sup\limits_{n \geqslant 1} f_n$，$\inf\limits_{n \geqslant 1} f_n$，$\overline{\lim\limits_{n \to \infty}} f_n$和$\underline{\lim\limits_{n \to \infty}} f_n$都在$E$上可测. 特别地，若对每个$x \in E$，极限$\lim\limits_{n \to \infty} f_n(x)$存在(有限或$\pm\infty$)，则$\lim\limits_{n \to \infty} f_n$在$E$上可测.

设$f$是定义在$E$上的函数. 定义$f$的正部$f^+$和负部$f^-$如下

$$f^+(x) = \max\{f(x), 0\}, \quad f^-(x) = \max\{-f(x), 0\}.$$

**定理3.19** 若$f$在$E$上可测，则$f^+$和$f^-$都在$E$上可测.

在可测空间上可以与定义3.2一样定义简单函数. 由于可测集的特征函数是可测函数，因此简单函数是可测函数.

**定理3.20** 设$f$是$E$上的非负可测函数. 则存在$E$上的非负简单函数列$\{f_n\}$，使得$\{f_n\}$是单调增加的，并且

$$\lim_{n \to \infty} f_n(x) = f(x) \quad (x \in E).$$

若$f$在$E$上还是有界的，则$\{f_n\}$收敛于$f$是一致的.

**推论3.4** 设$f$是$E$上的可测函数. 则存在$E$上的简单函数列$\{f_n\}$，使得

$$\lim_{n \to \infty} f_n(x) = f(x) \quad (x \in E),$$

并且$|f_n| \leqslant |f|$ $(n \geqslant 1)$. 若$f$在$E$上还是有界的，则上述收敛是一致的.

**推论3.5** 设$f$是定义在$E$上的函数. 则$f$可测的充要条件是存在简单函数列$\{f_n\}$处处收敛于$f$.

**定理3.21** 设$f$是$E$上的实值可测函数，$g$是$\mathbf{R}^1$上的连续函数. 则复合函数$h(x) = g(f(x))$是$E$上的可测函数.

以下设$(X, \mathscr{F}, \mu)$为一测度空间，$E$是$X$中的可测集.

设$P(x)$是一个与$E$中的点$x$有关的命题. 若存在$E$的一个零测度子集$E_0$，使得当

$x \in E - E_0$ 时 $P(x)$ 成立，则称 $P(x)$ 在 $E$ 上(关于测度 $\mu$) 几乎处处成立，记为 $P(x)$ $\mu$-a.e.于$E$. 在不引起混淆的情况下简记为 $P(x)$ a.e.

**注** 设 $P(x)$ 在 $E$ 上几乎处处成立，则

$$\{x \in E: P(x)\text{不成立}\} \subset E_0,$$

其中$E_0 \subset E$ 是零测度集. 若测度空间$(X, \mathscr{F}, \mu)$是完备的，则$\{x \in E: P(x)\text{不成立}\}$是可测的，并且 $\mu(\{x \in E: P(x)\text{不成立}\}) = 0$. 但是当$(X, \mathscr{F}, \mu)$不是完备的时候，$\{x \in E: P(x)\text{不成立}\}$ 可能不是可测的.

**例 3** 设$(X, \mathscr{F}, \mu)$是完备的测度空间，$f$ 是$X$ 上的可测函数，$g$ 是定义在$X$ 上的函数. 若在 $X$ 上 $g = f$ a.e.，则 $g$ 是 $X$ 上的可测函数.

这个结论的证明与 3.2 节中例 3 类似. 只要注意到由于$(X, \mathscr{F}, \mu)$是完备的，零测度集的子集是可测的. 与 3.2 节中例 3 对照，这里需要设测度空间是完备的. 在一般测度空间上，与一个可测函数几乎处处相等的函数不一定是可测的.

以下设所出现的可测函数都是几乎处处有限的.

**定义 3.7** 设$\{f_n\}$ 为 $E$ 上的可测函数列，$f$ 为 $E$ 上的可测函数.

(1) 若存在 $E$ 的一个零测度子集$E_0$，使得当 $x \in E - E_0$ 时，$\lim\limits_{n \to \infty} f_n(x) = f(x)$，则称$\{f_n\}$ 在 $E$ 上几乎处处收敛于 $f$，记为 $f_n \to f$ $\mu$-a.e. 于 $E$.

(2) 若对任给的 $\varepsilon > 0$，总有

$$\lim_{n \to \infty} \mu(\{x \in E: |f_n(x) - f(x)| \geqslant \varepsilon\}) = 0,$$

则称$\{f_n\}$ 在 $E$ 上依测度收敛于 $f$，记为在 $E$ 上 $f_n \xrightarrow{\mu} f$.

(3) 若对任给的 $\delta > 0$，存在可测集 $E_\delta \subset E$，$\mu(E - E_\delta) < \delta$，使得$\{f_n\}$ 在 $E_\delta$ 上一致收敛于 $f$，则称$\{f_n\}$ 在 $E$ 上几乎一致收敛于 $f$，记为 $f_n \to f$ a.un.于 $E$.

3.2 节中所有结论在一般测度空间上仍然成立，其证明也完全一样.

**定理 3.22**(Egoroff 定理) 设 $\mu(E) < \infty$. 若 $f_n \to f$ a.e.，则$f_n \to f$ a.un.

**定理 3.23** 设 $\mu(E) < \infty$. 若 $f_n \to f$ a.e.，则 $f_n \xrightarrow{\mu} f$.

**定理 3.24**(F.Riesz 定理) 若 $f_n \xrightarrow{\mu} f$，则存在$\{f_n\}$的子列$\{f_{n_k}\}$，使得 $f_n \to f$ a.e.

**定理 3.25** 设 $\mu(E) < \infty$. 则 $f_n \xrightarrow{\mu} f$ 的充要条件是对$\{f_n\}$的任一子列$\{f_{n_k}\}$，都存在其子列$\{f_{n_{k'}}\}$，使得 $f_{n_{k'}} \longrightarrow f$ a.e.

关于几种收敛之间的关系，图 3-3 在现在的情形下仍然成立.

**例 4** 设 $\mu(E) < \infty$，$f$，$f_n (n \geqslant 1)$ 是 $E$ 上的实值可测函数，$\varphi(x)$ 是 $\mathbf{R}^1$ 上的连续函数. 若在 $E$ 上 $f_n \xrightarrow{\mu} f$，则在 $E$ 上

$$\varphi(f_n) \xrightarrow{\mu} \varphi(f).$$

由于在一般测度空间$(X, \mathscr{F}, \mu)$上没有连续函数的概念，因此 3.3 节中关于可测函数与连续函数关系的讨论，在一般测度空间上不再有意义(当然，若在 $X$ 上赋有拓扑，又当别论).

## 习 题 3

### A 类

设以下各题中出现的 $E$ 是 $\mathbf{R}^n$ 中的一给定的可测集.

1. 设 $f$ 是定义在 $E$ 上的函数. 证明若对任意有理数 $r$，$E(f>r)$ 是可测集，则 $f$ 可测. 若将条件改为对任意有理数 $r$，$E(f=r)$ 是可测集，$f$ 是否一定是可测的?

2. 设 $f$ 是定义在$(a,b)$上的函数. 证明若 $f$ 在每个$[\alpha,\beta]\subset(a,b)$上可测，则 $f$ 在$(a,b)$上可测.

3. 设 $f$ 和 $g$ 都在 $E$ 上可测，并且 $g(x)$ 处处不等于零. 证明$\dfrac{f}{g}$在 $E$ 上可测.

4. (1) 举例说明当$|f|$可测的时候，$f$ 不一定是可测的.

(2) 证明若$|f|$可测，并且 $E(f\geqslant 0)$ 是可测集. 则 $f$ 也可测.

5. 设 $f$ 是定义在 $E$ 上的实值函数. 证明 $f$ 在 $E$ 上可测的充要条件是：对 $\mathbf{R}^1$ 中的任意开集 $G$，$f^{-1}(G)$ 是可测集. 要求不利用定理 3.1 的结论(5)，直接证明.

6. 设$\{f_n\}$是 $E$ 上的实值可测函数列. 证明 $A$ 是可测集，这里

$$A=\{x\in E:\lim_{n\to\infty}f_n(x)\text{ 存在并且有限}\}.$$

7. 设 $f$ 和 $g$ 是 $E$ 上的两个实值可测函数，$\varphi(x,y)$ 是 $\mathbf{R}^2$ 上的连续函数. 证明复合函数 $\varphi(f(x),g(x))$ 在 $E$ 上可测.

8. 设 $f(x)$ 是$[a,b]$上的可导函数. 证明 $f'(x)$ 是$[a,b]$上的可测函数.

9. 设 $f(x)$ 在 $\mathbf{R}^n$ 上可测，$h\in\mathbf{R}^n$. 证明 $f(x+h)$ 在 $\mathbf{R}^n$ 上可测.

10. 设 $f(x)$ 在 $\mathbf{R}^n$ 上可测，$a\in\mathbf{R}^1$. 证明 $f(ax)$ 在 $\mathbf{R}^n$ 上可测.

11. 设 $m(E)<\infty$，$f$ 是 $E$ 上的可测函数. 证明 $\varphi(t)=mE(f\leqslant t)$ 是单调递增的右连续函数.

12. (1) 举例说明，一族可测函数$\{f_\alpha:\alpha\in I\}$($I$ 是不可数集)的上确界函数 $\sup\limits_{\alpha\in I}f_\alpha(x)$ 不一定是可测的.

(2) 设$\{f_\alpha:\alpha\in I\}$是 $E$ 上的一族连续函数，证明 $\sup\limits_{\alpha\in I}f_\alpha(x)$ 在 $E$ 上可测.

13. 设 $f(x,y)$ 是定义在 $E\times[a,b]$上的函数. 若对每个 $y\in[a,b]$，$f(x,y)$ 对 $x$ 可测，对每个 $x\in E$，$f(x,y)$ 对 $y$ 连续. 证明 $g(x)=\max\limits_{a\leqslant y\leqslant b}f(x,y)$ 在 $E$ 上可测.

14. 设 $f$ 和 $g$ 是 $\mathbf{R}^1$ 上的两个连续函数. 证明若在 $\mathbf{R}^1$ 上 $f=g$ a.e.，则 $f$ 和 $g$ 在 $\mathbf{R}^1$ 上处处相等.

15. 用定义直接证明 $f_n(x)=\ln(1+x^n)$ 在$[0,1]$上依测度收敛于 0.

16. 设$\{E_k\}$是一列可测集使得$\sum\limits_{k=1}^{\infty}m(E_k)<\infty$. 若在每个 $E_k$ 上 $f_n\xrightarrow{m}f$，证明在 $E=\bigcup\limits_{k=1}^{\infty}E_k$ 上 $f_n\xrightarrow{m}f$.

17. 证明：(1) 若 $f_n\to f$ a.e.，$f_n\to g$ a.e.，则 $f=g$ a.e.；

(2) 若 $f_n \xrightarrow{m} f$，$f_n \xrightarrow{m} g$，则 $f = g$ a.e.

18. 证明：(1) 若 $f_n \to f$ a.un.，则 $f_n \to f$ a.e.；

(2) 若 $f_n \to f$ a.un.，则 $f_n \xrightarrow{m} f$.

19. 证明：若在 $E$ 上 $f_n \xrightarrow{m} f$，则 $\varliminf\limits_{n\to\infty} f_n \leqslant f \leqslant \varlimsup\limits_{n\to\infty} f_n$ a.e.

20. 设在 $E$ 上 $f_n \xrightarrow{m} f$，$g_n \xrightarrow{m} g$. 证明：

(1) $|f_n| \xrightarrow{m} |f|$；

(2) $cf_n \xrightarrow{m} cf$ ($c$ 是常数)；

(3) $f_n + g_n \xrightarrow{m} f + g$；

(4) 若 $m(E) < \infty$，则 $f_n g_n \xrightarrow{m} fg$.

21. 设 $m(E) < \infty$，在 $E$ 上 $f_n \xrightarrow{m} f$. 证明 $|f_n|^p \xrightarrow{m} |f|^p$，其中 $p > 0$.

22. 设在 $E$ 上 $f_n \xrightarrow{m} f$，$f_n \leqslant f_{n+1}$ a.e. ($n \geqslant 1$). 证明 $f_n \to f$ a.e.

23. 设 $\{A_n\}$ 是 $E$ 中的可测集列. 证明：

(1) $\chi_{A_n}(x) \xrightarrow{m} 0$ 当且仅当 $m(A_n) \to 0$；

(2) $\chi_{A_n}(x) \to 0$ a.e. 当且仅当 $m\left(\varlimsup\limits_{n\to\infty} A_n\right) = 0$.

24. 设 $m(E) < \infty$，$f$ 是 $E$ 上几乎处处有限的可测函数. 证明对任意 $\delta > 0$，存在 $E$ 的可测子集 $A$，使得 $m(E - A) < \delta$，并且 $f$ 在 $A$ 上有界.

25. 在直线上的情形，用开集的构造定理给出 Tietze 扩张定理的另一证明.

26. 设 $f$ 是 $E$ 上的 a.e.有限的可测函数. 证明存在 $\mathbf{R}^n$ 上的连续函数列 $\{g_n\}$，使得在 $E$ 上 $g_n \to f$ a.e.，并且

$$\sup_{x\in\mathbf{R}^n} |g_n(x)| \leqslant \sup_{x\in E} |f(x)| \quad (n \geqslant 1).$$

27. (Lusin 定理的逆) 设 $f$ 是定义在 $E$ 上的函数. 若对任给的 $\delta > 0$，存在闭集 $F_\delta \subset E$，使得 $m(E - F_\delta) < \delta$，并且 $f$ 在 $F_\delta$ 上连续. 则 $f$ 在 $E$ 上可测.

28. 设 $f(x) = \dfrac{1}{x}$ ($0 < x \leqslant 1$)，$f(0) = +\infty$. 证明 $f$ 在 $[0,1]$ 上可测，并且对 $[0,1]$ 上的任何连续函数 $g(x)$，必有

$$m\{x \in [0,1]: f(x) \neq g(x)\} > 0.$$

试与 Lusin 定理的结论比较.

29. 试分别给出具有如下性质的可测空间 $(X, \mathscr{F})$：

(1) $X$ 上的每个函数都是可测的；

(2) 只有常数函数是可测的.

30. 设 $f$ 是可测空间 $(X, \mathscr{F})$ 上的实值可测函数，$g$ 是 $\mathbf{R}^1$ 上的 Borel 可测函数. 证明复合函数 $g(f(x))$ 是 $(X, \mathscr{F})$ 上的可测函数.

## B 类

1. 在 $(0,1]$ 上定义函数 $f(x)$ 如下：对任意 $x \in (0,1]$，若 $x$ 的十进制无限小数表示

为 $x=0.a_1a_2\cdots a_n\cdots$，则令 $f(x)=\max\limits_{n\geqslant 1} a_n$. 证明 $f(x)$在$(0,1]$上可测.

2. 设 $m(E)<\infty$，$\{f_n\}$是 $E$ 上的 a.e.有限的可测函数列. 证明存在正数列$\{a_n\}$，使得在 $E$ 上 $\lim\limits_{n\to\infty} a_n f_n(x)=0$ a.e.

3. 设 $m(E)<\infty$，$\{f_n\}$ 是 $E$ 上的 a.e.有限的可测函数列，并且 $f_n\to 0$ a.e. 证明存在 $\{f_n\}$ 的子列$\{f_{n_k}\}$，使得 $\sum\limits_{k=1}^{\infty}|f_{n_k}|<\infty$ a.e.

4. 设 $F$ 是 $\mathbf{R}^n$ 中的闭集. 试作 $\mathbf{R}^n$ 上的连续函数列$\{f_k\}$，使得

$$\lim_{k\to\infty} f_k(x)=\chi_F(x) \quad (x\in\mathbf{R}^n).$$

5. 举例说明当 $m(E)=\infty$ 时，命题"$f_n\xrightarrow{m} f$，$g_n\xrightarrow{m} g$ 蕴含 $f_ng_n\xrightarrow{m} fg$."不真(与A类第20题(4)比较).

6. 设 $m(E)<\infty$，$\{f_n\}$是 $E$ 上的 a.e.有限的可测函数列并且 $f_n\to f$ a.e. 证明对任意 $\varepsilon>0$，存在 $E$ 的可测子集 $A$ 和常数 $M>0$，使得 $m(E-A)<\varepsilon$，并且对每个$n\geqslant 1$ 有

$$|f_n(x)|\leqslant M \quad (x\in A).$$

7. 设 $f$ 是 $E$ 上的实值可测函数，$g$ 是 $\mathbf{R}^1$ 上的可测函数. 证明若对 $\mathbf{R}^1$ 中的任意零测度集 $A$，$f^{-1}(A)$ 是可测集，则 $g(f(x))$ 在 $E$ 上可测.

8. 举例说明，若 $f$ 是 $\mathbf{R}^1$ 上的可测函数，$A$ 是 $\mathbf{R}^1$ 中的可测集，则 $f^{-1}(A)$ 不一定是可测集. 将这个结果与定理3.1比较.

# 第 4 章　Lebesgue 积分

在前面各章作了必要的准备后，本章开始介绍新的积分. 在 Lebesgue 测度理论的基础上建立的 Lebesgue 积分，其被积函数和积分域更一般，可以对有界函数和无界函数、有界积分域和无界积分域，以及不同维数空间的情形统一处理. Lebesgue 积分不仅理论上更简洁，而且具有在很一般条件下的极限定理和累次积分交换积分顺序的定理. 这使得 Lebesgue 积分不仅在理论上更完善，而且在理论推导和计算上更灵活便利. Lebesgue 积分理论已经成为现代分析数学必不可少的基础.

Lebesgue 积分有几种不同但彼此等价的定义方式. 我们将采用逐步定义非负简单函数，非负可测函数和一般可测函数积分的方式.

由于现代数学的许多分支，如概率论、泛函分析、调和分析等，常常要用到一般空间上的测度与积分理论，所以在本章最后一节将介绍一般的测度空间上的积分.

## 4.1　积分的定义

我们将分三个步骤定义可测函数的积分. 首先定义非负简单函数的积分. 以下设 $E$ 是 $\mathbf{R}^n$ 中的一给定的可测集.

### 4.1.1　非负简单函数的积分

**定义 4.1**　设 $f(x)=\sum_{i=1}^{k} a_i \chi_{A_i}(x)$ 是 $E$ 上的非负简单函数，其中 $\{A_1,A_2,\cdots,A_k\}$ 是 $E$ 的一个可测分割，$a_1,a_2,\cdots,a_k$ 是非负实数. 定义 $f$ 在 $E$ 上的积分为

$$\int_E f\mathrm{d}x=\sum_{i=1}^{k} a_i m(A_i).$$

一般情况下，$0\leqslant\int_E f\mathrm{d}x\leqslant\infty$. 若 $\int_E f\mathrm{d}x<\infty$，则称 $f$ 在 $E$ 上是可积的.

在定义 4.1 中，$\int_E f\mathrm{d}x$ 的值是确定的，即不依赖于 $f$ 的表达式的选取. 事实上，设 $f(x)=\sum_{j=1}^{l} b_j \chi_{B_j}(x)$ 是 $f$ 的另一表达式，则

$$m(A_i)=\sum_{j=1}^{l} m(A_i\cap B_j)\quad (i=1,2,\cdots,k),$$

$$m(B_j)=\sum_{i=1}^{k} m(A_i\cap B_j)\quad (j=1,2,\cdots,l).$$

由于当 $A_i\cap B_j\neq\varnothing$ 时必有 $a_i=b_j$，因此

$$\sum_{i=1}^{k}a_i m(A_i)=\sum_{i=1}^{k}\sum_{j=1}^{l}a_i m(A_i\cap B_j)=\sum_{j=1}^{l}\sum_{i=1}^{k}b_j m(A_i\cap B_j)=\sum_{j=1}^{l}b_j m(B_j).$$

这表明$\int_E f\mathrm{d}x$ 的值不依赖于 $f$ 的表达式的选取.

现在大致看一下非负简单函数的积分几何意义. 若$f(x)=\sum\limits_{i=1}^{k} a_i\chi_{I_i}(x)$ 是$[a,b]$上的非负阶梯函数，则

$$\int_{[a,b]}f\mathrm{d}x=\sum_{i=1}^{k}a_i m(I_i)=\sum_{i=1}^{k}a_i|I_i|$$

就是函数 $y=f(x)$ 的下方图形$\{(x,y):a\leqslant x\leqslant b,0\leqslant y\leqslant f(x)\}$ 的面积. 在 4.6 节中我们将证明，若$f(x)=\sum\limits_{i=1}^{k}a_i\chi_{A_i}(x)$ 是$[a,b]$上一般的非负简单函数，则$\int_{[a,b]}f\mathrm{d}x$ 就是函数 $y=f(x)$ 的下方图形的测度.

**例 1** 设 $A$ 是 $E$ 的可测子集，则 $A$ 的特征函数 $\chi_A$是非负简单函数.并且

$$\int_E\chi_A\mathrm{d}x=1\cdot m(A)=m(A).$$

特别地，$\int_E 1\mathrm{d}x=\int_E\chi_E\mathrm{d}x=m(E)$.这个简单事实以后会经常用到.

为进一步定义可测函数的积分，需要先证明非负简单函数积分的几个简单性质.

**定理 4.1** 设 $f,g$ 是 $E$ 上的非负简单函数. 则

(1) $\int_E cf\mathrm{d}x=c\int_E f\mathrm{d}x$ ($c\geqslant 0$ 是常数)；

(2) $\int_E(f+g)\mathrm{d}x=\int_E f\mathrm{d}x+\int_E g\mathrm{d}x$；

(3) 若 $f\leqslant g$ a.e.，则$\int_E f\mathrm{d}x\leqslant\int_E g\mathrm{d}x$.

**证** (1) 是显然的. (2) 不妨设(参见 3.1 节中注 1)

$$f(x)=\sum_{i=1}^{k}a_i\chi_{E_i}(x),\quad g(x)=\sum_{i=1}^{k}b_i\chi_{E_i}(x).\tag{4.1}$$

于是$f(x)+g(x)=\sum\limits_{i=1}^{k}(a_i+b_i)\chi_{E_i}(x)$. 因此

$$\begin{aligned}\int_E(f+g)\mathrm{d}x&=\sum_{i=1}^{k}(a_i+b_i)m(E_i)\\&=\sum_{i=1}^{k}a_i m(E_i)+\sum_{i=1}^{k}b_i m(E_i)=\int_E f\mathrm{d}x+\int_E g\mathrm{d}x.\end{aligned}$$

(3) 仍不妨设 $f,g$ 的表达式为式(4.1). 由于 $f\leqslant g$ a.e.，对任意 $i=1,2,\cdots,k$，当 $m(E_i)>0$ 时 $a_i\leqslant b_i$. 于是

$$\int_E f\mathrm{d}x=\sum_{i=1}^{k}a_i m(E_i)\leqslant\sum_{i=1}^{k}b_i m(E_i)=\int_E g\mathrm{d}x. ■$$

### 4.1.2 非负可测函数的积分

为定义非负可测函数的积分，需要先证明一个引理.

**引理 4.1** 设$\{f_n\}$是$E$上单调递增的非负简单函数列.

(1) 若$g$是$E$上的非负简单函数，并且$\lim\limits_{n\to\infty} f_n(x)\geqslant g(x)(x\in E)$，则

$$\lim_{n\to\infty}\int_E f_n\mathrm{d}x\geqslant\int_E g\,\mathrm{d}x. \tag{4.2}$$

(2) 若$\lim\limits_{n\to\infty} f_n(x)=f(x)(x\in E)$，则

$$\lim_{n\to\infty}\int_E f_n\mathrm{d}x=\sup\left\{\int_E g\,\mathrm{d}x: g\in S^+(E),\text{并且 } g\leqslant f\right\}, \tag{4.3}$$

其中$S^+(E)$表示$E$上的非负简单函数的全体.

**证** (1) 由于$\{f_n\}$是单调递增的，由定理4.1(3)知道数列$\left\{\int_E f_n\mathrm{d}x\right\}$是单调递增的，故$\lim\limits_{n\to\infty}\int_E f_n\mathrm{d}x$存在. 设$\varepsilon$是任意给定的，满足$0<\varepsilon<1$. 令

$$E_n=\{x\in E: f_n(x)\geqslant\varepsilon g(x)\}\quad(n=1,2,\cdots).$$

则$\{E_n\}$是单调递增的可测集列. 由于$\lim\limits_{n\to\infty} f_n(x)\geqslant g(x)(x\in E)$，因此$E=\bigcup\limits_{n=1}^{\infty}E_n$. 若$g(x)=\sum\limits_{i=1}^{k}a_i\chi_{A_i}(x)$，则

$$g(x)\chi_{E_n}(x)=\sum_{i=1}^{k}a_i\chi_{A_i}(x)\chi_{E_n}(x)=\sum_{i=1}^{k}a_i\chi_{A_i\cap E_n}(x)\quad(n=1,2,\cdots).$$

对每个$i=1,2,\cdots,k$，集列$\{A_i\cap E_n\}_{n\geqslant 1}$是单调递增的，并且$A_i=\bigcup\limits_{n=1}^{\infty}(A_i\cap E_n)$. 利用积分的定义和测度的下连续性，我们有

$$\lim_{n\to\infty}\int_E g\cdot\chi_{E_n}\mathrm{d}x=\lim_{n\to\infty}\sum_{i=1}^{k}a_i m(A_i\cap E_n)=\sum_{i=1}^{k}a_i m(A_i)=\int_E g\,\mathrm{d}x, \tag{4.4}$$

由$E_n$的定义知道当$x\in E$时，$f_n(x)\chi_{E_n}(x)\geq\varepsilon\, g(x)\chi_{E_n}(x)$. 利用定理4.1，我们有

$$\int_E f_n\mathrm{d}x\geqslant\int_E f_n\chi_{E_n}\mathrm{d}x\geqslant\int_E\varepsilon g\chi_{E_n}\mathrm{d}x=\varepsilon\int_E g\chi_{E_n}\mathrm{d}x. \tag{4.5}$$

在式(4.5)中取极限，利用式(4.4)得到

$$\lim_{n\to\infty}\int_E f_n\mathrm{d}x\geqslant\lim_{n\to\infty}\varepsilon\int_E g\chi_{E_n}\mathrm{d}x=\varepsilon\int_E g\,\mathrm{d}x.$$

令$\varepsilon\to 1$得到式(4.2).

(2) 将式(4.3)的右边的上确界记为$a$. 由于每个$f_n\in S^+(E)$并且$f_n\leqslant f$，因此$\int_E f_n\mathrm{d}x\leqslant a$，从而$\lim\limits_{n\to\infty}\int_E f_n\mathrm{d}x\leqslant a$. 反过来，对任意$g\in S^+(E)$，$g\leqslant f$，由于$\lim\limits_{n\to\infty} f_n(x)=f(x)\geqslant g(x)\ (x\in E)$，由结论(1)得到

$$\lim_{n\to\infty}\int_E f_n\mathrm{d}x\geqslant\int_E g\,\mathrm{d}x.$$

这说明$\lim\limits_{n\to\infty}\int_E f_n\mathrm{d}x$是式(4.3)右端的数集的一个上界，因此$a\leqslant\lim\limits_{n\to\infty}\int_E f_n\mathrm{d}x$. 这就证明了$\lim\limits_{n\to\infty}\int_E f_n\mathrm{d}x=a$，即式(4.3)得证. ■

**定义 4.2** 设 $f$ 是 $E$ 上的非负可测函数. 定义 $f$ 在 $E$ 上的积分为

$$\int_E f\mathrm{d}x=\lim_{n\to\infty}\int_E f_n\mathrm{d}x,$$

其中$\{f_n\}$是 $E$ 上的非负简单函数列并且 $f_n\uparrow f$.

一般情况下 $0\leqslant\int_E f\mathrm{d}x\leqslant\infty$. 若$\int_E f\mathrm{d}x<\infty$，则称 $f$ 在 $E$ 上是可积的.

由定理 3.6，上述的$\{f_n\}$是存在的. 由引理 4.1(2) 知道$\int_E f\mathrm{d}x$ 的值不依赖于$\{f_n\}$的选取. 因此$\int_E f\mathrm{d}x$ 的定义是确定的.

**注 1** 也可以用式(4.3)的右端的上确界作为$\int_E f\mathrm{d}x$ 的定义. 这两种定义是等价的.

**定理 4.2** 设 $f$ 和 $g$ 是 $E$ 上的非负可测函数. 则：

(1) $\int_E cf\mathrm{d}x=c\int_E f\mathrm{d}x$ ($c\geqslant 0$ 是常数)；

(2) $\int_E(f+g)\mathrm{d}x=\int_E f\mathrm{d}x+\int_E g\mathrm{d}x$；

(3) 若在 $E$ 上 $f\leqslant g$ a.e.，则$\int_E f\mathrm{d}x\leqslant\int_E g\mathrm{d}x$.

**证** (1) 显然. (2) 设$\{f_n\}$和$\{g_n\}$是非负简单函数列使得 $f_n\uparrow f$，$g_n\uparrow g$. 则$\{f_n+g_n\}$也是非负简单函数列并且 $f_n+g_n\uparrow f+g$. 利用定理 4.1(2)，我们有

$$\begin{aligned}\int_E(f+g)\mathrm{d}x&=\lim_{n\to\infty}\int_E(f_n+g_n)\mathrm{d}x=\lim_{n\to\infty}\int_E f_n\mathrm{d}x+\lim_{n\to\infty}\int_E g_n\mathrm{d}x\\&=\int_E f\mathrm{d}x+\int_E g\mathrm{d}x.\end{aligned}$$

(3) 设在$E$上$f\leqslant g$ a.e.我们可以适当选取上述的$\{f_n\}$和$\{g_n\}$使得$f_n\leqslant g_n$ a.e.($n\geqslant 1$)(例如，按照定理 3.6 的证明中的方法选取$\{f_n\}$和$\{g_n\}$). 利用定理 4.1(3)，我们有

$$\int_E f\mathrm{d}x=\lim_{n\to\infty}\int_E f_n\mathrm{d}x\leqslant\lim_{n\to\infty}\int_E g_n\mathrm{d}x=\int_E g\mathrm{d}x.$$ ■

### 4.1.3 一般可测函数的积分

**定义 4.3** 设 $f$ 是$E$上的可测函数，若$\int_E f^+\mathrm{d}x$ 和$\int_E f^-\mathrm{d}x$ 至少有一个是有限值，则称 $f$ 在 $E$ 上的积分存在，并且定义 $f$ 在 $E$ 上的积分为

$$\int_E f\mathrm{d}x=\int_E f^+\mathrm{d}x-\int_E f^-\mathrm{d}x.$$

当$\int_E f\mathrm{d}x$ 是有限值时(即当$\int_E f^+\mathrm{d}x$ 和$\int_E f^-\mathrm{d}x$ 都是有限值时)，称 $f$ 在 $E$ 上是可积的.

以上定义的积分称为 Lebesgue 积分. $E$ 上 Lebesgue 可积函数的全体记为 $L(E)$. 区间$[a,b]$上的 Lebesgue 积分记为$\int_a^b f\mathrm{d}x$.

注意 $f$ 的积分存在与 $f$ 可积之间的区别. 当 $f$ 的积分存在的时候，其积分值可能是有限的，也可能为$\pm\infty$. 只有当 $f$ 可积的时候，其积分值才是有限的. 另外非负可测函数的积分总是存在的，但积分值可能为$+\infty$. 之所以允许积分值为$\pm\infty$,是因为这样处理有时会带来一些方便. 例如可以使得某些定理叙述得更简明一些.

一个自然的问题是，Lebesgue 积分与我们所熟悉的 Riemann 积分有什么联系和区别? 在 4.4 节中我们将详细讨论 Riemann 积分与 Lebesgue 积分的关系. 这里只看一个简单的例子. 设 $D(x)$ 是区间$[0,1]$上的 Dirichlet 函数，即 $D(x)=\chi_{\mathbf{Q}_0}(x)$，其中 $\mathbf{Q}_0$ 表示$[0,1]$中的有理数的全体. 根据非负简单函数积分的定义，$D(x)$ 在$[0,1]$上的 Lebesgue 积分为

$$\int_0^1 D(x)\mathrm{d}x=\int_0^1 \chi_{\mathbf{Q}_0}(x)\mathrm{d}x=m(\mathbf{Q}_0)=0.$$

即 $D(x)$ 在$[0,1]$上是 Lebesgue 可积的并且积分值为零. 但 $D(x)$ 在$[0,1]$上不是 Riemann 可积的.

### 4.1.4 可积性

关于积分的性质，在后面几节将作系统介绍. 下面只给出关于函数可积性的几个结果.

**定理 4.3** 设 $f$ 和 $g$ 是 $E$ 上的可测函数.

(1) 若 $g\in L(E)$，并且在 $E$ 上 $f\leqslant g$ a.e.，或者 $f\geqslant g$ a.e.，则 $f$ 在 $E$ 上的积分存在.

(2) 若 $g\in L(E)$，并且在 $E$ 上 $|f|\leqslant g$ a.e.，则 $f\in L(E)$.

(3) $f\in L(E)$ 当且仅当 $|f|\in L(E)$.

(4) 若 $m(E)<\infty$，$f$ 是 $E$ 上的有界可测函数，则 $f\in L(E)$.

**证** (1) 设在 $E$ 上 $f\leqslant g$ a.e. 则 $f^+\leqslant g^+$ a.e. 由于 $g\in L(E)$，因此 $\int_E g^+\mathrm{d}x<\infty$. 利用定理 4.2 得到

$$\int_E f^+\mathrm{d}x\leqslant\int_E g^+\mathrm{d}x<\infty.$$

因此 $f$ 在 $E$ 上的积分存在. 若 $f\geqslant g$ a.e.，则 $f^-\leqslant g^-$ a.e.类似地可证 $f$ 在 $E$ 上的积分存在.

(2) 若在 $E$ 上 $|f|\leqslant g$ a.e.，则 $f^+\leqslant g$ a.e.，$f^-\leqslant g$ a.e. 由于 $g\in L(E)$，因此

$$\int_E f^+\mathrm{d}x\leqslant\int_E g\mathrm{d}x<\infty,\quad \int_E f^-\mathrm{d}x\leqslant\int_E g\mathrm{d}x<\infty.$$

因此 $f\in L(E)$.

(3) 由于 $|f|=f^++f^-$，因此

$$\int_E |f|\mathrm{d}x=\int_E f^+\mathrm{d}x+\int_E f^-\mathrm{d}x.$$

由此知道$\int_E |f|\mathrm{d}x$是有限值当且仅当$\int_E f^+\mathrm{d}x$和$\int_E f^-\mathrm{d}x$都是有限值. 从而$|f|\in L(E)$. 当且仅当$f\in L(E)$.

(4) 设$m(E)<\infty$. 令$g(x)\equiv M(M\geqslant 0)$为$E$上的常值函数, 则

$$\int_E g\,\mathrm{d}x=\int_E M\,\mathrm{d}x=M\cdot m(E)<\infty,$$

因此$g\in L(E)$. 若$|f(x)|\leqslant M(x\in E)$, 由结论(2)即知$f\in L(E)$. ■

定理 4.3(3) 的结论与 Riemann 积分的性质形成对照. 我们知道对于 Riemann 积分, $f$可积与$|f|$的可积不是等价的.

设$f$是$E$上的可测函数, $A$是$E$的可测子集, 根据 3.1 节例 5, $f$也是$A$上的可测函数. 因此同样可以定义$f$在$A$上的积分.

**定理 4.4** 设$f$在$E$上的积分存在, $A$是$E$的可测子集, 则$f$在$A$上的积分存在, 并且

$$\int_A f\,\mathrm{d}x=\int_E f\chi_A\,\mathrm{d}x. \tag{4.6}$$

同样地, 当$f$在$E$上可积时, $f$在$A$上可积, 并且式(4.6)成立.

**证** 先设$f(x)=\sum_{i=1}^k a_i\chi_{A_i}(x)(x\in E)$是非负简单函数. 注意到$\{A\cap A_1, A\cap A_2,\cdots, A\cap A_k\}$是$A$的一个可测分割, 将$f$限制为$A$上的函数时, 其表达式为

$$f(x)=\sum_{i=1}^k a_i\chi_{A\cap A_i}(x)\quad (x\in A). \tag{4.7}$$

另一方面, 作为$E$上的函数,

$$f(x)\chi_A(x)=\sum_{i=1}^k a_i\chi_{A_i}(x)\chi_A(x)=\sum_{i=1}^k a_i\chi_{A\cap A_i}(x)\quad (x\in E). \tag{4.8}$$

利用式(4.7)、式(4.8)两式, 由积分的定义得到

$$\int_A f\,\mathrm{d}x=\sum_{i=1}^k a_i m(A\cap A_i)=\int_E f\chi_A\,\mathrm{d}x. \tag{4.9}$$

这表明当$f$是非负简单函数时, 结论成立. 当$f$是非负可测函数时, 存在一列非负简单函数$\{f_n\}$使得$f_n\uparrow f$. 显然$\{f_n\chi_A\}$也是非负简单函数列, 并且$f_n\chi_A\uparrow f\chi_A$. 利用式(4.9)和积分的定义得到

$$\int_A f\,\mathrm{d}x=\lim_{n\to\infty}\int_A f_n\,\mathrm{d}x=\lim_{n\to\infty}\int_E f_n\chi_A\,\mathrm{d}x=\int_E f\chi_A\,\mathrm{d}x. \tag{4.10}$$

因此当$f$是非负可测函数时, 结论成立. 一般情形, 当$f$在$E$上的积分存在时, 不妨设$\int_E f^+\mathrm{d}x<\infty$, 利用式(4.10)得到

$$\int_A f^+\mathrm{d}x=\int_E f^+\chi_A\,\mathrm{d}x\leqslant\int_E f^+\mathrm{d}x<\infty.$$

因此$f$在$A$上和积分存在, 并且

$$\int_A f\,\mathrm{d}x=\int_A f^+\mathrm{d}x-\int_A f^-\mathrm{d}x=\int_E f^+\chi_A\,\mathrm{d}x-\int_E f^+\chi_A\,\mathrm{d}x=\int_E f\chi_A\,\mathrm{d}x.$$

同样地可以证明, 当$f$在$E$上可积时, $f$在$A$上可积, 并且式(4.6)成立. ■

定理 4.4 的证明方法是证明积分性质时常用的方法. 设要证明某一命题对所有的可积函数都成立. 若一开始就对一般可积函数证明比较困难时，可以先对非负简单函数证明，然后再对非负可测函数证明，最后再对可积函数证明命题成立. 下面的例 2 也是用的这种方法.

**例 2** 设 $f(x)\in L(\mathbf{R}^n)$, $h\in\mathbf{R}^n$. 则 $f(x+h)\in L(\mathbf{R}^n)$，并且

$$\int_{\mathbf{R}^n} f(x+h)\mathrm{d}x=\int_{\mathbf{R}^n} f(x)\mathrm{d}x. \tag{4.11}$$

**证** 由于 $f(x)\in L(\mathbf{R}^n)$, $f(x)$ 当然在 $\mathbf{R}^n$ 上是可测的. 对任意实数 $a$，我们有

$$\{x\in\mathbf{R}^n: f(x+h)>a\}=\{x\in\mathbf{R}^n: f(x)>a\}-h.$$

根据定理 2.9，可测集经过平移后仍是可测集. 由上式知道 $f(x+h)$ 是可测的. 下面证明 $f(x+h)$ 是可积的. 先设 $f(x)=\sum_{i=1}^{k}a_i\chi_{A_i}(x)$ 是非负简单函数. 则

$$f(x+h)=\sum_{i=1}^{k}a_i\chi_{A_i}(x+h)=\sum_{i=1}^{k}a_i\chi_{A_i-h}(x).$$

由测度的平移不变性，得到

$$\int_{\mathbf{R}^n} f(x+h)\mathrm{d}x=\sum_{i=1}^{k}a_im(A_i-h)=\sum_{i=1}^{k}a_im(A_i)=\int_{\mathbf{R}^n} f(x)\mathrm{d}x.$$

因此当 $f$ 是非负简单函数时，式(4.11) 成立. 然后类似于定理 4.4 的证明，由此推出当 $f$ 是非负可测函数时，式(4.11) 成立. 然后推出当 $f$ 可积时，$f(x+h)$ 可积，并且式(4.11) 成立. 建议读者自己写出余下的过程. ■

## 4.2 积分的初等性质

本节将介绍积分的一些初等性质. 这些性质都没有涉及积分号下取极限，有关这方面的性质将在 4.3 节中介绍. 本节的末尾还要简单介绍一下复值可测函数与复值可测函数的积分的概念.

### 4.2.1 积分的初等性质

以下设 $E$ 是 $\mathbf{R}^n$ 中的一给定的可测集.

**定理 4.5**（积分的线性性） 若 $f,g\in L(E)$，$c$ 是常数，则 $cf$, $f+g\in L(E)$，并且

$$\int_E cf\mathrm{d}x=c\int_E f\mathrm{d}x, \tag{4.12}$$

$$\int_E (f+g)\mathrm{d}x=\int_E f\mathrm{d}x+\int_E g\mathrm{d}x. \tag{4.13}$$

**证** 由于 $f\in L(E)$，故 $|f|\in L(E)$，由定理 4.2，

$$\int_E |cf|\mathrm{d}x=\int_E |c||f|\mathrm{d}x=|c|\int_E |f|\mathrm{d}x<\infty.$$

说明 $|cf|\in L(E)$，从而 $cf\in L(E)$. 类似地由 $|f+g|\leqslant|f|+|g|$ 推出 $f+g\in L(E)$.

当 $c\geqslant 0$ 时，$(cf)^+=cf^+$，$(cf)^-=cf^-$. 利用定理 4.2 得到

$$\int_E cf\mathrm{d}x=\int_E cf^+\mathrm{d}x-\int_E cf^-\mathrm{d}x=c\int_E f^+\mathrm{d}x-c\int_E f^-\mathrm{d}x=c\int_E f\mathrm{d}x$$

当 $c<0$ 时，$(cf)^+=-cf^-$，$(cf)^-=-cf^+$. 同样可证 (4.12) 式成立. 再证明 (4.13) 式成立. 由于

$$(f+g)^+-(f+g)^-=f+g=f^+-f^-+g^+-g^-,$$

因此

$$(f+g)^++f^-+g^-=f^++g^++(f+g)^-.$$

上式两边积分并利用定理 4.2 得到

$$\int_E(f+g)^+\mathrm{d}x+\int_E f^-\mathrm{d}x+\int_E g^-\mathrm{d}x=\int_E f^+\mathrm{d}x+\int_E g^+\mathrm{d}x+\int_E(f+g)^-\mathrm{d}x.$$

从上式得到

$$\begin{aligned}\int_E(f+g)\mathrm{d}x&=\int_E(f+g)^+\mathrm{d}x-\int_E(f+g)^-\mathrm{d}x\\&=\int_E f^+\mathrm{d}x-\int_E f^-\mathrm{d}x+\int_E g^+\mathrm{d}x-\int_E g^-\mathrm{d}x\\&=\int_E f\mathrm{d}x+\int_E g\mathrm{d}x.\end{aligned}$$

因此式(4.13) 成立. ■

**推论 4.1** (积分对积分域的可加性)　设 $f\in L(E)$，$A_1$ 和 $A_2$ 是 $E$ 的互不相交的可测子集，并且 $E=A_1\cup A_2$. 则

$$\int_E f\mathrm{d}x=\int_{A_1}f\mathrm{d}x+\int_{A_2}f\mathrm{d}x. \tag{4.14}$$

**证**　设 $f$ 在 $E$ 上可积. 由定理 4.4 知道 $f$ 在 $A_1$ 和 $A_2$ 上都可积. 由于 $|f\chi_{A_1}|\leqslant|f|$，$|f\chi_{A_2}|\leqslant|f|$，因此 $f\chi_{A_1},f\chi_{A_2}\in L(E)$. 利用定理 4.5 得到

$$\int_{A_1}f\mathrm{d}x+\int_{A_2}f\mathrm{d}x=\int_E f\chi_{A_1}\mathrm{d}x+\int_E f\chi_{A_2}\mathrm{d}x=\int_E(f\chi_{A_1}+f\chi_{A_2})\mathrm{d}x=\int_E f\mathrm{d}x.$$

故式(4.14) 成立. ■

**定理 4.6**　设 $f$，$g$ 在 $E$ 上的积分存在，则：

(1) 若 $f\leqslant g$ a.e.，则 $\int_E f\mathrm{d}x\leqslant\int_E g\mathrm{d}x$ (积分的单调性)；

(2) 若 $f=g$ a.e.，则 $\int_E f\mathrm{d}x=\int_E g\mathrm{d}x$；

(3) 若 $f\geqslant 0$ a.e.，$A$ 和 $B$ 是 $E$ 的可测子集，并且 $A\subset B$，则 $\int_A f\mathrm{d}x\leqslant\int_B f\mathrm{d}x$.

**证**　(1) 若在 $E$ 上，$f\leqslant g$ a.e.，则

$$f^{+}\leqslant g^{+}\ \text{a.e.},\qquad f^{-}\geqslant g^{-}\ \text{a.e.}$$

利用定理 4.2 得到

$$\int_E f^{+}\mathrm{d}x\leqslant\int_E g^{+}\mathrm{d}x,\quad \int_E f^{-}\mathrm{d}x\geqslant\int_E g^{-}\mathrm{d}x.$$

于是

$$\int_E f\mathrm{d}x=\int_E f^{+}\mathrm{d}x-\int_E f^{-}\mathrm{d}x\leqslant\int_E g^{+}\mathrm{d}x-\int_E g^{-}\mathrm{d}x=\int_E g\,\mathrm{d}x$$

(2) 由(1) 立即得到.

(3) 设在 $E$ 上 $f\geqslant 0$ a.e. 若 $A\subset B$，则 $f\chi_A\leqslant f\chi_B$ a.e. 由结论(1) 得到

$$\int_A f\mathrm{d}x=\int_E f\chi_A\mathrm{d}x\leqslant\int_E f\chi_B\mathrm{d}x=\int_B f\mathrm{d}x.\ \blacksquare$$

由定理 4.6(2) 知道，在一个零测度集上改变一个函数的函数值，不改变该函数的可积性和积分值. 因此，在讨论可测函数积分的性质时，可测函数所要满足的条件通常只需要几乎处处成立就可以了.

**推论 4.2** (1) 若在 $E$ 上 $f=0$ a.e.，则 $\int_E f\mathrm{d}x=0$.

(2) 若 $m(E)=0$，则对 $E$ 上的任意可测函数 $f$，$\int_E f\mathrm{d}x=0$.

**证** 由定理 4.6(2) 直接得到(1). 若 $m(E)=0$，则对 $E$ 上的任意可测函数 $f$，有 $f=0$ a.e. 利用结论(1) 得到 $\int_E f\mathrm{d}x=0$. ■

**推论 4.3** 若 $f\in L(E)$，则 $\left|\int_E f\mathrm{d}x\right|\leqslant\int_E|f|\mathrm{d}x$.

**证** 由于 $-|f|\leqslant f\leqslant|f|$，由定理 4.6 得到

$$-\int_E|f|\mathrm{d}x\leqslant\int_E f\mathrm{d}x\leqslant\int_E|f|\mathrm{d}x.$$

这表明 $\left|\int_E f\mathrm{d}x\right|\leqslant\int_E|f|\mathrm{d}x$. ■

**例 1** 设 $m(E)<\infty$，$f$ 是 $E$ 上的有界可测函数，$c\leqslant f(x)<d\ (x\in E)$. 对每个自然数 $n$，设

$$c=y_0<y_1<y_2<\cdots<y_n=d$$

是区间 $[c,d]$ 的一个分割. 令 $\lambda=\max\limits_{1\leqslant i\leqslant n}(y_i-y_{i-1})$. 则

$$\int_E f\mathrm{d}x=\lim_{\lambda\to 0}\sum_{i=1}^{n}y_{i-1}\cdot mE(y_{i-1}\leqslant f<y_i).\tag{4.15}$$

**证** 由于 $f$ 是有限测度集上的有界可测函数. 根据定理 4.3，$f$ 在 $E$ 上可积. 令

$$E_i=E(y_{i-1}\leqslant f<y_i)\quad(i=1,2,\cdots,n).$$

则 $E_1,E_2,\cdots,E_n$ 互不相交，并且 $E=\bigcup\limits_{i=1}^{n}E_i$. 利用积分的单调性和对积分域的可加性得到

$$\sum_{i=1}^{n} y_{i-1} m(E_i) = \sum_{i=1}^{n} \int_{E_i} y_{i-1} \mathrm{d}x \leqslant \sum_{i=1}^{n} \int_{E_i} f \mathrm{d}x = \int_E f \mathrm{d}x.$$

类似可以得到$\int_E f \mathrm{d}x \leqslant \sum_{i=1}^{n} y_i m(E_i)$. 既然 $m(E) < \infty$，当 $\lambda \to 0$ 时，我们有

$$0 \leqslant \int_E f \mathrm{d}x - \sum_{i=1}^{n} y_{i-1} m(E_i) \leqslant \sum_{i=1}^{n} y_i m(E_i) - \sum_{i=1}^{n} y_{i-1} m(E_i)$$

$$= \sum_{i=1}^{n} (y_i - y_{i-1}) m(E_i) \leqslant \lambda m(E) \to 0.$$

这就证明了式(4.15) 成立.

例 1 的结果与 Riemann 积分的定义形成对照. Lebesgue 当初正是用(4.15) 式定义新的积分的(参见引言). 例 1 的结果表明，我们在 4.1 节中定义的积分与 Lebesgue 用他的方式定义的积分是等价的.

在继续讨论积分的性质之前，先证明一个有用的不等式.

**引理 4.2**(Chebyshev 不等式)　设 $f$ 是 $E$ 上的可测函数. 则对任意 $\lambda > 0$ 有

$$mE(|f| \geqslant \lambda) \leqslant \frac{1}{\lambda} \int_E |f| \mathrm{d}x.$$

**证**　当 $x \in E(|f| \geqslant \lambda)$ 时，$\frac{1}{\lambda}|f(x)| \geqslant 1$. 由定理 4.6 得到

$$mE(|f| \geqslant \lambda) = \int_{E(|f| \geqslant \lambda)} 1 \mathrm{d}x \leqslant \frac{1}{\lambda} \int_{E(|f| \geqslant \lambda)} |f| \mathrm{d}x \leqslant \frac{1}{\lambda} \int_E |f| \mathrm{d}x.$$

引理证毕. ■

**定理 4.7**　若 $f \in L(E)$，则 $f$ 在 $E$ 上几乎处处有限.

**证**　若 $f \in L(E)$，则 $|f| \in L(E)$. 令

$$A = E(|f| = \infty),\ A_k = E(|f| \geqslant k) \quad (k = 1, 2, \cdots).$$

则 $A \subset A_k (k \geqslant 1)$. 利用 Chebyshev 不等式得到

$$0 \leqslant m(A) \leqslant m(A_k) \leqslant \frac{1}{k} \int_E |f| \mathrm{d}x \to 0 \quad (k \to \infty). \tag{4.16}$$

因此 $m(A) = 0$. 这就证明了 $f$ 在 $E$ 上几乎处处有限. ■

**定理 4.8**　若在 $E$ 上 $f \geqslant 0$ a.e.，并且$\int_E f \mathrm{d}x = 0$，则 $f = 0$ a.e.

**证**　由于在 $E$ 上 $f \geqslant 0$ a.e.，故 $mE(f < 0) = 0$. 令

$$A = E(f > 0),\quad A_k = E\left(f \geqslant \frac{1}{k}\right) \quad (k = 1, 2, \cdots).$$

则 $A = \bigcup_{k=1}^{\infty} A_k$. 利用 Chebyshev 不等式，得到

$$0 \leqslant m(A_k) \leqslant k \int_E f \mathrm{d}x = 0.$$

因此 $m(A_k) = 0 (k \geqslant 1)$. 由测度的次可列可加性得到 $m(A) = 0$. 这表明 $f = 0$ a.e. ■

**定理 4.9**(积分的绝对连续性)　设 $f \in L(E)$，则对任意 $\varepsilon > 0$，存在相应的 $\delta > 0$，使得当 $A \subset E$ 并且 $m(A) < \delta$ 时，

$$\int_A |f|\,\mathrm{d}x < \varepsilon.$$

**证** 设 $f \in L(E)$，则 $|f| \in L(E)$. 设 $\{g_k\}$ 是非负简单函数列使得 $g_k \uparrow |f|$. 由积分的定义，

$$\lim_{k\to\infty}\int_E g_k\,\mathrm{d}x = \int_E |f|\,\mathrm{d}x < \infty.$$

于是对任意 $\varepsilon > 0$，存在自然数 $k_0$ 使得

$$0 \leqslant \int_E (|f| - g_{k_0})\,\mathrm{d}x = \int_E |f|\,\mathrm{d}x - \int_E g_{k_0}\,\mathrm{d}x < \frac{\varepsilon}{2}.$$

令 $M = \max\limits_{x\in E} g_{k_0}(x)$，则 $0 \leqslant M < \infty$. 不妨设 $M > 0$. 再令 $\delta = \dfrac{\varepsilon}{2M}$，则对任意可测集 $A \subset E$，当 $m(A) < \delta$ 时

$$\int_A |f|\,\mathrm{d}x = \int_A (|f| - g_{k_0})\,\mathrm{d}x + \int_A g_{k_0}\,\mathrm{d}x < \frac{\varepsilon}{2} + \int_A M\,\mathrm{d}x = \frac{\varepsilon}{2} + Mm(A) < \varepsilon.$$ ■

### 4.2.2 复值可测函数的积分

下面简要介绍一下关于复值可测函数与复值可测函数的积分. 设 $E$ 是 $\mathbf{R}^n$ 中的可测集，$f(x)$ 是 $E$ 上的复值函数，则 $f(x)$ 可以分解为

$$f(x) = f_1(x) + \mathrm{i} f_2(x) \quad (x \in E),$$

其中 i 是虚数单位，$f_1$ 和 $f_2$ 是实值函数，分别称之为 $f$ 的实部和虚部. 若 $f_1$ 和 $f_2$ 都是可测的，则称 $f$ 是可测的. 若 $f_1$ 和 $f_2$ 都是可积的，则称 $f$ 是可积的，并定义 $f$ 在 $E$ 上的积分为

$$\int_E f\,\mathrm{d}x = \int_E f_1\,\mathrm{d}x + \mathrm{i}\int_E f_2\,\mathrm{d}x.$$

$E$ 上的复值可积函数的全体记为 $L(E)$.

本节关于实值可测函数积分的性质，除去那些对复值可测函数的积分没有意义的以外（例如定理 4.6 中的(1)、(3)），对复值可测函数的积分也是成立的. 4.3 节中的控制收敛定理对复值可测函数的积分也是成立的. 其证明的方法是对 $f$ 的实部 $f_1$ 和虚部 $f_2$ 应用实值可测函数积分相应的性质. 下面只举一个例子. 读者可以自行叙述和证明其他相应的结论.

**定理 4.10** 设 $f$ 是 $E$ 上的复值可测函数. 则：

(1) $f \in L(E)$ 当且仅当 $|f| \in L(E)$；

(2) 若 $f$ 可积，则 $\left|\int_E f\,\mathrm{d}x\right| \leqslant \int_E |f|\,\mathrm{d}x$.

**证** (1) 设 $f(x) = f_1(x) + \mathrm{i}f_2(x)$ 是 $E$ 上的复值可测函数. 由于 $f_1$ 和 $f_2$ 都是可测的，故 $|f| = \sqrt{|f_1|^2 + |f_2|^2}$ 是可测的. 设 $f \in L(E)$，则 $f_1, f_2 \in L(E)$. 由于 $|f| \leqslant |f_1| + |f_2|$，因此 $|f| \in L(E)$. 反过来，设 $|f| \in L(E)$. 由于 $|f_1| \leqslant |f|$，$|f_2| \leqslant |f|$，因此 $f_1, f_2 \in L(E)$. 从而 $f \in L(E)$.

(2) 设 $f$ 可积，$\int_E f\,\mathrm{d}x = r\mathrm{e}^{\mathrm{i}\theta}$. 注意到 $\mathrm{Re}(\mathrm{e}^{-\mathrm{i}\theta} f) \leqslant |\mathrm{e}^{-\mathrm{i}\theta} f| = |f|$，我们有

$$\left|\int_E f\mathrm{d}x\right| = r = \mathrm{e}^{-\mathrm{i}\theta}\int_E f\mathrm{d}x = \int_E \mathrm{e}^{-\mathrm{i}\theta} f\mathrm{d}x = \int_E \mathrm{Re}(\mathrm{e}^{-\mathrm{i}\theta} f)\mathrm{d}x \leqslant \int_E |f|\mathrm{d}x.$$

因此结论(2)得证. ■

## 4.3 积分的极限定理

在关于积分的计算和推导过程中，经常会遇到这样的问题，在什么条件下极限运算和积分运算可以交换顺序？对于正常和广义 Riemann 积分有关这方面的定理，往往涉及一些过强或不易验证的条件. 然而，对于 Lebesgue 积分具有一些很一般条件下的极限定理. 下面将要证明三个重要的定理，即单调收敛定理、Fatou 引理和控制收敛定理以及一些推论. 这些定理是 Lebesgue 积分理论的基本定理. 在现代分析数学中经常用到.

以下设 $E$ 是 $\mathbf{R}^n$ 中的一给定的可测集.

**定理 4.11** (Levi 单调收敛定理) 设$\{f_n\}$是 $E$ 上单调递增的非负可测函数列，$f$ 是 $E$ 上的非负可测函数. 若在 $E$ 上 $f_n \to f$ a.e.，则

$$\lim_{n\to\infty}\int_E f_n\mathrm{d}x = \int_E f\mathrm{d}x. \tag{4.17}$$

**证** 不妨设 $f_n(x) \to f(x)$ 处处成立. 由积分的单调性得到

$$\int_E f_n\mathrm{d}x \leqslant \int_E f_{n+1}\mathrm{d}x \leqslant \int_E f\mathrm{d}x \quad (n \geqslant 1).$$

因此$\lim\limits_{n\to\infty}\int_E f_n\mathrm{d}x$ 存在，并且

$$\lim_{n\to\infty}\int_E f_n\mathrm{d}x \leqslant \int_E f\mathrm{d}x. \tag{4.18}$$

反过来，设$\{g_k\}$是非负简单函数列，并且 $g_k \uparrow f$. 对每个 $k \geqslant 1$，由于

$$\lim_{n\to\infty} f_n(x) = f(x) \geqslant g_k(x) \quad (x \in E),$$

与引理 4.1(1) 的证明一样(只要将那里的$\{f_n\}$改为非负可测函数列)，可以证明

$$\lim_{n\to\infty}\int_E f_n\mathrm{d}x \geqslant \int_E g_k\mathrm{d}x.$$

在上式中令 $k \to \infty$ 得到

$$\lim_{n\to\infty}\int_E f_n\mathrm{d}x \geqslant \lim_{k\to\infty}\int_E g_k\mathrm{d}x = \int_E f\mathrm{d}x. \tag{4.19}$$

结合式(4.18)、式(4.19) 得到式(4.17). ■

**推论 4.4** (逐项积分定理) 设$\{f_n\}$是 $E$ 上的非负可测函数列. 则

$$\int_E \sum_{n=1}^{\infty} f_n\mathrm{d}x = \sum_{n=1}^{\infty}\int_E f_n\mathrm{d}x.$$

**证** 令 $g_n(x) = \sum\limits_{i=1}^{n} f_i(x)(n \geqslant 1)$，$f(x) = \sum\limits_{i=1}^{\infty} f_i(x)$. 则$\{g_n\}$是 $E$ 上的非负可测函数列，并且 $g_n \uparrow f$. 因此 $f$ 是可测的. 应用定理 4.11 得到

$$\int_E \sum_{n=1}^{\infty} f_n\mathrm{d}x = \lim_{n\to\infty}\int_E g_n\mathrm{d}x = \lim_{n\to\infty}\sum_{i=1}^{n}\int_E f_i\mathrm{d}x = \sum_{i=1}^{\infty}\int_E f_i\mathrm{d}x. ■$$

**推论 4.5**（积分对积分域的可列可加性） 设 $f$ 在 $E$ 上的积分存在，$\{E_n\}$ 是 $E$ 的一列互不相交的可测子集，$E=\bigcup_{n=1}^{\infty} E_n$. 则

$$\int_E f\mathrm{d}x=\sum_{n=1}^{\infty}\int_{E_n} f\mathrm{d}x. \tag{4.20}$$

**证** 由推论 4.4，我们有

$$\int_E f^+\mathrm{d}x=\int_E\sum_{n=1}^{\infty} f^+\chi_{E_n}\mathrm{d}x=\sum_{n=1}^{\infty}\int_E f^+\chi_{E_n}\mathrm{d}x=\sum_{n=1}^{\infty}\int_{E_n} f^+\mathrm{d}x. \tag{4.21}$$

类似地有

$$\int_E f^-\mathrm{d}x=\sum_{n=1}^{\infty}\int_{E_n} f^-\mathrm{d}x. \tag{4.22}$$

由于 $f$ 的积分存在，因此$\int_E f^+\mathrm{d}x$ 和$\int_E f^-\mathrm{d}x$ 至少有一个是有限的. 将式(4.21) 和式(4.22) 的两端相减即得式(4.20). ■

**定理 4.12**（Fatou 引理） 设$\{f_n\}$ 是 $E$ 上的非负可测函数列. 则

$$\int_E \varliminf_{n\to\infty} f_n\mathrm{d}x\leqslant\varliminf_{n\to\infty}\int_E f_n\mathrm{d}x.$$

**证** 对每个 $n\geqslant 1$，令 $g_n(x)=\inf\limits_{k\geqslant n} f_k(x)(x\in E)$. 则$\{g_n\}$ 是单调递增的并且 $0\leqslant g_n\leqslant f_n$，$\lim\limits_{n\to\infty} g_n=\varliminf\limits_{n\to\infty} f_n$. 由单调收敛定理得到

$$\int_E \varliminf_{n\to\infty} f_n\mathrm{d}x=\lim_{n\to\infty}\int_E g_n\mathrm{d}x\leqslant\varliminf_{n\to\infty}\int_E f_n\mathrm{d}x. \blacksquare$$

下面的例子说明 Fatou 引理中的不等号是可能成立的.

**例 1** 对每个自然数 $n$，令 $f_n(x)=n\cdot\chi_{(0,1/n)}(x)$. 则$\{f_n\}$ 是 $\mathbf{R}^1$ 上的非负可测函数列，并且$\lim\limits_{n\to\infty} f_n(x)=0(x\in\mathbf{R}^1)$.直接计算得到

$$\int_{\mathbf{R}^1}\lim_{n\to\infty} f_n\mathrm{d}x=0<1=\lim_{n\to\infty}\int_{\mathbf{R}^1} f_n\mathrm{d}x.$$

**例 2** 设 $f$，$f_n(n\geqslant 1)$ 是 $E$ 上的可测函数，$f_n\to f$ a.e. 若$\sup\limits_{n\geqslant 1}\int_E |f_n|\mathrm{d}x<\infty$，则 $f\in L(E)$.

**证** 利用 Fatou 引理得到

$$\int_E |f|\mathrm{d}x=\int_E\lim_{n\to\infty}|f_n|\mathrm{d}x\leqslant\varliminf_{n\to\infty}\int_E|f_n|\mathrm{d}x\leqslant\sup_{n\geqslant 1}\int_E|f_n|\mathrm{d}x<\infty.$$

故 $f\in L(E)$.

**定理 4.13**（控制收敛定理） 设 $f$，$f_n(n\geqslant 1)$ 是 $E$ 上的可测函数，并且存在 $g\in L(E)$，使得

$$|f_n|\leqslant g\ \text{a.e.}\quad(n\geqslant 1).$$

若在 $E$ 上 $f_n\to f$ a.e.或 $f_n\xrightarrow{m} f$，则 $f_n$，$f\in L(E)$，并且

$$\lim_{n\to\infty}\int_E f_n\mathrm{d}x=\int_E f\mathrm{d}x. \tag{4.23}$$

**证** 由于在 $E$ 上 $|f_n|\leqslant g$ a.e.$(n\geqslant 1)$，因此当 $f_n\to f$ a.e. 或 $f_n\xrightarrow{m} f$ 时，都有 $|f|\leqslant g$ a.e. 由于 $g\in L(E)$. 根据定理 4.3 知道 $f_n$，$f\in L(E)$. 因为

$$\left|\int_E f_n\mathrm{d}x-\int_E f\mathrm{d}x\right|=\left|\int_E (f_n-f)\mathrm{d}x\right|\leqslant\int_E |f_n-f|\,\mathrm{d}x,$$

为证式(4.23)，只需证一个更强的结论：

$$\lim_{n\to\infty}\int_E |f_n-f|\,\mathrm{d}x=0. \tag{4.24}$$

先考虑 $f_n\to f$ a.e.的情形. 令 $h_n=2g-|f_n-f|$，则 $h_n\geqslant 0$ a.e.$(n\geqslant 1)$. 对函数列$\{h_n\}$应用 Fatou 引理，我们有

$$\begin{aligned}\int_E 2g\,\mathrm{d}x&=\int_E \lim_{n\to\infty}(2g-|f_n-f|)\mathrm{d}x\leqslant\varliminf_{n\to\infty}\int_E (2g-|f_n-f|)\mathrm{d}x\\&=\int_E 2g\,\mathrm{d}x-\varlimsup_{n\to\infty}\int_E |f_n-f|\,\mathrm{d}x.\end{aligned}$$

因此 $\varlimsup\limits_{n\to\infty}\int_E |f_n-f|\,\mathrm{d}x=0$. 这表明式(4.24) 成立. 再考虑 $f_n\xrightarrow{m} f$ 的情形. 若式(4.24) 不成立，则存在 $\varepsilon>0$ 和$\{f_n\}$ 的一个子列$\{f_{n_k}\}$ 使得

$$\int_E |f_{n_k}-f|\,\mathrm{d}x\geqslant\varepsilon\quad(k\geqslant 1). \tag{4.25}$$

由 Riesz 定理，存在$\{f_{n_k}\}$ 的一个子列$\{f_{n_{k'}}\}$ 使得 $f_{n_{k'}}\to f$ a.e.$(k'\to\infty)$. 由上面所证的结果此时应有

$$\lim_{k'\to\infty}\int_E |f_{n_{k'}}-f|\,\mathrm{d}x=0.$$

但这与式(4.25) 矛盾. 这表明式(4.24) 成立. ■

在定理 4.13 的条件下，我们实际上证明了更强的结论，即式(4.24). 当式(4.24) 成立时，称$\{f_n\}$ 在 $L^1$ 中收敛于 $f$(或称平均收敛于 $f$).

**推论 4.6**(有界收敛定理) 设 $m(E)<\infty$，$f$，$f_n(n\geqslant 1)$ 是 $E$ 上的可测函数，并且存在常数 $M>0$，使得在 $E$ 上 $|f_n|\leqslant M$ a.e.$(n\geqslant 1)$. 若 $f_n\to f$ a.e. 或 $f_n\xrightarrow{m} f$，则 $f_n$，$f\in L(E)$，并且

$$\lim_{n\to\infty}\int_E f_n\mathrm{d}x=\int_E f\mathrm{d}x.$$

**证** 当 $m(E)<\infty$ 时，常值函数是可积的. 取 $g\equiv M$，由控制收敛定理即知推论成立. ■

**推论 4.7** (积分号下求导) 设 $f(x,y)$ 是定义在 $D=[a,b]\times[c,d]$ 上的实值函数，使得对每个 $y\in[c,d]$，$f(x,y)\in L[a,b]$，对每个$(x,y)\in D$，$f'_y(x,y)$ 存在，并且存在$g\in L[a,b]$ 使得

$$|f'_y(x,y)|\leqslant g(x)\quad((x,y)\in D). \tag{4.26}$$

则函数 $I(y)=\int_a^b f(x,y)\mathrm{d}x$ 在$[c,d]$ 上可导，并且

$$\frac{\mathrm{d}}{\mathrm{d}y}\int_a^b f(x,y)\mathrm{d}x=\int_a^b f'_y(x,y)\mathrm{d}x. \tag{4.27}$$

**证** 设 $y \in [c,d]$. 任取数列 $\{h_n\}$，使得 $y+h_n \subset [c,d]$，$h_n \to 0$ 并且 $h_n \neq 0$. 令

$$\varphi_n(x) = \frac{f(x,y+h_n)-f(x,y)}{h_n} \quad (x \in [a,b]). \tag{4.28}$$

则

$$\lim_{n\to\infty}\varphi_n(x) = f'_y(x,y) \quad (x \in [a,b]). \tag{4.29}$$

由微分中值定理和式(4.26)，当 $x \in [a,b]$ 时，对每个 $n \geqslant 1$，有

$$|\varphi_n(x)| = \left|\frac{f(x,y+h_n)-f(x,y)}{h_n}\right| = |f'_y(x,y+\theta h_n)| \leqslant g(x)$$

(其中 $0<\theta<1$). 对函数列 $\{\varphi_n\}$ 利用控制收敛定理得到

$$\begin{aligned}\lim_{n\to\infty}\frac{I(y+h_n)-I(y)}{h_n} &= \lim_{n\to\infty}\frac{1}{h_n}\int_a^b [f(x,y+h_n)-f(x,y)]\,\mathrm{d}x \\ &= \lim_{n\to\infty}\int_a^b \varphi_n(x)\,\mathrm{d}x = \int_a^b f'_y(x,y)\,\mathrm{d}x.\end{aligned} \tag{4.30}$$

这表明函数 $I(y)=\int_a^b f(x,y)\,\mathrm{d}x$ 在点 $y$ 处可导，并且

$$\frac{\mathrm{d}}{\mathrm{d}y}\int_a^b f(x,y)\,\mathrm{d}x = \int_a^b f'_y(x,y)\,\mathrm{d}x. \blacksquare$$

## 4.4 Lebesgue 积分与 Riemann 积分的关系

本节讨论 Lebesgue 积分与 Riemann 积分之间的关系. 我们将证明 Lebesgue 积分是 Riemann 积分的推广. 同时用测度论的方法给出判别函数是否 Riemann 可积的一个充要条件.

为区别 $f$ 在 $[a,b]$ 上的 Riemann 积分和 Lebesgue 积分，以下将它们分别暂记为 $(\mathrm{R})\int_a^b f\,\mathrm{d}x$ 和 $(\mathrm{L})\int_a^b f\,\mathrm{d}x$.

先回顾数学分析中熟知的 Riemann 可积的充要条件. 设 $[a,b]$ 是一个有界闭区间. 由 $[a,b]$ 上的有限个点构成的序列 $P=\{x_0,x_1,\cdots,x_n\}$ 称为是 $[a,b]$ 的一个分割，若

$$a=x_0<x_1<\cdots<x_n=b.$$

如果 $\{P_n\}$ 是 $[a,b]$ 的一列分割，使得 $P_n \subset P_{n+1}$ $(n \geqslant 1)$，则称 $\{P_n\}$ 是单调加细的.

设 $f$ 是定义在 $[a,b]$ 上的有界实值函数，$P=\{x_i\}_{i=0}^n$ 是 $[a,b]$ 的一个分割. 对每个 $i=1,2,\cdots,n$，记

$$\begin{aligned}&\Delta x_i = x_i - x_{i-1}, \\ &m_i = \inf\{f(x): x \in [x_{i-1},x_i]\}, \\ &M_i = \sup\{f(x): x \in [x_{i-1},x_i]\}.\end{aligned} \tag{4.31}$$

此外称 $\lambda = \max\limits_{1\leqslant i\leqslant n}\Delta x_i$ 为分割 $P$ 的细度. 令

$$\underline{\int_a^b} f\,\mathrm{d}x = \sup_P \sum_{i=1}^n m_i \Delta x_i, \quad \overline{\int_a^b} f\,\mathrm{d}x = \inf_P \sum_{i=1}^n M_i \Delta x_i,$$

其中上确界和下确界是关于$[a,b]$的所有分割 $P$ 取的. 分别称$\underline{\int_a^b} f\,\mathrm{d}x$ 和$\overline{\int_a^b} f\,\mathrm{d}x$ 为 $f$ 在$[a,b]$上的下积分和上积分. 在数学分析中熟知 $f$ 在$[a,b]$上 Riemann 可积的充要条件是$\underline{\int_a^b} f\,\mathrm{d}x = \overline{\int_a^b} f\,\mathrm{d}x$，并且当 $f$ 在$[a,b]$上 Riemann 可积时

$$(\mathrm{R})\int_a^b f\,\mathrm{d}x = \underline{\int_a^b} f\,\mathrm{d}x = \overline{\int_a^b} f\,\mathrm{d}x.$$

现在设

$$P_n:\quad a = x_0^{(n)} < x_1^{(n)} < \cdots < x_{k_n}^{(n)} = b$$

是$[a,b]$的一列单调加细的分割，并且 $P_n$ 的细度 $\lambda_n \to 0$. 对每个自然数 $n$，设 $\Delta x_i^{(n)}$，$m_i^{(n)}$，$M_i^{(n)}$ 是关于分割 $P_n$ 按照(4.31) 式所定义. 在数学分析中已经证明，有

$$\underline{\int_a^b} f\,\mathrm{d}x = \lim_{n\to\infty}\sum_{i=1}^{k_n} m_i^{(n)}\Delta x_i^{(n)},\quad \overline{\int_a^b} f\,\mathrm{d}x = \lim_{n\to\infty}\sum_{i=1}^{k_n} M_i^{(n)}\Delta x_i^{(n)}. \tag{4.32}$$

对于上述的分割序列$\{P_n\}$，定义函数列$\{u_n\}$和$\{U_n\}$如下：

$$\begin{aligned}&u_n(a)=m_1^{(n)},\ u_n(x)=m_i^{(n)}\quad (x\in(x_{i-1}^{(n)},x_i^{(n)}]),\\&U_n(a)=M_1^{(n)},\ U_n(x)=M_i^{(n)}\quad (x\in(x_{i-1}^{(n)},x_i^{(n)}]).\end{aligned} \tag{4.33}$$

则 $u_n$ 和 $U_n$ 都是阶梯函数(如图 4-1)，并且$\{u_n\}$单调递增，$\{U_n\}$单调递减. 令 $m$ 和 $M$ 分别是 $f$ 在$[a,b]$上的下界和上界，则

$$m \leqslant u_n \leqslant f \leqslant U_n \leqslant M \quad (n \geqslant 1).$$

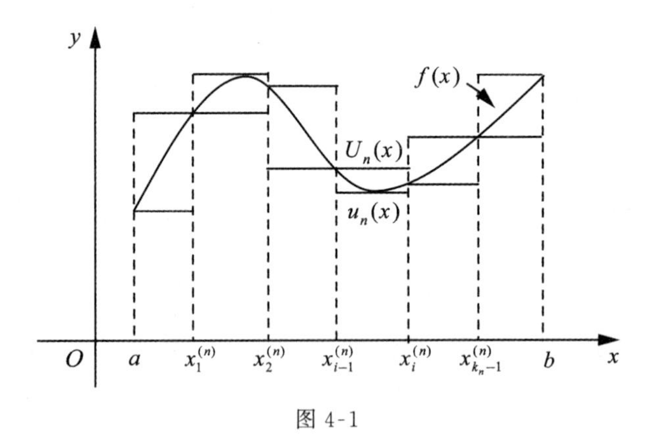


图 4-1

再令 $u = \lim\limits_{n\to\infty} u_n$，$U = \lim\limits_{n\to\infty} U_n$. 则 $u$ 和 $U$ 是有界可测函数，并且

$$u(x) \leqslant f(x) \leqslant U(x) \quad (x\in[a,b]). \tag{4.34}$$

以下的引理 4.3 和定理 4.14 均采用上述记号.

**引理 4.3** 设 $f$ 是$[a,b]$上的有界实值函数，$\{P_n\}$是$[a,b]$的一列单调加细的分割，并且 $\lambda_n \to 0$. 若 $x_0\in[a,b]$并且 $x_0$不是任何 $P_n$ 的分点，则 $u(x_0)=U(x_0)$ 的充要条件

是 $f$ 在 $x_0$ 处连续.

**证** 充分性：设 $f$ 在 $x_0$ 处连续. 则对任意 $\varepsilon>0$，存在 $\delta>0$ 使得当 $x\in(x_0-\delta,x_0+\delta)$ 时，

$$f(x_0)-\varepsilon<f(x)<f(x_0)+\varepsilon. \tag{4.35}$$

取充分大的 $n$ 使得 $\lambda_n<\delta$. 设 $x_0\in(x_{i-1}^{(n)},x_i^{(n)})$，则 $[x_{i-1}^{(n)},x_i^{(n)}]\subset(x_0-\delta,x_0+\delta)$. 因此当 $x\in[x_{i-1}^{(n)},x_i^{(n)}]$ 时式(4.35) 成立. 于是

$$f(x_0)-\varepsilon\leqslant m_i^{(n)}\leqslant M_i^{(n)}\leqslant f(x_0)+\varepsilon.$$

从而有

$$U_n(x_0)-u_n(x_0)=M_i^{(n)}-m_i^{(n)}\leqslant 2\varepsilon.$$

令 $n\to\infty$ 得到 $U(x_0)-u(x_0)\leqslant 2\varepsilon$. 由于 $\varepsilon>0$ 的任意性得到 $u(x_0)=U(x_0)$.

必要性：设 $u(x_0)=U(x_0)$. 则

$$\lim_{n\to\infty}(U_n(x_0)-u_n(x_0))=U(x_0)-u(x_0)=0.$$

对任意 $\varepsilon>0$，取充分大的 $n_0$ 使得 $U_{n_0}(x_0)-u_{n_0}(x_0)<\varepsilon$. 则当 $x$ 和 $x_0$ 属于关于分割 $P_{n_0}$ 的同一个小区间 $(x_{i-1}^{(n_0)},x_i^{(n_0)})$ 时，

$$|f(x)-f(x_0)|\leqslant U_{n_0}(x_0)-u_{n_0}(x_0)<\varepsilon.$$

因此 $f$ 在 $x_0$ 处连续. ■

**定理 4.14** 设 $f$ 是 $[a,b]$ 上的有界实值函数. 则：

(1) $f$ 在 $[a,b]$ 上 Riemann 可积的充要条件是 $f$ 在 $[a,b]$ 上几乎处处连续(即 $f$ 的间断点的全体是零测度集)；

(2) 若 $f$ 是 Riemann 可积的，则 $f$ 是 Lebesgue 可积的，并且

$$(\mathrm{R})\int_a^b f\,\mathrm{d}x=(\mathrm{L})\int_a^b f\,\mathrm{d}x.$$

**证** (1) 设 $P_n=\{x_0^{(n)},x_1^{(n)},\cdots,x_{k_n}^{(n)}\}(n\geqslant 1)$ 是 $[a,b]$ 的一列单调加细的分割，并且 $\lambda_n\to 0$. 由有界收敛定理和 $u_n$ 与 $U_n$ 的定义，我们有

$$(\mathrm{L})\int_a^b U\,\mathrm{d}x=\lim_{n\to\infty}(\mathrm{L})\int_a^b U_n\,\mathrm{d}x=\lim_{n\to\infty}\sum_{i=1}^{k_n}M_i^{(n)}\Delta x_i^{(n)}. \tag{4.36}$$

$$(\mathrm{L})\int_a^b u\,\mathrm{d}x=\lim_{n\to\infty}(\mathrm{L})\int_a^b u_n\,\mathrm{d}x=\lim_{n\to\infty}\sum_{i=1}^{k_n}m_i^{(n)}\Delta x_i^{(n)}. \tag{4.37}$$

两式相减，并且利用式(4.32) 得到

$$(\mathrm{L})\int_a^b(U-u)\,\mathrm{d}x=\overline{\int_a^b}f\,\mathrm{d}x-\underline{\int_a^b}f\,\mathrm{d}x. \tag{4.38}$$

因此 $f$ 在 $[a,b]$ 上 Riemann 可积当且仅当 $(\mathrm{L})\int_a^b(U-u)\,\mathrm{d}x=0$，这等价于 $U=u$ a.e.(注意 $U-u\geqslant 0$).

设 $A$ 是分割序列 $\{P_n\}$ 的分点的全体，则 $m(A)=0$. 再令 $B$ 是 $f$ 的间断点的全体. 根据引理 4.3，当 $x\notin A$ 时，$U(x)=u(x)$ 当且仅当 $f$ 在 $x$ 处连续. 因此 $U=u$ a.e. 等价于 $m(B)=0$. 换言之，$U=u$ a.e. 等价于 $f$ 在 $[a,b]$ 上几乎处处连续. 从而 $f$ 在 $[a,b]$ 上 Riemann 可积当且仅当 $f$ 在 $[a,b]$ 上几乎处处连续.

(2)设 $f$ 在 $[a,b]$ 上 Riemann 可积. 上面已证 $U=u$ a.e., 结合(4.34)式知道 $f=u$ a.e. 根据 3.2 节例 3 知道 $f$ 是可测的. 又因为 $f$ 在 $[a,b]$ 上是有界的，因此 $f\in L[a,b]$. 利用式(4.37) 和式(4.32)，得到

$$(\mathrm{L})\int_a^b f\,\mathrm{d}x=(\mathrm{L})\int_a^b u\,\mathrm{d}x=\lim_{n\to\infty}\sum_{i=1}^{k_n} m_i^{(n)}\Delta x_i^{(n)}=\underline{\int_a^b} f\,\mathrm{d}x=(\mathrm{R})\int_a^b f\,\mathrm{d}x. \tag{4.39}$$

定理证毕. ■

定理 4.14(1) 给出了有界函数在 $[a,b]$ 上 Riemann 可积的一个简单明了的判别条件，彻底搞清楚了函数的可积性与函数的连续性的关系. 这个结果既简明又深刻，是测度与积分理论中最精彩的结果之一. 从直观上看，一个函数要 Riemann 可积，其间断点就不能太多，但这只是一个不精确的定性的描述. 只有利用测度理论才能对函数的间断点的多与寡给以精确的描述，从而得到关于 Riemann 可积性的精确结果. 这个结果是测度理论最成功的应用之一.

定理 4.14(2) 表明 Lebesgue 积分是 Riemann 积分的推广，并且 Lebesgue 积分的可积函数类包含 Riemann 积分的可积函数类. 在 4.1 节中我们曾指出，$[0,1]$ 上的 Dirichlet 函数 $D(x)$ 是 Lebesgue 可积的但不是 Riemann 可积的. 因此 Lebesgue 积分的可积函数类严格地大于 Riemann 积分的可积函数类.

**例 1** 设 $f$ 是区间 $[a,b]$ 上有界的单调函数. 根据 1.2 节例 12 的结果，$f$ 的间断点的全体是可数集. 因此 $f$ 在 $[a,b]$ 上是几乎处处连续的. 又由于 $f$ 在 $[a,b]$ 上是有界的，根据定理 4.14，$f$ 在 $[a,b]$ 上是 R 可积的，因而也是 Lebesgue 可积的.

**例 2** 在区间 $[0,1]$ 上定义函数如下：

$$f(x)=\begin{cases}\dfrac{1}{q}, & \text{若 } x=\dfrac{p}{q} \quad (p,q\text{ 是互质的自然数}),\\ 0, & \text{若 } x \text{ 是无理数}.\end{cases}$$

这个函数称为 Riemann 函数. 显然 $f(x)$ 是有界的. 由于对每个自然数 $q$，满足 $f(x)\geqslant\dfrac{1}{q}$ 的 $x$ 只有有限个，因此对任意 $x_0\in[0,1]$，有 $\lim\limits_{x\to x_0} f(x)=0$. 从而 $f(x)$ 在有理点间断，在无理点连续. 这说明 $f(x)$ 的间断点的全体是零测度集. 根据定理 4.14(1)，$f(x)$ 在 $[0,1]$ 上是 Riemann 可积的.

下面以无界区间 $[a,\infty]$ 的广义 Riemann 积分为例，讨论广义 Riemann 积分与 Lebesgue 积分的关系. 对无界函数的广义 Riemann 积分，也有类似的结果.

**定理 4.15** 设对每个 $b>a$，$f$ 在 $[a,b]$ 上有界并且几乎处处连续. 则 $f\in L[a,\infty)$ 的充要条件是 $(\mathrm{R})\int_a^\infty f\,\mathrm{d}x$ 绝对收敛. 并且当 $(\mathrm{R})\int_a^\infty f\,\mathrm{d}x$ 绝对收敛时，有

$$(\mathrm{R})\int_a^\infty f\,\mathrm{d}x=(\mathrm{L})\int_a^\infty f\,\mathrm{d}x. \tag{4.40}$$

**证** 由于对每个 $b>a$，$f$ 在 $[a,b]$ 上有界并且几乎处处连续，由定理 4.14 知道，$f$ 在 $[a,b]$ 上是 Riemann 可积和 Lebesgue 可积的. 因而对每个 $b>a$，$f$ 在 $[a,b]$ 上可测，从而 $f$ 在 $[a,\infty)$ 上是可测的. 对每个正整数 $n\geqslant a$，令 $f_n(x)=f(x)\chi_{[a,n]}(x)$. 则 $\{f_n\}$

是可测函数列，并且 $f_n(x)\to f(x)$ $(x\in[a,\infty))$. 由于 $\{|f_n|\}$ 是单调递增的，利用定理 4.14 和单调收敛定理得到

$$\begin{aligned}(\mathrm{R})\int_a^{\infty}|f|\,\mathrm{d}x&=\lim_{n\to\infty}(\mathrm{R})\int_a^{n}|f|\,\mathrm{d}x=\lim_{n\to\infty}(\mathrm{L})\int_a^{n}|f|\,\mathrm{d}x\\&=\lim_{n\to\infty}(\mathrm{L})\int_a^{\infty}|f_n|\,\mathrm{d}x=(\mathrm{L})\int_a^{\infty}|f|\,\mathrm{d}x.\end{aligned}\tag{4.41}$$

（上式两端的值允许为 $+\infty$）. 当上式的一端有限时，另一端也有限. 因此 $f\in L[a,\infty)$ 当且仅当 $(\mathrm{R})\int_a^{\infty}f\mathrm{d}x$ 绝对收敛. 于是当 $(\mathrm{R})\int_a^{\infty}f\mathrm{d}x$ 绝对收敛时，$f\in L[a,\infty)$. 注意到 $|f_n|\leqslant|f|$ $(n\geqslant1)$，类似于式(4.41) 的证明(只是此时最后一个等式是利用控制收敛定理，而不是利用单调收敛定理)，得到

$$(\mathrm{R})\int_a^{\infty}f\mathrm{d}x=(\mathrm{L})\int_a^{\infty}f\mathrm{d}x.$$

定理证毕. ■

根据定理 4.14 和定理 4.15，$f$ 在区间上的 Lebesgue 积分包含了 Riemann 正常积分和绝对收敛的广义 Riemann 积分. 因此 Lebesgue 积分的性质(例如，积分的极限定理等)，对于 Riemann 正常积分和绝对收敛的广义 Riemann 积分也成立. 以后记号 $\int_a^b f\mathrm{d}x$ 和 $\int_a^{\infty}f\mathrm{d}x$ 等都表示 Lebesgue 积分(这当然也包括 Riemann 正常积分和绝对收敛的广义 Riemann 积分).

**例 3** 设 $f(x)=\dfrac{\sin x}{x}$. 在数学分析中熟知，$f$ 在 $[0,\infty)$ 上的广义 Riemann 积分是收敛的，但不是绝对收敛的. 根据定理 4.15，$f$ 在 $[0,\infty)$ 上不是 Lebesgue 可积的.

**例 4** 计算 $\lim\limits_{n\to\infty}\int_0^{\infty}\dfrac{\mathrm{e}^{-nx}\cos nx}{\sqrt{x}}\mathrm{d}x$.

**解** 令 $f_n(x)=\dfrac{\mathrm{e}^{-nx}\cos nx}{\sqrt{x}}$ $(n\geqslant1)$，则对每个 $n$，

$$|f_n(x)|\leqslant g(x)=\begin{cases}\dfrac{1}{\sqrt{x}}, & 0<x\leqslant1,\\ \mathrm{e}^{-x}, & x>1.\end{cases}\tag{4.42}$$

由于广义 Riemann 积分 $\int_0^{\infty}g\mathrm{d}x$ 是收敛的，因此 $g\in L[0,\infty)$. 当 $n\to\infty$ 时，$f_n(x)\to0$ $(x\in(0,\infty))$，利用控制收敛定理得到

$$\lim_{n\to\infty}\int_0^{\infty}\frac{\mathrm{e}^{-nx}\cos nx}{\sqrt{x}}\mathrm{d}x=\int_0^{\infty}0\mathrm{d}x=0.$$

**例 5** 证明 $\int_0^1\dfrac{1}{x}\ln\dfrac{1}{1-x}\mathrm{d}x=\sum\limits_{n=1}^{\infty}\dfrac{1}{n^2}$.

**证** 由 $\ln(1+x)$ 的幂级数展开式得到

$$\frac{1}{x}\ln\frac{1}{1-x}=\sum_{n=1}^{\infty}\frac{x^{n-1}}{n}\quad(0<x<1).\tag{4.43}$$

上式在[0,1]上几乎处处成立(仅在 $x=0$ 和 $x=1$ 处不成立). 注意到在[0,1]上

$$f(x)=\frac{1}{x}\ln\frac{1}{1-x}\geqslant 0 \text{ a.e.},\quad f_n(x)=\frac{x^{n-1}}{n}\geqslant 0,$$

利用逐项积分定理, 得到

$$\int_0^1\frac{1}{x}\ln\frac{1}{1-x}\mathrm{d}x=\int_0^1\sum_{n=1}^{\infty}\frac{x^{n-1}}{n}\mathrm{d}x=\sum_{n=1}^{\infty}\int_0^1\frac{x^{n-1}}{n}\mathrm{d}x=\sum_{n=1}^{\infty}\frac{1}{n^2}.$$

## 4.5　可积函数的逼近性质

以下设 $E$ 是 $\mathbf{R}^n$ 中的一个给定的可测集.

设 $\mathscr{C}$ 是 $L(E)$ 的一个子集. 若对任意 $f\in L(E)$ 和 $\varepsilon>0$, 存在 $g\in\mathscr{C}$, 使得 $\int_E|f-g|\mathrm{d}x<\varepsilon$, 则称可积函数可以用 $\mathscr{C}$ 中的函数在 $L(E)$ 中逼近. 这等价于对任意 $f\in L(E)$, 存在 $\mathscr{C}$ 中的序列 $\{g_k\}$ 使得

$$\lim_{k\to\infty}\int_E|f-g_k|\mathrm{d}x=0.$$

我们将看到可积函数可以用比较简单的函数, 特别是用连续函数在 $L(E)$ 中逼近. 可积函数的逼近性质在处理有些问题时是很有用的.

**定理 4.16**　设 $f\in L(E)$. 则对任意 $\varepsilon>0$, 存在可积的简单函数 $g$, 使得

$$\int_E|f-g|\mathrm{d}x<\varepsilon. \tag{4.44}$$

**证**　由推论 3.1, 存在一个简单函数列 $\{f_k\}$ 使得 $\{f_k\}$ 在 $E$ 上处处收敛于 $f$, 并且 $|f_k|\leqslant|f|(k\geqslant 1)$. 于是 $f_k\in L(E)(k\geqslant 1)$, 并且

$$|f-f_k|\leqslant|f|+|f_k|\leqslant 2|f|.$$

对函数列 $\{f-f_k\}$ 应用控制收敛定理得到

$$\lim_{k\to\infty}\int_E|f-f_k|\mathrm{d}x=0.$$

取 $k_0$ 足够大使得 $\int_E|f-f_{k_0}|\mathrm{d}x<\varepsilon$. 令 $g=f_{k_0}$, 则式(4.44)成立. ■

**定理 4.17**　设 $f\in L(E)$. 则对任意 $\varepsilon>0$, 存在 $\mathbf{R}^n$ 上具有紧支集的连续函数 $g$, 使得

$$\int_E|f-g|\mathrm{d}x<\varepsilon. \tag{4.45}$$

**证**　设 $\varepsilon>0$. 根据定理 4.16, 存在 $L(E)$ 中的简单函数 $\varphi$, 使得

$$\int_E|f-\varphi|\mathrm{d}x<\frac{\varepsilon}{3}. \tag{4.46}$$

记 $M=\sup\limits_{x\in E}|\varphi(x)|$. 根据 Lusin 定理, 存在 $\mathbf{R}^n$ 上的连续函数 $h$, 使得

$$m\{x\in E: h(x)\neq\varphi(x)\}<\frac{\varepsilon}{6M},$$

并且 $\sup\limits_{x\in\mathbf{R}^n}|h(x)|\leqslant M$. 我们有

$$\int_E |\varphi - h|\,\mathrm{d}x = \int_{E(h\neq\varphi)} |\varphi - h|\,\mathrm{d}x \leqslant 2M \cdot mE(h \neq \varphi) < \frac{\varepsilon}{3}. \tag{4.47}$$

式(4.47)表明 $h-\varphi\in L(E)$，于是 $h=(h-\varphi)+\varphi\in L(E)$. 根据引理 3.3，对每个正整数 $k$，存在 $\mathbf{R}^n$ 上的连续函数 $\lambda_k(x)$，使得 $0\leqslant\lambda_k(x)\leqslant 1$，并且

$$\lambda_k\Big|_{\overline{B(0,k)}}=1,\ \lambda_k\Big|_{B(0,k+1)^C}=0.$$

令 $h_k(x)=h(x)\lambda_k(x)(k\geqslant 1)$，则每个 $h_k$ 是具有紧支集的连续函数，$h_k(x)\to h(x)$ $(x\in E)$，并且 $|h_k|\leqslant|h|$ $(k\geqslant 1)$. 利用控制收敛定理得到，$\lim\limits_{k\to\infty}\int_E|h-h_k|\,\mathrm{d}x=0$. 因此对充分大的 $k_0$，有 $\int_E|h-h_{k_0}|\,\mathrm{d}x<\frac{\varepsilon}{3}$. 令 $g=h_{k_0}$，则 $g$ 是具有紧支集的连续函数. 并且

$$\int_E |h-g|\,\mathrm{d}x < \frac{\varepsilon}{3}. \tag{4.48}$$

综合式(4.46) ~ 式(4.48)得到

$$\begin{aligned}\int_E|f-g|\,\mathrm{d}x &\leqslant \int_E|f-\varphi|\,\mathrm{d}x+\int_E|\varphi-h|\,\mathrm{d}x+\int_E|h-g|\,\mathrm{d}x\\ &<\frac{\varepsilon}{3}+\frac{\varepsilon}{3}+\frac{\varepsilon}{3}=\varepsilon.\ \blacksquare\end{aligned}$$

可积函数也可以用具有紧支集的阶梯函数逼近. 称形如

$$f(x)=\sum_{i=1}^{n}a_i\chi_{I_i}(x)$$

的函数为 $\mathbf{R}^1$ 上的阶梯函数，其中 $I_1,I_2,\cdots,I_n$ 为 $\mathbf{R}^1$ 上的互不相交的区间.

**定理 4.18** 设 $E\subset\mathbf{R}^1$ 是可测集，$f\in L(E)$. 则对任意 $\varepsilon>0$，存在 $\mathbf{R}^1$ 上具有紧支集的阶梯函数 $g$，使得

$$\int_E|f-g|\,\mathrm{d}x<\varepsilon. \tag{4.49}$$

**证** 根据定理 4.17，对任意 $\varepsilon>0$，存在 $\mathbf{R}^1$ 上具有紧支集的连续函数 $\varphi$，使得

$$\int_E|f-\varphi|\,\mathrm{d}x<\frac{\varepsilon}{2}. \tag{4.50}$$

不妨设当 $x\in[a,b]^C$ 时 $\varphi(x)=0$. 由于 $\varphi$ 在 $[a,b]$ 上一致连续，存在 $\delta>0$，使得当 $x'$, $x''\in[a,b]$ 并且 $|x'-x''|<\delta$ 时

$$|\varphi(x')-\varphi(x'')|<\frac{\varepsilon}{2(b-a)}.$$

设 $a=x_0<x_1<\cdots<x_k=b$ 是 $[a,b]$ 的一个分割，使得 $\max\limits_{1\leqslant i\leqslant k}|x_i-x_{i-1}|<\delta$. 令

$$g(x)=\sum_{i=1}^{k}\varphi(x_i)\chi_{(x_{i-1},x_i]}(x).$$

则 $g$ 是 $\mathbf{R}^1$ 上具有紧支集的阶梯函数，并且

$$|\varphi(x)-g(x)|<\frac{\varepsilon}{2(b-a)}\quad(x\in[a,b]).$$

于是

$$\int_{\mathbf{R}^1} |\varphi - g| \, dx = \int_a^b |\varphi - g| \, dx < (b-a) \cdot \frac{\varepsilon}{2(b-a)} = \frac{\varepsilon}{2}. \tag{4.51}$$

结合式(4.50)、式(4.51) 两式得到

$$\int_E |f - g| \, dx \leqslant \int_E |f - \varphi| \, dx + \int_E |\varphi - g| \, dx < \frac{\varepsilon}{2} + \frac{\varepsilon}{2} = \varepsilon. \blacksquare$$

上述结果可以更一般化. 设 $E \subset \mathbf{R}^n$ 是可测集，$p > 0$. 若 $f$ 是 $E$ 上的可测函数并且 $\int_E |f|^p dx < \infty$，则称 $f$ 在 $E$ 上是 $p$ 次方可积的. $E$ 上的 $p$ 方可积函数的全体记为 $L^p(E)$. 显然 $L(E)$ 就是 $L^p(E)$ 当 $p=1$ 时的情形. 将上述的几个定理的证明作明显的修改，可以证明对 $f \in L^p(E)$ 的情形成立相应的结果. 我们叙述如下：

**定理 4.19** 设 $p > 0$. 若 $f \in L^p(E)$，则对任意 $\varepsilon > 0$，有

(1) 存在 $L^p(E)$ 中的简单函数 $g$，使得 $\int_E |f - g|^p dx < \varepsilon$；

(2) 存在 $\mathbf{R}^n$ 上具有紧支集的连续函数 $g$，使得 $\int_E |f - g|^p dx < \varepsilon$；

(3)(当 $E \subset \mathbf{R}^1$ 时) 存在 $\mathbf{R}^1$ 上具有紧支集的阶梯函数，使得 $\int_E |f - g|^p dx < \varepsilon$.

在某些关于积分的问题中，利用可积函数的逼近性质，用较简单的函数代替一般的可积函数，可能使问题变得较容易处理. 下面是两个关于可积函数的逼近性质应用的例子.

**例 1** (平均连续性) 设 $f \in L(\mathbf{R}^n)$. 则

$$\lim_{t \to 0} \int_{\mathbf{R}^n} |f(x+t) - f(x)| \, dx = 0. \tag{4.52}$$

**证** 先设 $f$ 是具有紧支集的连续函数. 此时存在闭球 $\overline{U(0,r)}$，使得当 $x \in \overline{U(0,r)}^C$ 时，$f(x) = 0$. 容易知道 $f$ 在 $\mathbf{R}^n$ 上是一致连续的，因此对任意给定的 $\varepsilon > 0$，存在 $\delta > 0$(不妨设 $\delta < 1$)，使得当 $d(x', x'') < \delta$ 时，有 $|f(x') - f(x'')| < \varepsilon$. 于是当 $d(0,t) < \delta$ 时，有

$$\int_{\mathbf{R}^n} |f(x+t) - f(x)| \, dx = \int_{U(0,r+1)} |f(x+t) - f(x)| \, dx < \varepsilon \cdot m(U(0, r+1)).$$

这表明当 $f$ 是具有紧支集的连续函数时，式(4.52) 成立. 一般情形，根据定理4.17，存在 $\mathbf{R}^n$ 上的具有紧支集的连续函数 $g$，使得

$$\int_{\mathbf{R}^n} |f(x) - g(x)| \, dx < \varepsilon. \tag{4.53}$$

由式(4.53) 和 4.1 节例 2，有

$$\int_{\mathbf{R}^n} |f(x+t) - g(x+t)| \, dx = \int_{\mathbf{R}^n} |f(x) - g(x)| \, dx < \varepsilon. \tag{4.54}$$

既然 $g$ 是有紧支集的连续函数，由上面所证，存在 $\delta > 0$，使得当 $d(0,t) < \delta$ 时

$$\int_{\mathbf{R}^n} |g(x+t) - g(x)| \, dx < \varepsilon. \tag{4.55}$$

结合式(4.53) ~ 式(4.55)，当 $d(0,t) < \delta$ 时

$$\int_{\mathbf{R}^n}|f(x+t)-f(x)|\,\mathrm{d}x\leqslant\int_{\mathbf{R}^n}|f(x+t)-g(x+t)|\,\mathrm{d}x$$
$$+\int_{\mathbf{R}^n}|g(x+t)-g(x)|\,\mathrm{d}x+\int_{\mathbf{R}^n}|g(x)-f(x)|\,\mathrm{d}x<3\varepsilon.$$

因此式(4.52) 成立.

**例 2**(Riemann-Lebesgue 引理) 设 $f\in L[a,b]$. 则

$$\lim_{n\to\infty}\int_a^b f(x)\cos nx\,\mathrm{d}x=0,\tag{4.56}$$

$$\lim_{n\to\infty}\int_a^b f(x)\sin nx\,\mathrm{d}x=0.\tag{4.57}$$

**证** 先设 $f(x)=\chi_{(\alpha,\beta)}(x)$，其中$(\alpha,\beta)\subset[a,b]$. 则当 $n\to\infty$ 时

$$\int_a^b f(x)\cos nx\,\mathrm{d}x=\int_\alpha^\beta\cos nx\,\mathrm{d}x=\frac{\sin n\beta-\sin n\alpha}{n}\to 0.$$

于是由积分的线性性知道对每个阶梯函数 $f$，式(4.56) 成立. 现在设 $f\in L[a,b]$. 对任意 $\varepsilon>0$，由定理 4.18，存在一个阶梯函数 $g$，使得$\int_a^b|f-g|\,\mathrm{d}x<\frac{\varepsilon}{2}$. 由上面证明的结果，存在 $N>0$，使得当 $n>N$ 时

$$\left|\int_a^b g(x)\cos nx\,\mathrm{d}x\right|<\frac{\varepsilon}{2}.$$

于是当 $n>N$ 时有

$$\left|\int_a^b f(x)\cos nx\,\mathrm{d}x\right|\leqslant\left|\int_a^b(f(x)-g(x))\cos nx\,\mathrm{d}x\right|+\left|\int_a^b g(x)\cos nx\,\mathrm{d}x\right|$$
$$\leqslant\int_a^b|f-g|\,\mathrm{d}x+\frac{\varepsilon}{2}<\frac{\varepsilon}{2}+\frac{\varepsilon}{2}=\varepsilon.$$

因此式(4.56) 成立. 类似地可以证明式(4.57) 成立.

## 4.6 Fubini 定理

### 4.6.1 Fubini 定理

在 Riemann 积分理论中，关于重积分与累次积分，不同顺序的累次积分的关系，有如下结果：如果 $f(x,y)$ 在矩形 $D=[a,b]\times[c,d]$ 上连续，则

$$\iint_D f(x,y)\,\mathrm{d}x\mathrm{d}y=\int_a^b\mathrm{d}x\int_c^d f(x,y)\,\mathrm{d}y=\int_c^d\mathrm{d}y\int_a^b f(x,y)\,\mathrm{d}x.$$

本节我们对 Lebesgue 积分考虑同样的问题. 设 $p$ 和$q$ 是正整数，定义在 $\mathbf{R}^{p+q}$ 上的函数记为 $f(x,y)$，其中 $x\in\mathbf{R}^p$，$y\in\mathbf{R}^q$. 设对几乎处处固定的 $x\in\mathbf{R}^p$，$f(x,y)$ 作为 $y$ 的函数在 $\mathbf{R}^q$ 上的积分存在. 记

$$g(x)=\int_{\mathbf{R}^q}f(x,y)\,\mathrm{d}y\tag{4.58}$$

(可能对于一个零测度集中的 $x$，式(4.58) 右端的积分不存在. 此时$g(x)$ 在这个零测度集上没有定义，在这个零测度集上令$g(x)=0$). 若$g(x)$ 在 $\mathbf{R}^p$ 上可测并且积分存在，则

称$\int_{\mathbf{R}^p} g(x)\mathrm{d}x$ 为 $f$ 的累次积分，记为

$$\int_{\mathbf{R}^p}\left(\int_{\mathbf{R}^q} f(x,y)\mathrm{d}y\right)\mathrm{d}x, \quad 或 \int_{\mathbf{R}^p}\mathrm{d}x\int_{\mathbf{R}^q} f(x,y)\mathrm{d}y.$$

类似地可以定义另一个顺序的累次积分$\int_{\mathbf{R}^q}\mathrm{d}y\int_{\mathbf{R}^p} f(x,y)\mathrm{d}x$. 称 $f(x,y)$ 在 $\mathbf{R}^{p+q}$ 上的积分为重积分，记为

$$\int_{\mathbf{R}^p\times\mathbf{R}^q} f(x,y)\mathrm{d}x\mathrm{d}y.$$

下面将要证明的 Fubini 定理表明，在很一般的条件下，重积分和两个不同顺序的累次积分是相等的. 为此，需要作一些准备.

我们知道 $\mathbf{R}^{p+q}$ 可以看成是 $\mathbf{R}^p$ 与 $\mathbf{R}^q$ 的直积. 设 $A\subset\mathbf{R}^p, B\subset\mathbf{R}^q$. 称

$$A\times B=\{(x,y): x\in A, y\in B\}$$

为 $\mathbf{R}^{p+q}$ 中的矩形 (补充定义 $A\times\varnothing=\varnothing, \varnothing\times B=\varnothing$). 若 $A$ 和 $B$ 都是可测集，则称 $A\times B$ 是可测矩形. 当 $A$ 和 $B$ 是直线上的有界区间时，$A\times B$ 就是平面上的通常意义下的矩形.

设 $E\subset\mathbf{R}^p\times\mathbf{R}^q$. 对于 $x\in\mathbf{R}^p$，称集

$$E_x=\{y\in\mathbf{R}^q:(x,y)\in E\}$$

为 $E$ 在 $x$ 处的截口. 对于 $y\in\mathbf{R}^q$，称集

$$E_y=\{x\in\mathbf{R}^p:(x,y)\in E\}$$

为 $E$ 在 $y$ 处的截口. 注意 $E_x$ 和 $E_y$ 分别是 $\mathbf{R}^q$ 和 $\mathbf{R}^p$ 的子集，如图 4-2 所示.

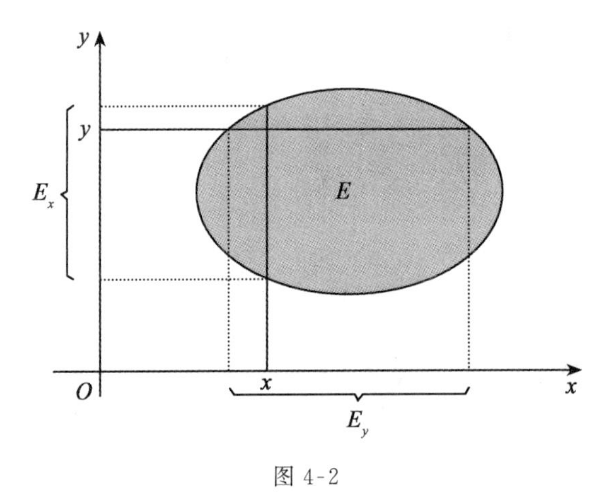


图 4-2

容易验证关于 $x$ 的截口有如下性质：

$$\left(\bigcup_{n=1}^{\infty}E_n\right)_x=\bigcup_{n=1}^{\infty}(E_n)_x,$$

$$\left(\bigcap_{n=1}^{\infty}E_n\right)_x=\bigcap_{n=1}^{\infty}(E_n)_x,$$

$$(A-B)_x=A_x-B_x.$$

同样，关于 $y$ 的截口也有类似的性质.

在叙述下面的定理之前先看一个事实. 设平面 $\mathbf{R}^2$ 上的图形 $E$ 是由连续曲线 $y=y_1(x), y=y_2(x)(y_1(x)\leqslant y_2(x))$ 和直线 $x=a, x=b(a<b)$ 所围成的. 在数学分析中熟知 $E$ 的面积

$$S=\int_a^b (y_2(x)-y_1(x))\mathrm{d}x=\int_a^b |E_x|\,\mathrm{d}x.$$

其中，$|E_x|$ 表示截口线段 $E_x$ 的长度. 下面的定理表明，高维空间可测集的测度与其在低维空间截口的测度，有类似的关系.

**定理 4.20** 设 $E$ 是 $\mathbf{R}^p\times\mathbf{R}^q$ 中的可测集. 则：

(1) 对几乎处处的 $x\in\mathbf{R}^p$，$E_x$ 是 $\mathbf{R}^q$ 中的可测集；

(2) 函数 $m(E_x)(x\in\mathbf{R}^p)$ 是可测的. 并且

$$m(E)=\int_{\mathbf{R}^p} m(E_x)\mathrm{d}x. \tag{4.59}$$

**证** 分以下几个步骤证明：

1° 证明满足定理的结论(1) 和(2) 的可测集所成的集类对不相交可列并运算封闭. 设 $\{E_n\}$ 是 $\mathbf{R}^p\times\mathbf{R}^q$ 中的一列互不相交的可测集，每个 $E_n$ 满足定理的结论(1) 和(2). 令 $E=\bigcup\limits_{n=1}^{\infty}E_n$，则 $E_x=\bigcup\limits_{n=1}^{\infty}(E_n)_x$. 由于对几乎处处的 $x\in\mathbf{R}^p$，每个 $(E_n)_x$ 是可测集，因此 $E_x$ 是可测集. 由于 $\{(E_n)_x\}$ 互不相交，因此

$$m(E_x)=\sum_{n=1}^{\infty}m((E_n)_x).$$

由上式知道函数 $m(E_x)$ 是可测的. 利用逐项积分定理，我们有

$$\begin{aligned} m(E)&=\sum_{n=1}^{\infty}m(E_n)=\sum_{n=1}^{\infty}\int_{\mathbf{R}^p}m((E_n)_x)\mathrm{d}x \\ &=\int_{\mathbf{R}^p}\sum_{n=1}^{\infty}m((E_n)_x)\mathrm{d}x=\int_{\mathbf{R}^p}m(E_x)\mathrm{d}x. \end{aligned}$$

这表明 $E$ 满足定理的结论(1) 和(2).

2° 设 $E=I_1\times I_2$ 是 $\mathbf{R}^p\times\mathbf{R}^q$ 中的方体. 则对每个 $x\in\mathbf{R}^p$，

$$E_x=\begin{cases} I_2, & x\in I_1, \\ \varnothing, & x\notin I_1, \end{cases} \qquad m(E_x)=\begin{cases} |I_2|, & x\in I_1, \\ 0, & x\notin I_1. \end{cases}$$

因此 $E_x$ 是可测集，函数 $m(E_x)$ 是可测的. 并且

$$m(E)=|I_1\times I_2|=|I_1|\cdot|I_2|=\int_{I_1}|I_2|\,\mathrm{d}x=\int_{\mathbf{R}^p}m(E_x)\mathrm{d}x.$$

3° 设 $E$ 是开集. 根据定理 1.27，存在一列互不相交的半开方体 $\{I_n\}$ 使得 $E=\bigcup\limits_{n=1}^{\infty}I_n$. 根据情形 2° 的结论，每个 $I_n$ 满足定理的结论(1) 和(2). 再利用情形 1° 的结论即知 $E$ 满足定理的结论(1) 和(2).

4° 设 $E=\bigcap\limits_{n=1}^{\infty}G_n$ 是有界 $G_\delta$ 型集，其中每个 $G_n$ 是开集. 不妨设 $G_n\downarrow$（否则令

$\widetilde{G}_1=G_1,\widetilde{G}_n=G_1\cap G_2\cap\cdots\cap G_n(n\geqslant 2)$，用$\{\widetilde{G}_n\}$代替$\{G_n\}$）. 既然 $E$ 有界，不妨设 $G_1$ 有界. 根据情形 3° 的结论，每个$(G_n)_x$ 是可测集. 于是 $E_x=\bigcap\limits_{n=1}^{\infty}(G_n)_x$ 是可测集. 利用测度的上连续性，对每个 $x\in\mathbf{R}^p$，

$$m(E_x)=m\left(\bigcap_{n=1}^{\infty}(G_n)_x\right)=\lim_{n\to\infty}m((G_n)_x).\tag{4.60}$$

根据情形 3° 的结论，每个 $m(G_n)_x$ 是可测函数. 于是由式(4.60)知道函数 $m(E_x)$ 是可测的. 再次利用情形 3° 的结论，有

$$\int_{\mathbf{R}^p}m((G_1)_x)\mathrm{d}x=m(G_1)<\infty,$$

故 $m((G_1)_x)\in L(\mathbf{R}^p)$. 又 $m((G_n)_x)\leqslant m((G_1)_x)(n\geqslant 1)$，利用控制收敛定理和式(4.60)得到

$$m(E)=\lim_{n\to\infty}m(G_n)=\lim_{n\to\infty}\int_{\mathbf{R}^p}m((G_n)_x)\mathrm{d}x=\int_{\mathbf{R}^p}m(E_x)\mathrm{d}x.$$

5°　设 $E$ 是零测度集. 此时 $E$ 可以表示为一列有界零测度集的不相交并. 利用情形 1° 的结论，不妨设 $E$ 是有界零测度集. 根据定理 2.6，存在有界 $G_\delta$ 型集 $G$，使得 $G\supset E$ 并且 $m(G-E)=0$. 于是 $m(G)=0$. 利用情形 4° 的结论得到

$$\int_{\mathbf{R}^p}m(G_x)\mathrm{d}x=m(G)=0.$$

故 $m(G_x)=0$ a.e. 由于 $E_x\subset G_x$，因此对几乎处处的 $x\in\mathbf{R}^p$，$E_x$ 是可测集，并且 $m(E_x)=0$ a.e. 于是函数 $m(E_x)$ 是可测的，并且 $m(E)=\int_{\mathbf{R}^p}m(E_x)\mathrm{d}x$.

6°　一般情形，设 $E$ 是 $\mathbf{R}^p\times\mathbf{R}^q$ 中的可测集. 与情形 5° 类似，不妨设 $E$ 有界. 根据定理 2.6，存在有界 $G_\delta$ 型集 $G$，使得 $G\supset E$ 并且 $m(G-E)=0$. 令 $A=G-E$，则 $A$ 是零测度集，并且 $E=G-A$. 由于 $E_x=G_x-A_x$，根据情形 4° 和 5° 的结论知道，对几乎处处的 $x\in\mathbf{R}^p$，$E_x$ 是可测集. 由于

$$m(E_x)=m(G_x)-m(A_x)=m(G_x)\ \text{a.e.},$$

因此函数 $m(E_x)$ 是可测的. 最后

$$m(E)=m(G)=\int_{\mathbf{R}^p}m(G_x)\mathrm{d}x=\int_{\mathbf{R}^p}m(E_x)\mathrm{d}x.$$

至此，定理得证. ■

由于对称性，对于截口 $E_y(y\in\mathbf{R}^q)$ 成立类似于定理 4.20 的结论.

**定理 4.21** (Fubini 定理)　(1) 若 $f(x,y)$ 是 $\mathbf{R}^p\times\mathbf{R}^q$ 上的非负可测函数，则对几乎处处的 $x\in\mathbf{R}^p$，$f(x,y)$ 作为 $y$ 的函数在 $\mathbf{R}^q$ 上可测，$g(x)=\int_{\mathbf{R}^q}f(x,y)\mathrm{d}y$ 在 $\mathbf{R}^p$ 上可测. 并且

$$\int_{\mathbf{R}^p\times\mathbf{R}^q}f(x,y)\mathrm{d}x\mathrm{d}y=\int_{\mathbf{R}^p}\left(\int_{\mathbf{R}^q}f(x,y)\mathrm{d}y\right)\mathrm{d}x.\tag{4.61}$$

(2) 若 $f(x,y)$ 是 $\mathbf{R}^p\times\mathbf{R}^q$ 上的可积函数，则对几乎处处的 $x\in\mathbf{R}^p$，$f(x,y)$ 作为 $y$

的函数在 $\mathbf{R}^q$ 上可积，$g(x)=\int_{\mathbf{R}^q} f(x,y)\mathrm{d}y$ 在 $\mathbf{R}^p$ 上可积. 并且式(4.61) 成立.

**证** (1) 先设 $f(x,y)=\chi_E(x,y)$ 是可测集的特征函数，其中 $E$ 是 $\mathbf{R}^p\times\mathbf{R}^q$ 中的可测集. 则对每个固定的 $x\in\mathbf{R}^p$，$f(x,y)=\chi_{E_x}(y)$. 根据定理 4.20，对几乎处处的 $x\in\mathbf{R}^p$，$E_x$ 是 $\mathbf{R}^q$ 中的可测集. 因此对几乎处处的$x\in\mathbf{R}^p$，$f(x,y)$ 作为 $y$ 的函数在 $\mathbf{R}^q$ 上可测. 令 $g(x)=\int_{\mathbf{R}^p} f(x,y)\mathrm{d}y$，则 $g(x)=m(E_x)$. 根据定理 4.20，$g(x)$ 在$\mathbf{R}^p$ 上可测.利用式(4.59) 得到

$$\begin{aligned}\int_{\mathbf{R}^p\times\mathbf{R}^q}\chi_E(x,y)\mathrm{d}x\mathrm{d}y &= m(E)=\int_{\mathbf{R}^p} m(E_x)\mathrm{d}x\\ &=\int_{\mathbf{R}^p}\left(\int_{\mathbf{R}^q}\chi_{E_x}(y)\mathrm{d}y\right)\mathrm{d}x=\int_{\mathbf{R}^p}\left(\int_{\mathbf{R}^q}\chi_E(x,y)\mathrm{d}y\right)\mathrm{d}x.\end{aligned}$$

这表明当 $f$ 是可测集的特征函数时，结论成立. 由积分的线性性知道，当 $f$ 是非负简单函数时，结论成立. 一般情形，设 $f$ 是非负可测函数. 则存在单调增加的非负简单函数列 $\{f_n\}$ 使得$\lim\limits_{n\to\infty}f_n(x,y)=f(x,y)$. 根据刚刚证明的结论，对几乎处处的 $x\in\mathbf{R}^p$，每个 $f_n(x,y)$ 在 $\mathbf{R}^q$ 上可测，从而 $f(x,y)$ 也在 $\mathbf{R}^q$ 上可测. 令

$$g_n(x)=\int_{\mathbf{R}^q} f_n(x,y)\mathrm{d}y \quad (n\geqslant 1).$$

则$\{g_n\}$ 是单调递增的非负可测函数列，并且由单调收敛定理得到

$$\lim_{n\to\infty} g_n(x)=\lim_{n\to\infty}\int_{\mathbf{R}^q} f_n(x,y)\mathrm{d}y=\int_{\mathbf{R}^q} f(x,y)\mathrm{d}y.$$

因此$g(x)=\int_{\mathbf{R}^q} f(x,y)\mathrm{d}y$ 是非负可测函数. 再对函数列$\{g_n\}$ 应用单调收敛定理，得到

$$\begin{aligned}\int_{\mathbf{R}^p\times\mathbf{R}^q} f(x,y)\mathrm{d}x\mathrm{d}y &= \lim_{n\to\infty}\int_{\mathbf{R}^p\times\mathbf{R}^q} f_n(x,y)\mathrm{d}x\mathrm{d}y\\ &=\lim_{n\to\infty}\int_{\mathbf{R}^p}\left(\int_{\mathbf{R}^q} f_n(x,y)\mathrm{d}y\right)\mathrm{d}x\\ &=\int_{\mathbf{R}^p}\left(\int_{\mathbf{R}^q} f(x,y)\mathrm{d}y\right)\mathrm{d}x.\end{aligned}$$

即式(4.61) 成立. 因此结论(1) 得证.

(2) 设 $f(x,y)\in L(\mathbf{R}^p\times\mathbf{R}^q)$. 对 $f^+(x,y)$ 和 $f^-(x,y)$ 利用式(4.61)，得到

$$\int_{\mathbf{R}^p}\left(\int_{\mathbf{R}^q} f^+(x,y)\mathrm{d}y\right)\mathrm{d}x=\int_{\mathbf{R}^p\times\mathbf{R}^q} f^+(x,y)\mathrm{d}x\mathrm{d}y<\infty. \tag{4.62}$$

$$\int_{\mathbf{R}^p}\left(\int_{\mathbf{R}^q} f^-(x,y)\mathrm{d}y\right)\mathrm{d}x=\int_{\mathbf{R}^p\times\mathbf{R}^q} f^-(x,y)\mathrm{d}x\mathrm{d}y<\infty. \tag{4.63}$$

因此$\int_{\mathbf{R}^q} f^+(x,y)\mathrm{d}y<\infty$ a.e.，$\int_{\mathbf{R}^q} f^-(x,y)\mathrm{d}y<\infty$ a.e. 这表明对几乎处处的 $x\in\mathbf{R}^p$，$f^+(x,y)$，$f^-(x,y)\in L(\mathbf{R}^q)$. 从而 $f(x,y)\in L(\mathbf{R}^q)$. 由于

$$g(x)=\int_{\mathbf{R}^q} f(x,y)\mathrm{d}y=\int_{\mathbf{R}^q} f^+(x,y)\mathrm{d}y-\int_{\mathbf{R}^q} f^-(x,y)\mathrm{d}y,$$

而式(4.62) 和式(4.63) 两式表明上式右端的两个函数都是在 $\mathbf{R}^p$ 上可积的，从而 $g(x)$ 在 $\mathbf{R}^p$ 上可积. 将式(4.62) 和式(4.63) 两式相减即知式(4.61) 成立. ■

由于对称性，在定理 4.21 中，交换 $x$ 与 $y$ 的位置，所得结论仍然成立. 因此，在定理 4.21 的条件下，有

$$\int_{\mathbf{R}^p\times\mathbf{R}^q} f(x,y)\mathrm{d}x\mathrm{d}y=\int_{\mathbf{R}^p}\mathrm{d}x\int_{\mathbf{R}^q} f(x,y)\mathrm{d}y=\int_{\mathbf{R}^q}\mathrm{d}y\int_{\mathbf{R}^p} f(x,y)\mathrm{d}x. \tag{4.64}$$

**推论 4.8**　设 $I$ 和 $J$ 分别是 $\mathbf{R}^p$ 和 $\mathbf{R}^q$ 中的方体. 若 $f(x,y)$ 是 $I\times J$ 上的非负可测函数或可积函数，则

$$\int_{I\times J} f(x,y)\mathrm{d}x\mathrm{d}y=\int_I\mathrm{d}x\int_J f(x,y)\mathrm{d}y=\int_J\mathrm{d}y\int_I f(x,y)\mathrm{d}x. \tag{4.65}$$

**证**　在推论的条件下，$f(x,y)\chi_{I\times J}(x,y)$ 是非负可测函数或可积函数. 在式(4.64)中将 $f(x,y)$ 换为 $f(x,y)\chi_{I\times J}(x,y)$，并且注意到 $\chi_{I\times J}(x,y)=\chi_I(x)\chi_J(y)$，就得到式(4.65). ■

在 Fubini 定理中，$f(x,y)$ 在乘积空间上可积这个条件往往不易验证. 下面的推论中的条件容易验证，因而常常用到.

**推论 4.9**　设 $I$ 和 $J$ 分别是 $\mathbf{R}^p$ 和 $\mathbf{R}^q$ 中的方体，$f(x,y)$ 是 $I\times J$ 上的可测函数. 若以下两式中至少有一个成立

$$\int_I\mathrm{d}x\int_J|f(x,y)|\mathrm{d}y<\infty,\quad \int_J\mathrm{d}y\int_I|f(x,y)|\mathrm{d}x<\infty,$$

则式(4.65)成立.

**证**　不妨设 $\int_I\mathrm{d}x\int_J|f(x,y)|\mathrm{d}y<\infty$. 由推论 4.8，我们有

$$\int_{I\times J}|f(x,y)|\mathrm{d}x\mathrm{d}y=\int_I\mathrm{d}x\int_J|f(x,y)|\mathrm{d}y<\infty.$$

这表明 $f(x,y)$ 在 $I\times J$ 上可积. 再次应用推论 4.8 即知式(4.65)成立. ■

**例 1**　计算 $I=\int_0^\infty\frac{\sin x}{x}(\mathrm{e}^{-ax}-\mathrm{e}^{-bx})\mathrm{d}x\ (0<a<b)$.

**解**　由计算知道

$$\int_0^\infty\frac{\sin x}{x}(\mathrm{e}^{-ax}-\mathrm{e}^{-bx})\mathrm{d}x=\int_0^\infty\mathrm{d}x\int_a^b\mathrm{e}^{-xy}\sin x\,\mathrm{d}y.$$

由于

$$\int_a^b\mathrm{d}y\int_0^\infty|\mathrm{e}^{-xy}\sin x|\mathrm{d}x\leqslant\int_a^b\mathrm{d}y\int_0^\infty\mathrm{e}^{-xy}\mathrm{d}x=\int_a^b\frac{1}{y}\mathrm{d}y=\ln\frac{b}{a}<\infty,$$

由 Fubini 定理(推论 4.9)，得到

$$\begin{aligned}I&=\int_0^\infty\mathrm{d}x\int_a^b\mathrm{e}^{-xy}\sin x\,\mathrm{d}y=\int_a^b\mathrm{d}y\int_0^\infty\mathrm{e}^{-xy}\sin x\,\mathrm{d}x\\&=\int_a^b\frac{1}{1+y^2}\mathrm{d}y=\arctan b-\arctan a.\end{aligned}$$

**例 2**　利用 Fubini 定理计算 $\int_0^\infty\mathrm{e}^{-x^2}\mathrm{d}x$.

**解**　由于 $f(x,y)=y\mathrm{e}^{-(1+x^2)y^2}$ 是 $[0,\infty)\times[0,\infty)$ 上的非负可测函数，利用 Fubini 定理得到

$$\int_0^{\infty} dx \int_0^{\infty} y e^{-(1+x^2)y^2} dy = \int_0^{\infty} dy \int_0^{\infty} y e^{-(1+x^2)y^2} dx.$$

经直接计算，我们有

$$\int_0^{\infty} dx \int_0^{\infty} y e^{-(1+x^2)y^2} dy = \frac{1}{2}\int_0^{\infty} \frac{1}{1+x^2} dx = \frac{\pi}{4}.$$

另一方面

$$\begin{aligned}\int_0^{\infty} dy \int_0^{\infty} y e^{-(1+x^2)y^2} dx &= \int_0^{\infty} e^{-y^2}\left(\int_0^{\infty} y e^{-x^2y^2} dx\right) dy \\ &= \int_0^{\infty} e^{-x^2} dx \cdot \int_0^{\infty} e^{-y^2} dy = \left(\int_0^{\infty} e^{-x^2} dx\right)^2.\end{aligned}$$

因此$\int_0^{\infty} e^{-x^2} dx = \frac{\sqrt{\pi}}{2}$.

**例 3** 设 $f, g \in L(\mathbf{R}^n)$. 令

$$(f * g)(x) = \int_{\mathbf{R}^n} f(y) g(x-y) dy \quad (x \in \mathbf{R}^n). \tag{4.66}$$

需要说明 $g(x-y)$ 在 $\mathbf{R}^n \times \mathbf{R}^n$ 上可测.这里略去其证明.称函数 $f * g$ 为 $f$ 与 $g$ 的卷积. 下面我们证明$(f * g)(x)$ 几乎处处有定义，$f * g \in L(\mathbf{R}^n)$,并且有

$$\int_{\mathbf{R}^n} |(f * g)(x)| dx \leqslant \int_{\mathbf{R}^n} |f(y)| dy \int_{\mathbf{R}^n} |g(x)| dx. \tag{4.67}$$

事实上，利用 Fubini 定理和 4.1 节中例 2，我们有

$$\begin{aligned}\int_{\mathbf{R}^n} dx \int_{\mathbf{R}^n} |f(y) g(x-y)| dy &= \int_{\mathbf{R}^n} dy \int_{\mathbf{R}^n} |f(y) g(x-y)| dx \\ &= \int_{\mathbf{R}^n} |f(y)| dy \int_{\mathbf{R}^n} |g(x-y)| dx \\ &= \int_{\mathbf{R}^n} |f(y)| dy \int_{\mathbf{R}^n} |g(x)| dx < \infty.\end{aligned} \tag{4.68}$$

因此对几乎处处的 $x \in \mathbf{R}^n$，$\int_{\mathbf{R}^n} |f(y) g(x-y)| dy < \infty$. 这表明对几乎处处的 $x \in \mathbf{R}^n$，式(4.66) 右边的积分是可积的. 因而$(f * g)(x)$ 几乎处处有定义并且有限. 而且利用式(4.68)，我们有

$$\begin{aligned}\int_{\mathbf{R}^n} |(f * g)(x)| dx &= \int_{\mathbf{R}^n} \left|\int_{\mathbf{R}^n} f(y) g(x-y) dy\right| dx \\ &\leqslant \int_{\mathbf{R}^n} dx \int_{\mathbf{R}^n} |f(y) g(x-y)| dy \\ &= \int_{\mathbf{R}^n} |f(y)| dy \int_{\mathbf{R}^n} |g(x)| dx < \infty.\end{aligned}$$

这表明 $f * g \in L(\mathbf{R}^n)$，并且式(4.67) 成立.

若 $I$ 和 $J$ 分别是 $\mathbf{R}^p$ 和 $\mathbf{R}^q$ 中的方体，则有$|I \times J| = |I| \cdot |J|$.下面的定理表明将 $I$ 和 $J$ 分别换为 $\mathbf{R}^p$ 和 $\mathbf{R}^q$ 中一般的可测集，成立类似的结果.

**定理 4.22** 若 $A$ 和 $B$ 分别是 $\mathbf{R}^p$ 和 $\mathbf{R}^q$ 中的可测集，则 $A \times B$ 是 $\mathbf{R}^p \times \mathbf{R}^q$ 中的可测集，并且成立

$$m(A \times B) = m(A) \cdot m(B).$$

**证** 先证可测性. 根据定理 2.6，存在 $F_\sigma$ 型集 $F=\bigcup_{n=1}^{\infty}F_n\subset A$，使得 $m(A-F)=0$. 故 $A$ 可以表示为

$$A=\left(\bigcup_{n=1}^{\infty}F_n\right)\cup E,$$

其中每个 $F_n$ 是闭集，$E=A-F$ 是零测度集. 由于每个闭集可以表示为一列有界闭集的并，故不妨设 $A=\bigcup_{i=1}^{\infty}A_i$，其中 $A_i$ 是有界闭集或零测度集. 同样，$B$ 也可以类似地表示为 $B=\bigcup_{j=1}^{\infty}B_j$. 于是

$$A\times B=\bigcup_{i,j=1}^{\infty}(A_i\times B_j).$$

因此只需考虑以下两种情况：

(1) $A$ 和 $B$ 都是闭集，此时 $A\times B$ 是 $\mathbf{R}^p\times\mathbf{R}^q$ 中的闭集(见习题 1，A 类第 29 题)，因而是可测集.

(2) $A$ 和 $B$ 中有一个是零测度集，一个是有界闭集. 不妨设 $m(A)=0$. 则对任意 $\varepsilon>0$，存在 $\mathbf{R}^p$ 中的开方体列 $\{I_k\}$ 和 $\mathbf{R}^q$ 中的开方体列 $\{J_i\}$，使得

$$A\subset\bigcup_{k=1}^{\infty}I_k,\quad \sum_{k=1}^{\infty}|I_k|<\varepsilon,$$

$$B\subset\bigcup_{i=1}^{\infty}J_i,\quad \sum_{i=1}^{\infty}|J_i|<m(B)+\varepsilon<\infty.$$

则 $\{I_k\times J_i\}$ 是 $A\times B$ 的一个开方体覆盖. 于是

$$\begin{aligned}m^*(A\times B)&\leqslant\sum_{k=1}^{\infty}\sum_{i=1}^{\infty}|I_k\times J_i|=\sum_{k=1}^{\infty}\sum_{i=1}^{\infty}|I_k|\cdot|J_i|\\&=\sum_{k=1}^{\infty}|I_k|\cdot\sum_{i=1}^{\infty}|J_i|<\varepsilon\cdot\sum_{i=1}^{\infty}|J_i|.\end{aligned}$$

由 $\varepsilon$ 的任意性得到 $m^*(A\times B)=0$. 故此时 $A\times B$ 也是 $\mathbf{R}^p\times\mathbf{R}^q$ 中的可测集.

综上所证，$A\times B$ 是 $\mathbf{R}^p\times\mathbf{R}^q$ 中的可测集. 利用 Fubini 定理得到

$$\begin{aligned}m(A\times B)&=\int_{\mathbf{R}^p\times\mathbf{R}^q}\chi_{A\times B}(x,y)\mathrm{d}x\mathrm{d}y=\int_{\mathbf{R}^p}\chi_A(x)\mathrm{d}x\cdot\int_{\mathbf{R}^q}\chi_B(y)\mathrm{d}y\\&=m(A)\cdot m(B).\end{aligned}$$

定理证毕. ■

下面的推论 4.10 给出了 Fubini 定理更一般的形式.

**推论 4.10** 设 $A$ 和 $B$ 分别是 $\mathbf{R}^p$ 和 $\mathbf{R}^q$ 中的可测集. 若 $f(x,y)$ 是 $A\times B$ 上的非负可测函数或可积函数，则

$$\int_{A\times B}f(x,y)\mathrm{d}x\mathrm{d}y=\int_A\mathrm{d}x\int_B f(x,y)\mathrm{d}y=\int_B\mathrm{d}y\int_A f(x,y)\mathrm{d}x.\tag{4.69}$$

**证** 根据定理 4.22，$A\times B$ 是 $\mathbf{R}^p\times\mathbf{R}^q$ 中的可测集，对 $f(x,y)\chi_{A\times B}(x,y)$ 应用式(4.64) 即得式(4.69). ■

### 4.6.2* 积分的几何意义

我们知道，若 $f(x)$ 是 $[a,b]$ 上非负的 Riemann 可积函数，则 $\int_a^b f(x)\mathrm{d}x$ 的几何意义

是$f(x)$的下方图形

$$\underline{G}(f)=\{(x,y)\in\mathbf{R}^2: a\leqslant x\leqslant b, 0\leqslant y\leqslant f(x)\}$$

的面积. 现在我们对 Lebesgue 积分给出类似的几何意义.

设 $E\subset\mathbf{R}^n$，$f(x)$是定义在 $E$ 上的非负实值函数. 令

$$G(f)=\{(x,y)\in\mathbf{R}^{n+1}: x\in E, y=f(x)\},$$

$$\underline{G}(f)=\{(x,y)\in\mathbf{R}^{n+1}: x\in E, 0\leqslant y\leqslant f(x)\}.$$

分别称 $G(f)$ 和 $\underline{G}(f)$ 为 $y=f(x)$ 的图形和下方图形. 注意 $G(f)$ 和 $\underline{G}(f)$ 都是 $\mathbf{R}^{n+1}$ 中的集. 此外，若 $A\subset E$，记

$$G_A(f)=\{(x,y)\in\mathbf{R}^{n+1}: x\in A, y=f(x)\}.$$

**定理 4.23** 设 $E$ 是 $\mathbf{R}^n$ 中的可测集，$f(x)$是定义在 $E$ 上的非负实值的可测函数，则 $m(G(f))=0$.

**证** 不妨设 $m(E)<\infty$. 设 $\delta$ 是任意给定的正数. 令

$$E_k=E(k\delta\leqslant f<(k+1)\delta)\quad(k=0,1,2,\cdots).$$

则$\{E_k\}$是一列互不相交的可测集，并且 $E=\bigcup\limits_{k=0}^{\infty}E_k$. 显然有 $G(f)=\bigcup\limits_{k=1}^{\infty}G_{E_k}(f)$. 注意到 $G_{E_k}(f)\subset E_k\times[k\delta,(k+1)\delta)$，于是

$$m^*(G(f))\leqslant\sum_{k=0}^{\infty}m^*(G_{E_k}(f))\leqslant\sum_{k=0}^{\infty}\delta\cdot m(E_k)=\delta\cdot m(E).$$

由于 $\delta>0$ 是任意的，因此 $m(G(f))=0$. ■

**定理 4.24**（积分的几何意义） 设 $E$ 是 $\mathbf{R}^n$ 中的可测集，$f(x)$是定义在 $E$ 上的非负实值的可测函数. 则 $\underline{G}(f)$ 是 $\mathbf{R}^{n+1}$ 中的可测集，并且

$$m(\underline{G}(f))=\int_E f(x)\mathrm{d}x. \tag{4.70}$$

**证** 先证明 $\underline{G}(f)$ 的可测性. 若$f(x)=\sum\limits_{i=1}^{k}a_i\chi_{A_i}(x)$是非负简单函数，则

$$\underline{G}(f)=\bigcup_{i=1}^{k}\left(A_i\times[0, a_i]\right).$$

根据定理 4.22，每个 $A_i\times[0, a_i]$ 是可测的，因而 $\underline{G}(f)$ 是可测的. 并且

$$m(\underline{G}(f))=\sum_{i=1}^{k}m(A_i\times[0, a_i])=\sum_{i=1}^{k}a_im(A_i)=\int_E f(x)\mathrm{d}x.$$

一般情形，存在一列非负简单函数$\{f_k\}$使得 $f_k\uparrow f(k\to\infty)$. 容易知道对每个 $k$ 有 $\underline{G}(f_k)\subset\underline{G}(f_{k+1})$，并且

$$\underline{G}(f)=G(f)\cup\bigcup_{k=1}^{\infty}\underline{G}(f_k).$$

其中每个 $\underline{G}(f_k)$ 是可测的. 又由定理 4.23 知道 $G(f)$ 是可测的并且 $m(G(f))=0$. 因此 $\underline{G}(f)$ 是可测的. 并且

$$m(\underline{G}(f))=m\left(\bigcup_{k=1}^{\infty}\underline{G}(f_k)\right)=\lim_{k\to\infty}m(\underline{G}(f_k))=\lim_{k\to\infty}\int_E f_k(x)\mathrm{d}x=\int_E f(x)\mathrm{d}x.$$

定理得证. ■

**例 4** 设 $f(x)$ 是 $[a,b]$ 上的非负连续函数. 则 $f(x)$ 的下方图形 $\underline{G}(f)$ 就是由曲线 $y=f(x)$, 直线 $x=a$, $x=b$ 和 $x$ 轴所围成的曲边梯形. 根据定理 4.24, $\underline{G}(f)$ 是平面上的可测集, 并且

$$m(\underline{G}(f))=\int_a^b f(x)\mathrm{d}x.$$

根据 Riemann 积分的几何意义, 上式右端的积分就是该曲边梯形的面积. 这表明, 曲边梯形的测度等于该曲边梯形的面积. 由此可以推出平面上的三角形, 多边形和圆的测度等于其面积.

设 $E$ 是 $\mathbf{R}^n$ 中的可测集, $f$ 是 $E$ 上的可测函数. 对每个 $t>0$, 令

$$\sigma_f(t)=mE(|f|>t).$$

称 $\sigma_f(t)$ 为 $f$ 的分布函数.

**例 5*** 设 $E$ 是 $\mathbf{R}^n$ 中的可测集, $f$ 是 $E$ 上的可测函数, $1\leqslant p<\infty$. 则

$$\int_E |f(x)|^p\mathrm{d}x=p\int_0^\infty t^{p-1}\sigma_f(t)\mathrm{d}t.$$

**证** 令 $A=\{(x,t):x\in E,\ 0\leqslant t<|f(x)|\}$, 则 $A=\underline{G}(f)-G(f)$. 因此 $A$ 是 $\mathbf{R}^{n+1}$ 中的可测集. 从而 $\chi_A(x,t)$ 是 $\mathbf{R}^{n+1}$ 上的可测函数. 注意到对固定的 $t\geqslant 0$,

$$\chi_{[0,|f(x)|)}(t)=\chi_A(x,t)=\chi_{E(|f|>t)}(x).$$

利用 Fubini 定理得到

$$\begin{aligned}\int_E |f(x)|^p\mathrm{d}x&=\int_E\mathrm{d}x\int_0^{|f(x)|}pt^{p-1}\mathrm{d}t\\&=\int_E\mathrm{d}x\int_0^\infty pt^{p-1}\chi_{[0,|f(x)|)}(t)\mathrm{d}t\\&=p\int_0^\infty t^{p-1}\mathrm{d}t\int_E\chi_{E(|f|>t)}(x)\mathrm{d}x\\&=p\int_0^\infty t^{p-1}mE(|f|>t)\mathrm{d}t\\&=p\int_0^\infty t^{p-1}\sigma_f(t)\mathrm{d}t.\end{aligned}$$

## 4.7* 测度空间上的积分

在 2.4 节和 3.4 节中已经分别介绍了测度空间和测度空间上的可测函数. 与此相对应, 本节介绍测度空间上的积分.

### 4.7.1 测度空间上的积分

如果考查一下本章前三节关于 Lebesgue 积分的定义, Lebesgue 积分的性质以及它们的证明, 就会发现那里只用到了测度和可测函数的一般性质, 并没有涉及 $\mathbf{R}^n$ 特有的结构性质. 因此本章前三节的内容, 除了个别例子外, 都可以平行地移植到一般的测度空间上来. 其文字叙述和证明过程都基本不变, 只需作一些记号上的改变.

设$(X,\mathscr{F},\mu)$为一测度空间，$E$ 是 $X$ 中的一给定的可测集.

**定义 4.4** 设 $f=\sum_{i=1}^{n}a_i\chi_{A_i}$ 是 $E$ 上的非负简单函数. 定义 $f$ 在 $E$ 上的积分为

$$\int_E f\mathrm{d}\mu=\sum_{i=1}^{n}a_i\mu(A_i),$$

4.1 节中的定理 4.1 和引理 4.2 对于现在的情形仍然成立.

**定义 4.5** 设 $f$ 是 $E$ 上的非负可测函数. 定义 $f$ 在 $E$ 上的积分为

$$\int_E f\mathrm{d}\mu=\lim_{n\to\infty}\int_E f_n\mathrm{d}\mu,$$

其中$\{f_n\}$是非负简单函数列并且 $f_n\uparrow f$ .

对非负可测函数而言，一般情况下，$0\leqslant\int_E f\mathrm{d}\mu\leqslant\infty$. 若$\int_E f\mathrm{d}\mu<\infty$，则称 $f$ 在 $E$ 上是可积的.

**定义 4.6** 设 $f$ 是 $E$ 上的可测函数. 若$\int_E f^+\mathrm{d}\mu$ 和$\int_E f^-\mathrm{d}\mu$ 至少有一个是有限的，则称 $f$ 在 $E$ 上的积分存在，且定义 $f$ 在 $E$ 上的积分为

$$\int_E f\mathrm{d}\mu=\int_E f^+\mathrm{d}\mu-\int_E f^-\mathrm{d}\mu.$$

当$\int_E f^+\mathrm{d}\mu$ 和$\int_E f^-\mathrm{d}\mu$ 都是有限值时，称 $f$ 在 $E$ 上是可积的. $E$ 上的可积函数的全体记为 $L(E,\mu)$.

显然，4.1 节中定义的 Lebesgue 积分就是测度空间$(\mathbf{R}^n,\mathscr{M}(\mathbf{R}^n),m)$上的积分.

若 $F$ 是 $\mathbf{R}^1$ 上单调递增的右连续函数，$\mu_F$ 是由 $F$ 导出的 Lebesgue-Stieltjes 测度. 则测度空间$(\mathbf{R}^1,\mathscr{B}(\mathbf{R}^1),\mu_F)$上的积分称为 Lebesgue-Stieltjes 积分，简称为 L-S 积分.

**例 1** 设 $f=a\chi_{(-\infty,1)}+b\chi_{\{1\}}+c\chi_{(1,2]}(a,b,c\geqslant 0)$.计算 L-S 积分$\int_{(0,\infty)}f\mathrm{d}\mu_F$. 这里

$$F(x)=\begin{cases}0, & x<1,\\ x^2, & x\geqslant 1.\end{cases}$$

**解** 注意到 $f$ 在$(0,\infty)$上的限制

$$f\chi_{(0,\infty)}=a\chi_{(0,1)}+b\chi_{\{1\}}+c\chi_{(1,2]}$$

是非负简单函数. 由积分的定义得到

$$\int_{(0,\infty)}f\mathrm{d}\mu_F=a\mu_F((0,1))+b\mu_F(\{1\})+c\mu_F((1,2]).$$

不难算出 $\mu_F((0,1))=0$，$\mu_F(\{1\})=1$，$\mu_F((1,2])=3$. 所以

$$\int_{(0,\infty)}f\mathrm{d}\mu_F=b+3c.$$

**例 2** 设$(\mathbf{N},\mathscr{P}(\mathbf{N}),\mu)$是自然数集的计数测度空间，$\sum_{i=1}^{\infty}a_i$是一个正项级数. 令 $f(i)=a_i(i=1,2,\cdots)$，则 $f$ 是$(\mathbf{N},\mathscr{P}(\mathbf{N}),\mu)$上的非负可测函数. 对每个正整数 $n$，令 $f_n=\sum_{i=1}^{n}a_i\chi_{\{i\}}$. 则$\{f_n\}$是非负简单函数列并且 $f_n\uparrow f$ . 由积分的定义，我们有

$$\int_{\mathbf{N}} f\mathrm{d}\mu=\lim_{n\to\infty}\int_{\mathbf{N}} f_n\mathrm{d}\mu=\lim_{n\to\infty}\sum_{i=1}^{n}a_i\mu\{i\}=\lim_{n\to\infty}\sum_{i=1}^{n}a_i=\sum_{i=1}^{\infty}a_i.$$

这表明正项级数可以表示成$(\mathbf{N},\mathscr{P}(\mathbf{N}),\mu)$上一个非负函数的积分. 一般地，若任意项级数$\sum\limits_{i=1}^{\infty}a_i$绝对收敛，则$\sum\limits_{i=1}^{\infty}a_i$可以表示成$(\mathbf{N},\mathscr{P}(\mathbf{N}),\mu)$上一个可积函数的积分. 其证明留作习题.

在 4.1 节至 4.3 节中，关于$\mathbf{R}^n$上的 Lebesgue 积分的讨论，包括可积性、积分的初等性质和极限定理，对于一般测度空间上的积分仍然成立，其叙述和证明也完全类似，只需作记号上的改变. 现列举部分结果如下.

(1) 积分的线性性：若$f,g\in L(E,\mu)$，$c$是常数，则$cf$，$f+g\in L(E,\mu)$，并且

$$\int_E cf\mathrm{d}\mu=c\int_E f\mathrm{d}\mu,$$

$$\int_E(f+g)\mathrm{d}\mu=\int_E f\mathrm{d}\mu+\int_E g\mathrm{d}\mu.$$

(2) 积分的单调性：若$f\leqslant g$ $\mu$-a.e.，则

$$\int_E f\mathrm{d}\mu\leqslant\int_E g\mathrm{d}\mu.$$

(3) 积分的绝对连续性：设$f\in L(E,\mu)$，则对任意$\varepsilon>0$，存在相应的$\delta>0$，使得当$A\subset E$并且$\mu(A)<\delta$时，有

$$\int_A|f|\mathrm{d}\mu<\varepsilon.$$

(4) 积分对积分域的可列可加性：设$f$在$E$上的积分存在，$\{E_n\}$是$E$的一列互不相交的可测子集，$E=\bigcup\limits_{n=1}^{\infty}E_n$. 则

$$\int_E f\mathrm{d}\mu=\sum_{n=1}^{\infty}\int_{E_n}f\mathrm{d}\mu.$$

(5) Levi 单调收敛定理：设$\{f_n\}$是$E$上单调递增的非负可测函数列，并且在$E$上$f_n\to f$ $\mu$-a.e.，则

$$\lim_{n\to\infty}\int_E f_n\mathrm{d}\mu=\int_E f\mathrm{d}\mu.$$

(6) Fatou 引理：设$\{f_n\}$是$E$上的非负可测函数列. 则

$$\int_E\varliminf_{n\to\infty}f_n\mathrm{d}\mu\leqslant\varliminf_{n\to\infty}\int_E f_n\mathrm{d}\mu.$$

(7) 控制收敛定理：设$f$，$f_n(n\geqslant1)$是$E$上的可测函数，并且存在$g\in L(E,\mu)$，使得$|f_n|\leqslant g$ $\mu$-a.e.$(n\geqslant1)$. 若$f_n\to f$ $\mu$-a.e.或$f_n\xrightarrow{\mu}f$，则$f_n$，$f\in L(E,\mu)$，并且

$$\lim_{n\to\infty}\int_E f_n\mathrm{d}\mu=\int_E f\mathrm{d}\mu.$$

此外，与在$\mathbf{R}^n$上的情形一样，可以在测度空间$(X,\mathscr{F},\mu)$上定义复值可测函数的积分.

### 4.7.2 乘积测度空间与 Fubini 定理

在一般测度空间上也有相应的 Fubini 定理. 但是 4.6 节中关于 $\mathbf{R}^p \times \mathbf{R}^q$ 上的 Fubini 定理的证明，依赖于欧氏空间特有的结构性质，因此不能简单地搬到一般测度空间的情形. 下面介绍关于一般乘积测度空间上的 Fubini 定理. 为此，需要先介绍乘积测度空间.

设$(X,\mathscr{A},\mu)$和$(Y,\mathscr{B},\nu)$是两个测度空间. 若 $A\in\mathscr{A}$, $B\in\mathscr{B}$, 则称

$$A\times B=\{(x,y):x\in A,y\in B\}$$

为 $X\times Y$ 中的可测矩形. 通过直接验证，不难验证下面的等式(参见图 4-3)：

$$(A_1\times B_1)\cap(A_2\times B_2)=(A_1\cap A_2)\times(B_1\cap B_2),$$

$$(A_1\times B_1)-(A_2\times B_2)=[(A_1-A_2)\times B_1]\cup[(A_1\cap A_2)\times(B_1-B_2)].$$

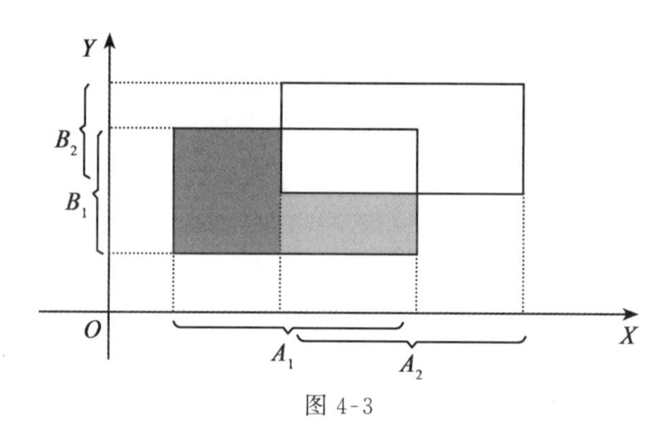


图 4-3

**引理 4.4** 令 $\mathscr{C}$ 是可测矩形的不相交有限并所成的集类，即

$$\mathscr{C}=\{E=\bigcup_{i=1}^{n}I_i:\ I_1,I_2,\cdots,I_n \text{ 是互不相交的可测矩形}, n\geqslant 1\}. \tag{4.71}$$

则 $\mathscr{C}$ 是 $X\times Y$ 上的代数.

**证** 显然 $\varnothing\in\mathscr{C}$. 由上面所列的可测矩形的性质知道，两个可测矩形的交仍是可测矩形，两个可测矩形的差是两个可测矩形的并. 由此易证 $\mathscr{C}$ 对交运算和差运算封闭. 又 $X\times Y$ 也是可测矩形，故 $\mathscr{C}$ 对余运算封闭. 从而 $\mathscr{C}$ 是 $X\times Y$ 上的代数. ■

**定义 4.7** 设$(X,\mathscr{A},\mu)$和$(Y,\mathscr{B},\nu)$是两个测度空间，$\mathscr{C}$ 是由式(4.71) 定义的代数. 称 $\sigma(\mathscr{C})$ 为 $\mathscr{A}$ 与 $\mathscr{B}$ 的乘积 $\sigma$- 代数，记为 $\mathscr{A}\times\mathscr{B}$. 称$(X\times Y,\mathscr{A}\times\mathscr{B})$为乘积可测空间.

这里与 $\mathbf{R}^p\times\mathbf{R}^q$ 的情形不一样，目前在 $\mathscr{A}\times\mathscr{B}$ 上并没有一个测度. 因此我们首先要在 $\mathscr{A}\times\mathscr{B}$ 上定义一个测度，而且这个测度要与 $X$ 上的测度 $\mu$ 和 $Y$ 上的测度 $\nu$ 有密切联系，使得与欧氏空间上的 Fubini 定理类似的结果成立. 定理 4.20 表明了高维空间可测集的 Lebesgue 测度与其在低维空间截口的 Lebesgue 测度之间的关系. 这个结果给我们提示了如何在 $\mathscr{A}\times\mathscr{B}$ 上定义这样的测度.

**定义 4.8** 设 $E\subset X\times Y$, $x\in X$. 称集

$$E_x=\{y\in Y:\ (x,y)\in E\}$$

为 $E$ 在 $x$ 处的截口. 类似地，对 $y\in Y$,称集

$$E_y=\{x\in X: (x,y)\in E\}$$

为 $E$ 在 $y$ 处的截口. 注意 $E_x$ 和 $E_y$ 分别是 $Y$ 和 $X$ 的子集.

容易验证关于 $x$ 的截口成立如下等式:

$$\left(\bigcup_{n=1}^{\infty}E_n\right)_x=\bigcup_{n=1}^{\infty}(E_n)_x,$$

$$\left(\bigcap_{n=1}^{\infty}E_n\right)_x=\bigcap_{n=1}^{\infty}(E_n)_x,$$

$$(A-B)_x=A_x-B_x.$$

同样,关于 $y$ 的截口也有类似的性质.

**定理 4.25**　设$(X,\mathscr{A},\mu)$和$(Y,\mathscr{B},\nu)$是两个 $\sigma$-有限的测度空间. $E\in\mathscr{A}\times\mathscr{B}$. 则:

(1) 对任意 $x\in X$, $E_x\in\mathscr{B}$; 对任意 $y\in Y$, $E_y\in\mathscr{A}$;

(2) $\nu(E_x)$ 和 $\mu(E_y)$ 分别是$(X,\mathscr{A})$ 和$(Y,\mathscr{B})$ 上的可测函数, 并且

$$\int_X\nu(E_x)\mathrm{d}\mu=\int_Y\mu(E_y)\mathrm{d}\nu. \tag{4.72}$$

**证**　(1) 令 $\mathscr{F}$ 是 $\mathscr{A}\times\mathscr{B}$ 中的所有满足结论(1) 的集 $E$ 所成的集类. 若 $E=A\times B$ 是可测矩形, 则对每个 $x\in X$,有

$$E_x=\begin{cases}B, & x\in A,\\ \varnothing, & x\notin A,\end{cases}\qquad E_y=\begin{cases}A, & x\in B,\\ \varnothing, & x\notin B.\end{cases} \tag{4.73}$$

故 $E_x\in\mathscr{B}$, $E_y\in\mathscr{A}$. 这表明若 $E$ 是可测矩形, 则结论(1) 成立. 由此容易推出, 若$E\in\mathscr{C}$, 则(1) 的结论成立, 即 $\mathscr{C}\subset\mathscr{F}$. 利用上面所述的截口的性质, 容易验证 $\mathscr{F}$ 是一个 $\sigma$- 代数. 故 $\mathscr{A}\times\mathscr{B}=\sigma(\mathscr{C})\subset\mathscr{F}$. 这表明结论(1) 成立.

(2) 先设 $\mu(x)<\infty$, $\nu(Y)<\infty$. 令 $\mathscr{F}_1$ 是 $\mathscr{A}\times\mathscr{B}$ 中的所有满足结论(2) 的集 $E$ 所成的集类. 只需证明 $\mathscr{A}\times\mathscr{B}\subset\mathscr{F}_1$. 若 $E=A\times B$ 是可测矩形, 则由式(4.73) 知道

$$\nu(E_x)=\nu(B)\chi_A(x),\quad \mu(E_y)=\mu(A)\chi_B(y).$$

此时 $\mu(E_x)$ 和 $\nu(E_y)$ 分别是$(X,\mathscr{A})$ 和$(Y,\mathscr{B})$ 上的可测函数, 并且

$$\int_X\nu(E_x)\mathrm{d}\mu=\int_X\nu(B)\chi_A(x)\mathrm{d}\mu=\mu(A)\cdot\nu(B). \tag{4.74}$$

同样$\int_Y\mu(E_y)\mathrm{d}\nu=\mu(A)\cdot\nu(B)$. 因此, 若 $E$ 是可测矩形, 则结论(2) 成立. 由此利用积分的线性性容易推出, 若 $E\in\mathscr{C}$, 则结论(2) 成立, 即 $\mathscr{C}\subset\mathscr{F}_1$.

下面证明 $\mathscr{F}_1$ 是一个单调类. 设$\{E_n\}$ 是 $\mathscr{F}_1$ 中的一个单调递增的序列,$E=\bigcup_{n=1}^{\infty}E_n$. 则 $E\in\mathscr{A}\times\mathscr{B}$. 由于 $E_x=\bigcup_{n=1}^{\infty}(E_n)_x$,$E_y=\bigcup_{n=1}^{\infty}(E_n)_y$, 并且$\{(E_n)_x\}$ 和$\{(E_n)_y\}$ 也是单调递增的, 利用测度的下连续性得到

$$\nu(E_x)=\lim_{n\to\infty}\nu((E_n)_x),\quad \mu(E_y)=\lim_{n\to\infty}\mu((E_n)_y).$$

因而 $\mu(E_x)$ 和 $\nu(E_y)$ 分别是$(X,\mathscr{A})$ 和$(Y,\mathscr{B})$ 上的可测函数, 并且

$$\int_X\nu(E_x)\mathrm{d}\mu=\lim_{n\to\infty}\int_X\nu((E_n)_x)\mathrm{d}\mu=\lim_{n\to\infty}\int_Y\mu((E_n)_y)\mathrm{d}\nu=\int_Y\mu(E_y)\mathrm{d}\nu.$$

这表明 $E\in\mathscr{F}_1$. 即 $\mathscr{F}_1$ 对单调递增的序列的并运算封闭. 类似地可以证明 $\mathscr{F}_1$ 对单调递减的

序列的交运算封闭(这里要用到条件$\mu(x)<\infty$, $\nu(Y)<\infty$). 因此$\mathscr{F}_1$是单调类. 又由于$\mathscr{C}$是代数, 利用1.3节中的推论1.2得到$\mathscr{A}\times\mathscr{B}=\sigma(\mathscr{C})\subset\mathscr{F}_1$. 因此当$\mu(x)<\infty$, $\nu(Y)<\infty$时, 结论(2)成立.

一般情形, 由于$\mu$和$\nu$都是$\sigma$-有限的, 在$\mathscr{A}$和$\mathscr{B}$中分别存在互不相交的集列$\{A_n\}$和$\{B_n\}$, 使得对每个$n$有, $\mu(A_n)<\infty$, $\nu(B_n)<\infty$, 并且

$$X=\bigcup_{n=1}^{\infty}A_n,\quad Y=\bigcup_{n=1}^{\infty}B_n.$$

对每个自然数$n$, 分别在$\mathscr{A}$和$\mathscr{B}$上定义测度:

$$\mu_n(A)=\mu(A\cap A_n),\quad \nu_n(B)=\nu(B\cap B_n).$$

则$\mu_n(X)=\mu(A_n)<\infty$, $\nu_n(Y)=\nu(B_n)<\infty$. 对任意$E\in\mathscr{A}\times\mathscr{B}$, 由上面所证, $\nu_n(E_x)$和$\mu_n(E_y)$分别是$(X,\mathscr{A})$和$(Y,\mathscr{B})$上的可测函数, 并且

$$\int_X\nu_n(E_x)\mathrm{d}\mu=\int_Y\mu_n(E_y)\mathrm{d}\nu. \tag{4.75}$$

由于

$$\nu(E_x)=\sum_{n=1}^{\infty}\nu(E_x\cap B_n)=\sum_{n=1}^{\infty}\nu_n(E_x),$$

因此$\nu(E_x)$是$(X,\mathscr{A})$上的可测函数. 同理$\mu(E_y)$是$(Y,\mathscr{B})$上的可测函数. 且利用式(4.75)得到

$$\begin{aligned}\int_X\nu(E_x)\mathrm{d}\mu&=\int_X\sum_{n=1}^{\infty}\nu_n(E_x)\mathrm{d}\mu=\sum_{n=1}^{\infty}\int_X\nu_n(E_x)\mathrm{d}\mu\\&=\sum_{n=1}^{\infty}\int_Y\mu_n(E_y)\mathrm{d}\nu=\int_Y\mu(E_y)\mathrm{d}\nu.\end{aligned}$$

即式(4.72)成立. 因此结论(2)得证. ■

**定理 4.26** 设$(X,\mathscr{A},\mu)$和$(Y,\mathscr{B},\nu)$是两个$\sigma$-有限的测度空间. 对每个$E\in\mathscr{A}\times\mathscr{B}$, 令

$$\lambda(E)=\int_X\nu(E_x)\mathrm{d}\mu=\int_Y\mu(E_y)\mathrm{d}\nu. \tag{4.76}$$

则$\lambda$是$\mathscr{A}\times\mathscr{B}$上的$\sigma$-有限的测度. 并且对每个可测矩形$A\times B$成立有

$$\lambda(A\times B)=\mu(A)\cdot\nu(B). \tag{4.77}$$

**证** 由定理4.25, 对每个$E\in\mathscr{A}\times\mathscr{B}$, $\nu(E_x)$和$\mu(E_y)$分别是$(X,\mathscr{A})$和$(Y,\mathscr{B})$上的可测函数, 并且式(4.72)成立. 因此$\lambda$的定义有意义. $\lambda$是$\mathscr{A}\times\mathscr{B}$上的非负集函数并且$\lambda(\varnothing)=0$. 若$\{E_n\}$是$\mathscr{A}\times\mathscr{B}$中的一列互不相交的集, 则

$$\begin{aligned}\lambda\left(\bigcup_{n=1}^{\infty}E_n\right)&=\int_X\nu\left(\bigcup_{n=1}^{\infty}(E_n)_x\right)\mathrm{d}\mu=\int_X\sum_{n=1}^{\infty}\nu((E_n)_x)\mathrm{d}\mu\\&=\sum_{n=1}^{\infty}\int_X\nu((E_n)_x)\mathrm{d}\mu=\sum_{n=1}^{\infty}\lambda(E_n),\end{aligned}$$

$\lambda$是可列可加的. 从而$\lambda$是$\mathscr{A}\times\mathscr{B}$上的测度. 若$E=A\times B$是可测矩形, 则由式(4.74)知道式(4.77)成立. 下面证明$\lambda$是$\sigma$-有限的. 由于$\mu$和$\nu$都是$\sigma$-有限的, 分别在$\mathscr{A}$和$\mathscr{B}$中存在互不相交的集列$\{A_m\}$和$\{B_n\}$, 使得对每个$m$和$n$有, $\mu(A_m)<\infty$, $\nu(B_n)<\infty$, 并且

$$X=\bigcup_{m=1}^{\infty}A_m,\quad Y=\bigcup_{n=1}^{\infty}B_n.$$

则 $X\times Y=\bigcup_{m,n=1}^{\infty}A_m\times B_n$.利用式(4.77)得到

$$\lambda(A_m\times B_n)=\mu(A_m)\cdot\nu(B_n)<\infty\quad(m,n\geqslant 1).$$

这表明 $\lambda$ 是 $\sigma$- 有限的. ■

**注** 可以证明, $\mu\times\nu$ 是 $\mathscr{A}\times\mathscr{B}$ 上的唯一的满足式(4.77)的 $\sigma$- 有限测度.

**定义 4.9** 设 $(X,\mathscr{A},\mu)$ 和 $(Y,\mathscr{B},\nu)$ 是两个测度空间. 由式(4.76)定义的 $\mathscr{A}\times\mathscr{B}$ 上的测度 $\lambda$ 称为 $\mu$ 和 $\nu$ 的乘积测度, 记为 $\mu\times\nu$. 称测度空间 $(X\times Y,\mathscr{A}\times\mathscr{B},\mu\times\nu)$ 为 $(X,\mathscr{A},\mu)$ 和 $(Y,\mathscr{B},\nu)$ 的乘积空间.

下面是乘积测度空间上的 Fubini 定理.

**定理 4.27** (Fubini 定理) 设 $(X,\mathscr{A},\mu)$ 和 $(Y,\mathscr{B},\nu)$ 是两个 $\sigma$- 有限的测度空间.

(1) 若 $f(x,y)$ 是 $(X\times Y,\mathscr{A}\times\mathscr{B},\mu\times\nu)$ 上的非负可测函数, 则对任意 $x\in X$, $f(x,y)$ 作为 $y$ 的函数在 $Y$ 上可测, $g(x)=\int_Y f(x,y)\mathrm{d}\nu$ 在 $X$ 上可测. 并且

$$\int_{X\times Y}f(x,y)\mathrm{d}(\mu\times\nu)=\int_X\left(\int_Y f(x,y)\mathrm{d}\nu\right)\mathrm{d}\mu. \tag{4.78}$$

(2) 若 $f(x,y)$ 是 $(X\times Y,\mathscr{A}\times\mathscr{B},\mu\times\nu)$ 上的可积函数, 则对几乎处处的 $x\in X$, $f(x,y)$ 作为 $y$ 的函数 $Y$ 上可积, $g(x)=\int_Y f(x,y)\mathrm{d}\nu$ 在 $X$ 上可积, 并且式(4.78)成立.

**证** 先设 $f(x,y)=\chi_E(x,y)$ 是特征函数, 其中 $E\in\mathscr{A}\times\mathscr{B}$. 由定理 4.25(1), 对所有 $x\in X$, $E_x\in\mathscr{B}$.于是

$$\int_Y\chi_E(x,y)\mathrm{d}\nu=\int_Y\chi_{E_x}(y)\mathrm{d}\nu=\nu(E_x).$$

由定理 4.25(2), $\nu(E_x)$ 是 $X$ 上的可测函数. 利用定理 4.26 得到

$$\int_{X\times Y}\chi_E\mathrm{d}\mu\times\nu=(\mu\times\nu)(E)=\int_X\nu(E_x)\mathrm{d}\mu=\int_X\left(\int_Y\chi_E\mathrm{d}\nu\right)\mathrm{d}\mu.$$

这表明当 $f$ 是特征函数时结论(1)成立. 接下来的证明与定理 4.21 的证明过程完全类似, 因此余下的证明过程从略. ■

由于对称性, 在定理 4.27 中, 交换 $x$ 与 $y$ 的位置, 所得结论仍然成立. 因此, 在定理 4.27 的条件下, 有

$$\int_{X\times Y}f(x,y)\mathrm{d}(\mu\times\nu)=\int_X\mathrm{d}\mu\int_Y f(x,y)\mathrm{d}\nu=\int_Y\mathrm{d}\nu\int_X f(x,y)\mathrm{d}\mu. \tag{4.79}$$

**推论 4.11** 设 $f(x,y)$ 是 $(X\times Y,\mathscr{A}\times\mathscr{B},\mu\times\nu)$ 上的可测函数, 若以下两式中至少有一个成立:

$$\int_X\mathrm{d}\mu\int_Y|f(x,y)|\mathrm{d}\nu<\infty,\quad\int_Y\mathrm{d}\nu\int_X|f(x,y)|\mathrm{d}\mu<\infty,$$

则 $f$ 在 $X\times Y$ 上可积并且式(4.79)成立.

**证明** 与推论 4.9 的证明完全类似. ■

# 习 题 4

## A 类

设以下各题中出现的 $E$ 是 $\mathbf{R}^n$ 中的可测集.

1. 设 $A_1, A_2, \cdots, A_n$ 是 $[0,1]$ 中的 $n$ 个可测集. 证明若每个 $x \in [0,1]$ 至少属于这 $n$ 个集中的 $q$ 个，则必存在某个 $A_i$，使得 $m(A_i) \geqslant \dfrac{q}{n}$.

2. 设 $f$ 是 $E$ 上的可测函数. 证明若存在 $g, h \in L(E)$，使得 $g(x) \leqslant f(x) \leqslant h(x)(x \in E)$，则 $f \in L(E)$.

3. 设 $f$ 是 $[a,b]$ 上的实值可测函数，并且

$$\int_a^b |f(x)| \ln(1+|f(x)|)\mathrm{d}x < \infty.$$

证明 $f \in L[a,b]$.

4. 设 $f \in L(\mathbf{R}^1)$，满足 $f(0)=0$，$f'(0)$ 存在. 证明 $\dfrac{f(x)}{x} \in L(\mathbf{R}^1)$.

5. 设 $f(x) \in L(\mathbf{R}^n)$，$a$ 是实数，$a \neq 0$. 证明 $f(ax) \in L(\mathbf{R}^n)$，并且

$$\int_{\mathbf{R}^n} f(ax)\mathrm{d}x = \frac{1}{|a|^n}\int_{\mathbf{R}^n} f(x)\mathrm{d}x.$$

6. 设 $m(E) > 0$，$f$ 是 $E$ 上的可测函数，并且 $f(x) > 0 (x \in E)$. 证明 $\int_E f\mathrm{d}x > 0$.

7. 设 $f, g \in L(E)$，并且对 $E$ 的任意可测子集 $A$，有 $\int_A f\mathrm{d}x = \int_A g\mathrm{d}x$. 证明 $f = g$ a.e.

8. 设 $f$，$f_n (n \geqslant 1)$ 为 $E$ 上的可测函数，$p > 0$. 证明若 $\lim\limits_{n\to\infty}\int_E |f_n - f|^p \mathrm{d}x = 0$，则 $f_n \xrightarrow{m} f$.

9. 设 $f$ 是 $E$ 上的可测函数. 证明 $f \in L(E)$ 的必要条件是 $\lim\limits_{n\to\infty}\int_{E(|f|\geqslant n)} |f|\mathrm{d}x = 0$. 当 $m(E) < \infty$ 时，该条件也是充分的.

10. 设 $f \in L(E)$. 证明 $\lim\limits_{n\to\infty} n \cdot mE(|f| \geqslant n) = 0$.

11. 设 $E$ 是 $[a,b]$ 中的可测集，$f \in L(E)$ 并且 $I = \int_E f\mathrm{d}x > 0$. 证明对任意 $0 < c < I$，存在 $E$ 的可测子集 $A$，使得 $\int_A f\mathrm{d}x = c$.

12. 设 $m(E) < \infty$，$f$ 是 $E$ 上的 a.e.有限可测函数. 证明 $f \in L(E)$ 的充要条件是

$$\sum_{n=1}^{\infty} n \cdot mE(n \leqslant |f| < n+1) < \infty.$$

13. 设 $f$，$f_n \in L(E)(n \geqslant 1)$. 证明:若对 $E$ 的每个可测集 $A$，$\{\int_A f_n\mathrm{d}x\}$ 是单调递增

的，并且$\lim\limits_{n\to\infty}\int_A f_n \mathrm{d}x=\int_A f\mathrm{d}x$，则 $f_n \to f$ a.e.

14. 设 $f$ 是$E$上的非负可测函数，$\{E_n\}$是 $E$ 的一列单调递增的可测子集，并且 $E=\bigcup\limits_{n=1}^{\infty}E_n$. 证明$\int_E f\mathrm{d}x=\lim\limits_{n\to\infty}\int_{E_n} f\mathrm{d}x$.

15. 设$\{A_n\}$是 $E$ 中的一列可测集，使得$\sum\limits_{n=1}^{\infty}m(A_n)<\infty$. 证明对几乎所有$x\in E$，$x$ 只属于有限个$A_n$.

16. 设$\{f_n\}$是 $E$ 上的可测函数列，并且$\sum\limits_{n=1}^{\infty}\int_E |f_n|\mathrm{d}x<\infty$. 证明$\sum\limits_{n=1}^{\infty}|f_n(x)|<\infty$ a.e.，$\sum\limits_{n=1}^{\infty}f_n(x)$在 $E$ 上可积，并且

$$\int_E \sum_{n=1}^{\infty}f_n \mathrm{d}x=\sum_{n=1}^{\infty}\int_E f_n \mathrm{d}x.$$

17. 设 $f$，$f_n(n\geqslant 1)$为 $E$ 上的非负可测函数，$f_n \xrightarrow{m} f$. 证明

$$\int_E f\mathrm{d}x\leqslant \varliminf_{n\to\infty}\int_E f_n \mathrm{d}x.$$

18. 设 $f$，$f_n(n\geqslant 1)$为 $E$ 上的非负可积函数，满足 $f_n \to f$ a.e.，并且$\lim\limits_{n\to\infty}\int_E f_n \mathrm{d}x=\int_E f\mathrm{d}x$. 证明对 $E$ 的任意可测子集$A$，有

$$\lim_{n\to\infty}\int_A f_n \mathrm{d}x=\int_A f\mathrm{d}x.$$

19. 设 $m(E)<\infty$，$\{f_n\}$是 $E$ 上的实值可测函数列. 证明当且仅当 $f_n \xrightarrow{m} 0$ 时

$$\lim_{n\to\infty}\int_E \frac{|f_n|}{1+|f_n|}\mathrm{d}x=0.$$

20. 在$(0,1]$上定义函数

$$f_n(x)=n^2\chi_{\left(\frac{1}{n+1},\frac{1}{n}\right]}(x)\quad(n=1,2,\cdots).$$

证明$\{f_n\}$在$(0,1]$上处处收敛于 0. 但$\lim\limits_{n\to\infty}\int_{(0,1]} f_n \mathrm{d}x\neq 0$. 这与控制收敛定理是否矛盾？说明理由.

21. 设 $m(E)<\infty$，$f\in L(E)$并且 $f(x)>0(x\in E)$. 证明

$$\lim_{t\to+\infty}\int_E [f(x)]^{\frac{1}{t}}\mathrm{d}x=m(E).$$

22. 设 $f$ 是$[0,\infty)$上的连续函数，并且$\lim\limits_{x\to+\infty}f(x)=l$. 证明对任意$[a,b]\subset[0,\infty)$，有

$$\lim_{n\to\infty}\int_a^b f(nx)\mathrm{d}x=(b-a)l.$$

23. 设$\{r_n\}$是$[0,1]$中的有理数的全体. 令$f(x)=\sum\limits_{n=1}^{\infty}\frac{1}{n^2}\frac{1}{\sqrt{|x-r_n|}}(0\leqslant x\leqslant 1)$. 证

明在 $[0,1]$ 上 $f(x)<\infty$ a.e.

24. 设 $f\in L(\mathbf{R}^1)$，$\{a_n\}$ 是正数列使得 $\sum_{n=1}^{\infty}\frac{1}{a_n}<\infty$. 证明在 $\mathbf{R}^1$ 上

$$\lim_{n\to\infty} f(a_n x)=0 \text{ a.e.}$$

25. 设 $f$ 在 $[a,b]$ 上 Riemann 可积，$g$ 是 $\mathbf{R}^1$ 上的连续函数. 证明 $g(f(x))$ 在 $[a,b]$ 上 Riemann 可积.

26. 设 $f$ 在 $[0,1]$ 上 Riemann 可积，证明 $f(\sqrt{x})$ 也在 $[0,1]$ 上 Riemann 可积.

27. 设 $A$ 是无理数集，令 $f(x)=\mathrm{e}^{-x}\chi_A(x)$. 证明在 $f\in L[0,\infty)$，并且求其积分值.

28. 当 $\alpha>0$ 为何值时，函数 $f(x)=\frac{\sin x}{x^\alpha}$ 在 $[1,\infty)$ 上是 Lebesgue 可积的.

29. 设 $f$ 和 $g$ 在 $[a,b]$ 上 Riemann 可积，并且在 $[a,b]$ 中的有理数集上相等. 证明 $f$ 和 $g$ 在 $[a,b]$ 上积分相等.

30. 证明 $\lim\limits_{n\to\infty}\int_0^\infty \frac{n\sqrt{x}}{1+n^2x^2}\sin^5 x\,\mathrm{d}x=0$.

31. 证明当 $p,q>0$ 时，$\int_0^1 \frac{x^{p-1}}{1+x^q}\mathrm{d}x=\sum_{n=0}^{\infty}(-1)^n\frac{1}{p+nq}$.

32. 计算 $\int_0^\infty \frac{x^2}{\mathrm{e}^x-1}\mathrm{d}x$.

33. 证明 $\int_0^1 \frac{\arctan x}{x}\mathrm{d}x=\sum_{n=1}^{\infty}(-1)^{n-1}\frac{1}{(2n-1)^2}$.

34. 设 $f\in L(\mathbf{R}^1)$，$g$ 是 $\mathbf{R}^1$ 上的有界可测函数. 证明函数

$$I(t)=\int_{\mathbf{R}^1} f(x+t)g(x)\mathrm{d}x \quad (t\in\mathbf{R}^1)$$

是 $\mathbf{R}^1$ 上的连续函数.

35. 计算 $I=\int_0^\infty (\mathrm{e}^{-ax^2}-\mathrm{e}^{-bx^2})\frac{1}{x}\mathrm{d}x\ (0<a<b)$.

36. 设 $f(x,y)$ 在 $[0,1]\times[0,1]$ 上可积. 证明

$$\int_0^1 \mathrm{d}x\int_0^x f(x,y)\mathrm{d}y=\int_0^1 \mathrm{d}y\int_y^1 f(x,y)\mathrm{d}x.$$

37. 设 $f\in L[0,a]$. 令 $g(x)=\int_x^a \frac{f(t)}{t}\mathrm{d}t$，证明 $g\in L[0,a]$，并且 $\int_0^a g\,\mathrm{d}x=\int_0^a f\,\mathrm{d}x$.

38. 设 $f\in L[a,b]$. 令 $\varphi(x)=\frac{1}{2h}\int_{x-h}^{x+h} f(t)\mathrm{d}t\ (h>0)$（在 $[a,b]$ 外令 $f=0$）. 证明

$$\int_a^b |\varphi(x)|\,\mathrm{d}x\leqslant\int_a^b |f(x)|\,\mathrm{d}x.$$

39. 设 $f,g$ 是 $E$ 上的非负可测函数. 令 $\varphi(t)=\int_{E(g\geqslant t)} f(x)\mathrm{d}x\ (t>0)$. 证明

$$\int_E f(x)g(x)\mathrm{d}x=\int_0^\infty \varphi(t)\mathrm{d}t.$$

40. 证明：(1) 若 $f(x)$ 和 $g(y)$ 分别是 $\mathbf{R}^p$ 和 $\mathbf{R}^q$ 上的可测函数，则 $h(x,y)=f(x)g(y)$ 是 $\mathbf{R}^p\times\mathbf{R}^q$ 上的可测函数

(2) 若 $f\in L(\mathbf{R}^p)$，$g\in L(\mathbf{R}^q)$，则 $h\in L(\mathbf{R}^p\times\mathbf{R}^q)$，并且

$$\int_{\mathbf{R}^p\times\mathbf{R}^q}h(x,y)\mathrm{d}(x,y)=\int_{\mathbf{R}^p}f(x)\mathrm{d}x\cdot\int_{\mathbf{R}^q}g(y)\mathrm{d}y.$$

41. 设 $f$ 是 $E$ 上有界的可测函数，并且存在 $M>0$ 和 $0<a<1$，使得

$$mE(|f|>\lambda)<\frac{M}{\lambda^a}\quad(\lambda>0).$$

证明 $f\in L(E)$.

42. 叙述并且证明关于复值可测函数积分的控制收敛定理.

43. 设$f(x)=\chi_{(-\infty,1)}(x)+\mathrm{e}^x\chi_{[1,\infty)}(x)$，$\mu_F$ 是由 $F$ 导出的 L-S 测度. 计算$\int_{-\infty}^{\infty}f\mathrm{d}\mu_F$. 其中$F(x)=\chi_{(-\infty,1)}(x)+2\chi_{\{1\}}(x)-\chi_{(1,2]}(x)$.

44. 设$F(x)=a\chi_{[1,\infty)}(x)$(其中 $a>0$)，$\mu_F$ 是由 $F$ 导出的 L-S 测度. 证明对 $\mathbf{R}^1$ 上的任意 Borel 可测函数 $f$，有$\int_{-\infty}^{\infty}f\,\mathrm{d}\mu_F=f(1)\cdot a$.

45. 设级数$\sum_{n=1}^{\infty}a_n$绝对收敛. 证明$\sum_{n=1}^{\infty}a_n$可以表示成$(\mathbf{N},\mathscr{P}(\mathbf{N}),\mu)$(其中 $\mu$ 是计数测度)上一个可积函数的积分.

46. 用 Fubini 定理证明当 $a_{mn}\geqslant 0$ 或者 $\sum_{n=1}^{\infty}\sum_{m=1}^{\infty}|a_{mn}|<\infty$ 时，有

$$\sum_{n=1}^{\infty}\sum_{m=1}^{\infty}a_{mn}=\sum_{m=1}^{\infty}\sum_{n=1}^{\infty}a_{mn}.$$

## B 类

1. 设 $0<q\leqslant m(E)<\infty$，$f\in L(E)$ 并且$f(x)>0(x\in E)$. 证明

$$\inf_{m(A)\geqslant q}\int_A f\mathrm{d}x>0.$$

2. 设 $m(E)<\infty$，$f$ 是 $E$ 上的可测函数. 则 $f\in L(E)$ 的充要条件是

$$\sum_{n=1}^{\infty}mE(|f|\geqslant n)<\infty.$$

3. 设 $m(E)<\infty$，$f$ 是 $E$ 上的可测函数. 则 $f\in L(E)$ 的充要条件是

$$\sum_{n=0}^{\infty}2^n\cdot mE(|f|\geqslant 2^n)<\infty.$$

4. 设 $m(E)<\infty$，$f$ 是 $E$ 上的可测函数，并且存在 $M>0$ 和 $a>1$，使得

$$mE(|f|\geqslant\lambda)\leqslant\frac{M}{\lambda^a}\quad(\lambda>0).$$

证明 $f\in L(E)$.

5. 设 $f\in L[0,1]$. 若对任意 $c(0\leqslant c\leqslant 1)$，总有$\int_{[0,c]}f\,\mathrm{d}x=0$，证明在$[0,1]$上 $f=0$ a.e.

6. 设 $f\in L(\mathbf{R}^1)$,$F(x)=\int_0^x f(t)\mathrm{d}t\,(x\in\mathbf{R}^1)$. 若$F(x)$是 $\mathbf{R}^1$ 上的增函数，证明在 $\mathbf{R}^1$ 上 $f\geqslant 0$ a.e.

7. 设 $f$ 是$E$上的非负可积函数，并且对任意正整数 $n$，有$\int_E f(x)^n\mathrm{d}x=c$($c$ 是常数). 证明存在 $E$ 的可测集 $A$，使得 $f=\chi_A$ a.e.

8. 设 $E$ 是$[0,1]$的可测子集. 证明 $\chi_E(x)$ 在$[0,1]$上 Riemann 可积当且仅当

$$m(\overline{E}-E^{\circ})=0.$$

9. 设 $f$ 在$[a-h,b+h]$上是 Lebesgue 可积的. 证明

$$\lim_{t\to 0}\int_a^b|f(x+t)-f(x)|\mathrm{d}x=0.$$

10. 设 $f\in L[a,b]$. 证明$\lim\limits_{n\to\infty}\int_a^b f(x)|\sin nx|\mathrm{d}x=\frac{2}{\pi}\int_a^b f(x)\mathrm{d}x$.

11. 设 $f\in L(\mathbf{R}^n)$，并且对 $\mathbf{R}^n$ 上的任意具有紧支集的连续函数 $g$，有$\int_{\mathbf{R}^1}f(x)g(x)\mathrm{d}x=0$. 证明在 $\mathbf{R}^n$ 上 $f=0$ a.e.

12. 设 $A$ 是 $\mathbf{R}^n$ 中的有界可测集. 证明$\lim\limits_{h\to 0}m(A\cap(h+A))=m(A)$.

13. 证明 $A=\{(x,y):x>0,xy=1\}$ 是 $\mathbf{R}^2$ 中的零测度集.

14. 设 $f\in L(\mathbf{R}^1)$. 证明 $\hat{f}(t)=\int_{-\infty}^{\infty}\mathrm{e}^{-itx}f(x)\mathrm{d}x$ 是 $\mathbf{R}^1$ 上的连续函数.

# 第5章 微分与不定积分

我们知道在数学分析中，微分与积分具有密切的联系.一方面，若$f(x)$在区间$[a,b]$上连续，则对任意$x\in[a,b]$有$\left(\int_a^x f(t)\mathrm{d}t\right)'=f(x)$. 另一方面，若$f(x)$在$[a,b]$上可微，并且$f'(x)$在$[a,b]$上是Riemann可积的，则有Newton-Leibniz公式：

$$\int_a^b f'(x)\mathrm{d}x=f(b)-f(a).$$

本章将把上述结果推广到Lebesgue积分.本章设所讨论的函数都是定义在区间上的实值函数(即不取$\pm\infty$为值).

## 5.1 单调函数的可微性

先回顾单调函数的定义.设$f$是定义在区间$I$上的实值函数.若对任意$x_1,x_2\in I$，当$x_1<x_2$时总有

$$f(x_1)\leqslant f(x_2)\quad(\text{相应地，}f(x_1)\geqslant f(x_2)),$$

则称$f$在$I$上是单调递增的(相应地,单调递减的).单调递增和单调递减的函数统称为单调函数.

**定义5.1** 设$E$是$\mathbf{R}^1$的子集，$\mathbf{\Gamma}=\{I_\alpha\}$是一族区间($I_\alpha$可以是开的，闭的或半开半闭的，但不能退化为单点集). 若对任意$\varepsilon>0$和$x\in E$，存在$I_\alpha\in\mathbf{\Gamma}$，使得$x\in I_\alpha$并且$|I_\alpha|<\varepsilon$，则称$\mathbf{\Gamma}$为$E$的一个Vitali覆盖.

例如,设$E=[a,b]$，$\{r_n\}$是$[a,b]$中的有理数的全体.令$I_{n,m}=\left(r_n-\dfrac{1}{m},r_n+\dfrac{1}{m}\right)$.则区间族$\Gamma=\{I_{n,m}:n,m\in\mathbf{N}\}$就是$E$的一个Vitali覆盖.

**定理5.1**(Vitali覆盖定理) 设$E\subset\mathbf{R}^1$，其外测度$m^*(E)<\infty$,$\mathbf{\Gamma}=\{I_\alpha\}$是$E$的一个Vitali覆盖.则对任意$\varepsilon>0$，存在有限个互不相交的区间$I_1,I_2,\cdots,I_n\in\mathbf{\Gamma}$，使得

$$m^*\left(E-\bigcup_{i=1}^n I_i\right)<\varepsilon.\tag{5.1}$$

**证** 由于对任意$I_1,I_2,\cdots,I_n\in\mathbf{\Gamma}$,$I_1,I_2,\cdots,I_n$的端点的全体是一个零测度集，故不妨设$\mathbf{\Gamma}$中的每个区间都是闭区间.由于$m^*(E)<\infty$,存在开集$G\supset E$使得$m(G)<\infty$(参见2.3节中的式(2.21)的证明).因此不妨设$\mathbf{\Gamma}$中的每个区间均包含在$G$中,否则用$\mathbf{\Gamma}_1=\{I:I\in\mathbf{\Gamma}\text{并且}I\subset G\}$代替$\mathbf{\Gamma}$.若存在$\mathbf{\Gamma}$中的有限个互不相交区间$I_1,I_2,\cdots,I_n$使得$E\subset\bigcup\limits_{i=1}^n I_i$，则

$$m^*\left(E-\bigcup_{i=1}^{n} I_i\right)=0.$$

此时定理的结论已经成立. 现在设对于 $\boldsymbol{\Gamma}$ 中的任意有限个互不相交的区间 $I_1, I_2, \cdots, I_n$，都有 $E\not\subset\bigcup_{i=1}^{n} I_i$. 在 $\boldsymbol{\Gamma}$ 中任取一个区间记为 $I_1$. 假定 $I_1, I_2, \cdots, I_k$ 已经选取. 由于 $E-\bigcup_{i=1}^{k} I_i\neq\varnothing$，由 Vitali 覆盖的性质易知至少存在一个区间 $I\in\boldsymbol{\Gamma}$，使得 $I$ 与 $I_1, I_2, \cdots, I_k$ 都不相交. 令

$$\lambda_k=\sup\{|I|: I\in\boldsymbol{\Gamma},\ I\cap I_i=\varnothing,\ i=1,2,\cdots,k\}.$$

既然 $\boldsymbol{\Gamma}$ 中的每个区间 $I$ 都包含于 $G$ 中，故 $\lambda_k\leqslant m(G)<\infty$. 在 $\boldsymbol{\Gamma}$ 中选取一个区间 $I_{k+1}$ 使得

$$|I_{k+1}|>\frac{1}{2}\lambda_k, \quad I_{k+1}\cap I_i=\varnothing \quad (i=1,2,\cdots,k). \tag{5.2}$$

继续这个过程，得到 $\boldsymbol{\Gamma}$ 中的一列互不相交的区间 $\{I_k\}$，使得对每个 $k\geqslant 1$ 满足式(5.2). 由于 $\bigcup_{k=1}^{\infty} I_k\subset G$，因此有

$$\sum_{k=1}^{\infty}|I_k|=m\left(\bigcup_{k=1}^{\infty} I_k\right)\leqslant m(G)<\infty. \tag{5.3}$$

于是存在一个 $n$ 使得

$$\sum_{k=n+1}^{\infty}|I_k|<\frac{\varepsilon}{5}. \tag{5.4}$$

令 $A=E-\bigcup_{k=1}^{n} I_k$. 若能证明 $m^*(A)<\varepsilon$，则定理就得证. 设 $x\in A$. 由于 $\bigcup_{k=1}^{n} I_k$ 是闭集并且 $x\notin\bigcup_{k=1}^{n} I_k$，故存在一个区间 $I\in\boldsymbol{\Gamma}$ 使得 $I$ 包含 $x$ 并且与 $I_1, I_2, \cdots, I_n$ 都不相交. 若进一步 $I$ 与 $\{I_k\}_{k>n}$ 中的每个区间都不相交，则对任意 $k>n$ 均有 $|I|\leqslant\lambda_k<2|I_{k+1}|$. 由式(5.3)知道当 $k\to\infty$ 时，$|I_k|\to 0$，于是 $|I|=0$. 这是不可能的，因此 $I$ 必与 $\{I_k\}_{k>n}$ 中的某个区间相交. 令 $k_0=\min\{k: I\cap I_k\neq\varnothing\}$. 则 $k_0>n$，并且

$$|I|\leqslant\lambda_{k_0-1}<2|I_{k_0}|.$$

记 $I_{k_0}$ 的中心为 $x_{k_0}$，半径为 $r_{k_0}$. 由于 $x\in I$ 并且 $I\cap I_{k_0}\neq\varnothing$，故 $x$ 与 $x_{k_0}$ 的距离

$$d(x, x_{k_0})\leqslant|I|+\frac{1}{2}|I_{k_0}|\leqslant 2|I_{k_0}|+\frac{1}{2}|I_{k_0}|=\frac{5}{2}|I_{k_0}|=5r_{k_0}.$$

于是

$$x\in J_{k_0}\triangleq[x_{k_0}-5r_{k_0},\ x_{k_0}+5r_{k_0}].$$

因此，若对每个 $k>n$，令 $J_k$ 是与 $I_k$ 有相同的中心且长度为 $I_k$ 的 5 倍的区间，则 $A\subset\bigcup_{k=n+1}^{\infty} J_k$. 利用式(5.4)得到

$$m^*(A)\leqslant\sum_{k=n+1}^{\infty}|J_k|=5\sum_{k=n+1}^{\infty}|I_k|<\varepsilon.$$

定理得证. ■

下面考虑单调函数的可微性. 我们知道，定义在区间上的实值函数 $f(x)$ 在某一点可

微的必要条件是$f(x)$在该点处连续. 但$f(x)$在某一点处连续不保证$f(x)$在该点处可微.尽管如此，在很长时间内大多数数学家还是相信，在一个区间上的连续函数$f(x)$除了在"少数"例外点外,在其余大多数点处$f(x)$是可微的. 然而使数学界深感意外的是，1872年德国数学家Weierstrass作出了一个反例打破了这种观念. Weierstrass给出的反例说明，一个处处连续的函数可以是处处不可微的！ 这个反例也说明直觉是不可靠的.

但是，对于单调函数而言上述的情况不会发生. 我们将证明单调函数是几乎处处可微的. 为此，先引进几个记号.

设$f(x)$是在$x_0\in\mathbf{R}^1$的某一邻域内有定义的实值函数. 令

$$D^+f(x_0)=\overline{\lim_{h\to0+}}\frac{f(x_0+h)-f(x_0)}{h},$$

$$D_+f(x_0)=\underline{\lim_{h\to0+}}\frac{f(x_0+h)-f(x_0)}{h},$$

$$D^-f(x_0)=\overline{\lim_{h\to0-}}\frac{f(x_0+h)-f(x_0)}{h},$$

$$D_-f(x_0)=\underline{\lim_{h\to0-}}\frac{f(x_0+h)-f(x_0)}{h}$$

(上述极限值均允许为$\pm\infty$). 分别称它们为$f(x)$在点$x_0$处的右上导数、右下导数、左上导数和左下导数. 从定义知道一般地有

$$D^+f(x_0)\geqslant D_+f(x_0),\quad D^-f(x_0)\geqslant D_-f(x_0). \tag{5.5}$$

显然$f$在点$x_0$处可导当且仅当

$$D^+f(x_0)=D_+f(x_0)=D^-f(x_0)=D_-f(x_0)\neq\pm\infty.$$

**定理 5.2**(Lebesgue定理) 设$f(x)$是定义在$[a,b]$上的单调递增的实值函数. 则$f(x)$在$[a,b]$上几乎处处可导. 其导数$f'(x)$在$[a,b]$上Lebesgue可积,并且

$$\int_a^b f'(x)\mathrm{d}x\leqslant f(b)-f(a). \tag{5.6}$$

**证** 先证明在开区间$(a,b)$内几乎处处成立有

$$D^+f(x)=D_+f(x)=D^-f(x)=D_-f(x). \tag{5.7}$$

令$E_1=\{x\in(a,b):D^+f(x)>D_-f(x)\}$. 则

$$E_1=\bigcup_{r,s\in\mathbf{Q}}\{x\in(a,b):D^+f(x)>r>s>D_-f(x)\}.$$

其中$\mathbf{Q}$为有理数集. 我们要证明$m^*(E_1)=0$，为此只需证明对任意$r,s\in\mathbf{Q}$,

$$m^*(\{x\in(a,b):D^+f(x)>r>s>D_-f(x)\})=0.$$

记

$$A=\{x\in(a,b):D^+f(x)>r>s>D_-f(x)\}.$$

对任意$\varepsilon>0$，存在开集$G\supset A$使得$m(G)<m^*(A)+\varepsilon$. 对任意$x\in A$，由于$D_-f(x)<s$，故存在$h>0$使得$[x-h,x]\subset G$，并且

$$f(x)-f(x-h)<sh. \tag{5.8}$$

所有这样的区间$[x-h,x]$构成了$A$的一个Vatali覆盖. 根据Vitali覆盖定理，存在有限

个互不相交的这样的区间 $I_i=[x_i-h_i,x_i](i=1,2,\cdots,n)$，使得

$$m^*\left(A-\bigcup_{i=1}^n I_i\right)<\varepsilon.$$

令 $B=A\cap\bigcup_{i=1}^n I_i^\circ$. 则

$$m^*(A)\leqslant m^*\left(A\cap\bigcup_{i=1}^n I_i^\circ\right)+m^*\left(A-\bigcup_{i=1}^n I_i^\circ\right)<m^*(B)+\varepsilon. \tag{5.9}$$

由式(5.8)，我们有

$$\sum_{i=1}^n(f(x_i)-f(x_i-h_i))<s\sum_{i=1}^n h_i<sm(G)<s(m^*(A)+\varepsilon). \tag{5.10}$$

对每个 $y\in B$，由于 $D^+f(y)>r$，存在 $k>0$ 使得区间 $[y,y+k]$ 包含在某个区间 $I_i^\circ$ 内并且

$$f(y+k)-f(y)>rk. \tag{5.11}$$

所有这样的区间 $[y,y+k]$ 构成了 $B$ 的一个 Vatali 覆盖.再次应用 Vatali 覆盖定理，存在有限个互不相交的这样的区间 $J_i=[y_i,y_i+k_i](i=1,2,\cdots,p)$，使得

$$m^*\left(B-\bigcup_{i=1}^p J_i\right)<\varepsilon.$$

利用式(5.9)，我们有

$$\begin{aligned}m^*(A)<m^*(B)+\varepsilon&\leqslant m^*\left(B\cap\bigcup_{i=1}^p J_i\right)+m^*\left(B-\bigcup_{i=1}^p J_i\right)+\varepsilon\\&\leqslant m\left(\bigcup_{i=1}^p J_i\right)+2\varepsilon=\sum_{i=1}^p k_i+2\varepsilon.\end{aligned}$$

因此 $\sum_{i=1}^p k_i>m^*(A)-2\varepsilon$ .并且由于式(5.11)，我们有

$$\sum_{i=1}^p(f(y_i+k_i)-f(y_i))>r\sum_{i=1}^p k_i>r(m^*(A)-2\varepsilon). \tag{5.12}$$

由于 $f$ 是单调递增的，并且每个 $J_i$ 包含在某个 $I_j$ 中，因此

$$\sum_{i=1}^n(f(x_i)-f(x_i-h_i))\geqslant\sum_{i=1}^p(f(y_i+k_i)-f(y_i)). \tag{5.13}$$

综合式(5.10)、式(5.12) 和式(5.13) 得到

$$r(m^*(A)-2\varepsilon)<s(m^*(A)+\varepsilon).$$

由 $\varepsilon>0$ 的任意性得到 $rm^*(A)\leqslant sm^*(A)$. 由于 $r>s$，故必有 $m^*(A)=0$. 由此得到 $m^*(E_1)=0$.类似地，若令

$$E_2=\{x\in(a,b):D^-f(x)>D_+f(x)\},$$

则可以证明 $m^*(E_2)=0$. 令 $E=E_1\cup E_2$，则 $m^*(E)=0$.在 $(a,b)-E$ 上，我们有

$$D_+f(x)\leqslant D^+f(x)\leqslant D_-f(x)\leqslant D^-f(x)\leqslant D_+f(x).$$

因此在 $(a,b)-E$ 上式(5.7) 成立. 这表明极限

$$g(x)=\lim_{h\to0}\frac{f(x+h)-f(x)}{h}$$

几乎处处存在(有限或 $\pm\infty$). 当 $g(x)$ 有限时, $f(x)$ 在点 $x$ 处可导. 现在令

$$g_n(x)=n\left[f\left(x+\frac{1}{n}\right)-f(x)\right]\quad(n\geqslant 1)$$

(其中定义当 $x>b$ 时 $f(x)=f(b)$). 则 $g_n\to g$ a.e. 因此 $g$ 是可测的. 由于 $f$ 是单调递增的, 故 $g_n\geqslant 0$. 我们有

$$\begin{aligned}\int_a^b g_n\,\mathrm{d}x&=n\int_a^b\left[f\left(x+\frac{1}{n}\right)-f(x)\right]\mathrm{d}x\\&=n\left(\int_{a+\frac{1}{n}}^{b+\frac{1}{n}}f(x)\,\mathrm{d}x-\int_a^b f(x)\,\mathrm{d}x\right)\\&=n\left(\int_b^{b+\frac{1}{n}}f(x)\,\mathrm{d}x-\int_a^{a+\frac{1}{n}}f(x)\,\mathrm{d}x\right)\\&=f(b)-n\int_a^{a+\frac{1}{n}}f(x)\,\mathrm{d}x.\end{aligned}$$

因此, 由 Fatou 引理, 我们有

$$\int_a^b g\,\mathrm{d}x\leqslant\varliminf_{n\to\infty}\int_a^b g_n\,\mathrm{d}x=\varliminf_{n\to\infty}\left(f(b)-n\int_a^{a+\frac{1}{n}}f\,\mathrm{d}x\right)\leqslant f(b)-f(a).\tag{5.14}$$

这表明 $g$ 是可积的. 因此 $g$ 是几乎处处有限的. 于是 $f$ 几乎处处可导. 由于 $f'=g$ a.e., 因此式(5.14) 表明式(5.6) 成立.■

若 $f$ 是定义在 $[a,b]$ 上的单调递减的实值函数, 对 $-f$ 应用定理 5.2 的结论知道, 单调递减的实值函数也是几乎处处可微的.

**例 1** 设 $K(x)$ 是 1.4 节例 7 中构造的 Cantor 函数. $K(x)$ 在 $[0,1]$ 上是单调递增的连续函数. 由于在 Cantor 集的每一个邻接开区间上 $K(x)$ 是常数, 因此在这些开区间上即在 $[0,1]-K$ 上 $K'(x)=0$. 因此 $K'(x)=0$ a.e. 由于 $K(0)=0, K(x)=1$, 因此

$$\int_0^1 K'(x)\,\mathrm{d}x=0<K(1)-K(0).$$

这个例子说明在一般情形下, 不等式(5.6) 不能加强为等式.

下面的例子说明在定理 5.2 中, 单调函数是几乎处处可导的这一结论, 一般说来是不能改进的.

**例 2** 设 $E$ 是 $(a,b)$ 中的零测度集. 对每个自然数 $n$, 令 $G_n$ 是包含 $E$ 的开集, 并且 $m(G_n)<\frac{1}{2^n}$. 对每个 $n=1,2,\cdots$, 令

$$f_n(x)=m([a,x]\cap G_n)\quad(x\in[a,b]).$$

显然, $f_n$ 是单调递增的非负函数, 并且 $|f_n|\leqslant\frac{1}{2^n}$. 对任意 $x\in[a,b]$, 我们有

$$f_n(x+h)-f_n(x)\leqslant|h|\quad(\text{当 }x+h\in[a,b]).$$

因此 $f_n$ 是 $[a,b]$ 上的连续函数. 再令 $f=\sum\limits_{n=1}^{\infty}f_n$. 由 M- 判别法知道级数 $\sum\limits_{n=1}^{\infty}f_n$ 是一致收敛的, 故 $f$ 是单调递增的非负的连续函数. 现在设 $x\in E$. 对任意 $n\geqslant 1$, 当 $|h|$ 充分小时

$$[x,x+h]\subset G_i\cap(a,b)\quad(i=1,2,\cdots,n).$$

由 $f_n$ 的定义，此时有

$$\frac{f_i(x+h)-f_i(x)}{h}=1 \quad (i=1,2,\cdots,n).$$

于是有

$$\frac{f(x+h)-f(x)}{h}\geqslant\sum_{i=1}^{n}\frac{f_i(x+h)-f_i(x)}{h}=n.$$

因此 $f'(x)=+\infty$. 这表明 $f$ 在 $E$ 上处处不可导.

下面是关于单调函数的逐项求导定理.

**定理 5.3**(Fubini 定理) 设$\{f_n\}$是$[a,b]$上的一列单调递增的函数，并且级数 $\sum_{n=1}^{\infty}f_n(x)$ 在$[a,b]$上处处收敛于$f(x)$. 则有

$$f'(x)=\sum_{n=1}^{\infty}f_n'(x) \text{ a.e.} \tag{5.15}$$

**证** 对每个正整数 $n$，记 $r_n(x)=\sum_{i=n+1}^{\infty}f_i(x)$，则

$$f(x)=\sum_{i=1}^{n}f_i(x)+r_n(x) \quad (x\in[a,b]).$$

由于$f(x)$，$f_n(x)$，$r_n(x)(n\geqslant1)$ 都是单调递增的函数，因此 $f'(x)$，$f_n'(x)$，$r_n'(x)$ $(n\geqslant1)$ 几乎处处存在，并且

$$f'(x)=\sum_{i=1}^{n}f_i'(x)+r_n'(x) \text{ a.e.}$$

为证式(5.15)，只需证明$\lim\limits_{n\to\infty}r_n'(x)=0$ a.e. 由于 $f_n'(x)\geqslant0$ a.e.，因此

$$r_n'(x)=f_{n+1}'(x)+r_{n+1}'(x)\geqslant r_{n+1}'(x) \text{ a.e.}$$

因而$\lim\limits_{n\to\infty}r_n'(x)$ 几乎处处存在，并且$\lim\limits_{n\to\infty}r_n'(x)\geqslant0$ a.e. 利用式(5.6)，我们有

$$\int_a^b\lim_{n\to\infty}r_n'(x)\mathrm{d}x=\lim_{n\to\infty}\int_a^b r_n'(x)\mathrm{d}x\leqslant\lim_{n\to\infty}(r_n(b)-r_n(a))=0.$$

这说明$\lim\limits_{n\to\infty}r_n'(x)=0$ a.e. ■

**例 3** 利用定理 5.3，我们作出一个在$[0,1]$上严格单调递增的函数$f(x)$，使得 $f'(x)=0$ a.e.

设$\{r_n\}$是$[0,1]$中的有理数的全体. 对每个自然数 $n$，令

$$f_n(x)=\begin{cases}0, & 0\leqslant x<r_n,\\ \dfrac{1}{2^n}, & r_n\leqslant x\leqslant1,\end{cases} \quad (x\in[0,1]).$$

则每个 $f_n(x)$ 在$[0,1]$上是单调递增的. 显然 $f_n'(x)=0$ a.e. 再令

$$f(x)=\sum_{n=1}^{\infty}f_n(x) \quad (0\leqslant x\leqslant1).$$

注意到$f(x)=\sum\limits_{r_n\leqslant x}\dfrac{1}{2^n}(0\leqslant x\leqslant1)$，利用这个表达式容易看出$f(x)$在$[0,1]$上是严格单

调递增的. 由定理5.3得到 $f'(x)=\sum_{n=1}^{\infty} f'_n(x)=0$ a.e.

## 5.2 有界变差函数

有界变差函数是与单调函数有密切联系的一类函数. 有界变差函数可以表示为两个单调递增的函数之差. 与单调函数一样，有界变差函数几乎处处可导. 与单调函数不同，有界变差函数类对线性运算是封闭的，它们构成一线性空间.

**定义5.2** 设 $f(x)$ 是定义在区间 $[a,b]$ 上的实值函数. 若存在 $M\geqslant 0$，使得对 $[a,b]$ 的任一分割 $\pi$：$a=x_0<x_1<\cdots<x_n=b$，总有

$$\sum_{i=1}^{n}|f(x_i)-f(x_{i-1})|\leqslant M,$$

则称 $f(x)$ 是 $[a,b]$ 上的有界变差函数. $[a,b]$ 上的有界变差函数的全体记为 $\mathrm{BV}[a,b]$.

对任意定义在 $[a,b]$ 上的实值函数 $f(x)$，令

$$\bigvee_a^b(f)=\sup_{\pi}\sum_{i=1}^{n}|f(x_i)-f(x_{i-1})|,$$

其中 $\pi$ 取遍 $[a,b]$ 的所有分割. 称 $\bigvee_a^b(f)$ 为 $f(x)$ 在 $[a,b]$ 上的全变差. 由定义知道 $f\in\mathrm{BV}[a,b]$ 当且仅当 $\bigvee_a^b(f)<\infty$.

**例1** 区间 $[a,b]$ 上的单调函数是有界变差函数.

**证** 事实上，不妨设 $f(x)$ 在 $[a,b]$ 上是单调递增的. 则对于 $[a,b]$ 的任一分割 $\{x_i\}_{i=0}^n$，我们有

$$\sum_{i=1}^{n}|f(x_i)-f(x_{i-1})|=\sum_{i=1}^{n}(f(x_i)-f(x_{i-1}))=f(b)-f(a).$$

因此 $f\in\mathrm{BV}[a,b]$，并且 $\bigvee_a^b(f)=f(b)-f(a)$.

**例2** 若 $f(x)$ 在 $[a,b]$ 上满足 Lipschitz 条件

$$|f(x_1)-f(x_2)|\leqslant M|x_1-x_2|\quad(x_1,x_2\in[a,b]),$$

其中 $M\geqslant 0$ 为一常数，则 $f(x)$ 是 $[a,b]$ 上的有界变差函数.

**证** 对 $[a,b]$ 的任一分割 $\{x_i\}_{i=0}^n$，我们有

$$\sum_{i=1}^{n}|f(x_i)-f(x_{i-1})|\leqslant\sum_{i=1}^{n}M|x_i-x_{i-1}|=\sum_{i=1}^{n}M(x_i-x_{i-1})=M(b-a).$$

因此 $f\in\mathrm{BV}[a,b]$，并且 $\bigvee_a^b(f)\leqslant M(b-a)$.

下面的例子表明连续函数不一定是有界变差函数.

**例3** 设 $f(x)=x\sin\dfrac{\pi}{x}(0<x\leqslant 1)$，$f(0)=0$. 则 $f(x)$ 是 $[0,1]$ 上的连续函数. 但 $f(x)$ 在 $[0,1]$ 上不是有界变差函数.

**证** 事实上，对任意 $n\geqslant 1$，作 $[0,1]$ 的分割 $\{x_i\}_{i=0}^n$ 使得

$$0<\frac{2}{2n-1}<\frac{2}{2n-3}<\cdots<\frac{2}{5}<\frac{2}{3}<1.$$

我们有

$$\sum_{i=1}^{n}|f(x_i)-f(x_{i-1})|=\frac{2}{2n-1}+\left(\frac{2}{2n-1}+\frac{2}{2n-3}\right)+\cdots+\left(\frac{2}{5}+\frac{2}{3}\right)+\frac{2}{3}$$

$$=2\sum_{i=2}^{n}\frac{2}{2i-1}\geqslant 2\sum_{i=2}^{n}\frac{1}{i}.$$

当 $n\to\infty$ 时，上式的右边可以任意大，因此 $f\notin \mathrm{BV}[0,1]$.

**定理 5.4** 有界变差函数具有如下性质：

(1) 有界变差函数是有界函数.

(2) 若 $f\in \mathrm{BV}[a,b]$，$\alpha\in\mathbf{R}^1$，则 $\alpha f\in \mathrm{BV}[a,b]$ 并且

$$\bigvee_a^b(\alpha f)=|\alpha|\bigvee_a^b(f). \tag{5.16}$$

(3) 若 $f,g\in \mathrm{BV}[a,b]$，则 $f+g\in \mathrm{BV}[a,b]$ 并且

$$\bigvee_a^b(f+g)\leqslant\bigvee_a^b(f)+\bigvee_a^b(g). \tag{5.17}$$

(4) 若 $f,g\in \mathrm{BV}[a,b]$，则 $fg\in \mathrm{BV}[a,b]$.

(5) 若 $f\in \mathrm{BV}[a,b]$，则对任意 $c\,(a<c<b)$ 有 $f\in \mathrm{BV}[a,c]$，并且

$$\bigvee_a^b(f)=\bigvee_a^c(f)+\bigvee_c^b(f). \tag{5.18}$$

**证** 我们只证明(3)和(5)，(1)，(2)和(4)的证明留作习题. 对 $[a,b]$ 的任一分割 $\{x_i\}_{i=0}^n$，我们有

$$\begin{aligned}&\sum_{i=1}^{n}|f(x_i)+g(x_i)-f(x_{i-1})-g(x_{i-1})|\\&\leqslant\sum_{i=1}^{n}|f(x_i)-f(x_{i-1})|+\sum_{i=1}^{n}|g(x_i)-g(x_{i-1})|\\&\leqslant\bigvee_a^b(f)+\bigvee_a^b(g).\end{aligned}$$

因此 $f+g\in \mathrm{BV}[a,b]$，并且式(5.17)成立. 结论(3)得证.

现在证明(5). 对 $[a,c]$ 的任一分割 $\{x_i\}_{i=0}^n$ 和 $[c,b]$ 的任一分割 $\{x_i'\}_{i=0}^m$，把它们合并后得到 $[a,b]$ 的一个分割

$$a=x_0<\cdots<x_n=c=x_0'<\cdots<x_m'=b.$$

我们有

$$\sum_{i=1}^{n}|f(x_i)-f(x_{i-1})|+\sum_{i=1}^{m}|f(x_i')-f(x_{i-1}')|\leqslant\bigvee_a^b(f).$$

分别对 $[a,c]$ 的分割和 $[c,b]$ 的分割取上确界得

$$\bigvee_a^c(f)+\bigvee_c^b(f)\leqslant\bigvee_a^b(f). \tag{5.19}$$

这表明 $f\in \mathrm{BV}[a,c]$. 另一方面，对任意 $\varepsilon>0$ 存在 $[a,b]$ 的一个分割 $\{x_i\}_{i=0}^n$ 使得

$$\sum_{i=1}^{n}|f(x_i)-f(x_{i-1})|>\bigvee_a^b(f)-\varepsilon.$$

设 $x_{k-1}<c\leqslant x_k$. 则 $\{x_0,x_1,\cdots,x_{k-1},c\}$ 和 $\{c,x_k,\cdots,x_n\}$ 分别是 $[a,c]$ 和 $[c,b]$ 的分割. 显然在 $\{x_i\}_{i=0}^n$ 中递增一个分点 $c$ 后，$f(x)$ 关于新分割的变差不会减小. 因此

$$\begin{aligned}\bigvee_a^b(f)-\varepsilon&<\sum_{i=1}^{n}|f(x_i)-f(x_{i-1})|\\&\leqslant\sum_{i=1}^{k-1}|f(x_i)-f(x_{i-1})|+|f(c)-f(x_{k-1})|\\&\quad+|f(x_k)-f(c)|+\sum_{i=k+1}^{n}|f(x_i)-f(x_{i-1})|\\&\leqslant\bigvee_a^c(f)+\bigvee_c^b(f).\end{aligned}$$

由 $\varepsilon>0$ 的任意性得到

$$\bigvee_a^b(f)\leqslant\bigvee_a^c(f)+\bigvee_c^b(f).\tag{5.20}$$

综合式(5.19)、式(5.20) 两式得到式(5.18). 因此结论(5) 得证. ■

设 $f(x)$ 是 $[a,b]$ 上的有界变差函数. 则对任意 $x\in[a,b]$，由定理 5.4(5) 知道 $f(x)$ 也是 $[a,x]$ 上的有界变差函数. 因此 $\bigvee_a^x(f)$ 是 $[a,b]$ 上的实值函数，称之为 $f(x)$ 的变差函数. 当 $x_1<x_2$ 时，由定理 5.4(5) 得到

$$\bigvee_a^{x_2}(f)=\bigvee_a^{x_1}(f)+\bigvee_{x_1}^{x_2}(f)\geqslant\bigvee_a^{x_1}(f).$$

因此 $\bigvee_a^x(f)$ 是单调递增的.

**定理 5.5**(Jordan 分解定理) $f\in BV[a,b]$ 的充要条件是 $f(x)$ 可以表示为

$$f(x)=g(x)-h(x),$$

其中 $g(x)$ 和 $h(x)$ 是 $[a,b]$ 上的单调递增的实值函数.

**证** 由例 1 和定理 5.4，充分性是显然的. 现在证明必要性. 设 $f\in BV[a,b]$. 令

$$g(x)=\frac{1}{2}\left(\bigvee_a^x(f)+f(x)\right),\quad h(x)=\frac{1}{2}\left(\bigvee_a^x(f)-f(x)\right).$$

则 $f(x)=g(x)-h(x)$. 当 $x_1<x_2$ 时，利用定理 5.4(5)，我们有

$$|f(x_1)-f(x_2)|\leqslant\bigvee_{x_1}^{x_2}(f)=\bigvee_a^{x_2}(f)-\bigvee_a^{x_1}(f).$$

因此

$$\bigvee_a^{x_1}(f)+f(x_1)\leqslant\bigvee_a^{x_2}(f)+f(x_2),$$

$$\bigvee_a^{x_1}(f)-f(x_1)\leqslant\bigvee_a^{x_2}(f)-f(x_2).$$

这表明 $g(x_1)\leqslant g(x_2)$，$h(x_1)\leqslant h(x_2)$. ■

**推论 5.1** 设 $f\in BV[a,b]$. 则：

(1) $f(x)$ 的间断点的全体是可数集;

(2) $f(x)$ 在$[a,b]$上是 Riemann 可积的;

(3) $f(x)$ 在$[a,b]$上几乎处处可导并且 $f'(x)$ 是Lebesgue 可积的.

**证** 根据 1.2 节中例 12,单调函数的间断点是可数集. 结合定理 5.2 和定理 5.5,即知结论成立.■

**定理 5.6** 设 $f\in BV[a,b]$. 则 $\overset{x}{\underset{a}{V}}(f)$ 在$[a,b]$上右连续的充要条件是$f(x)$ 在$[a,b]$上是右连续的.

**证** 必要性. 设 $\overset{x}{\underset{a}{V}}(f)$ 在$[a,b]$上是右连续的,$x_0\in[a,b)$. 则对任意 $x_0<x\leqslant b$,利用定理 5.4(5),我们有

$$|f(x)-f(x_0)|\leqslant \overset{x}{\underset{x_0}{V}}(f)=\overset{x}{\underset{a}{V}}(f)-\overset{x_0}{\underset{a}{V}}(f).$$

由此知道$f(x)$ 在点 $x_0$处是右连续的.

充分性. 设 $f$ 在$[a,b]$上是右连续的,$x_0\in[a,b)$. 对任意 $\varepsilon>0$,存在 $\delta>0$,使得当 $x\in(x_0,x_0+\delta)$ 时,$|f(x)-f(x_0)|<\varepsilon$. 设

$$x_0=t_0<t_1<\cdots<t_n=x_0+\delta$$

是区间$[x_0,x_0+\delta]$的一个分割,使得

$$\sum_{i=1}^{n}|f(t_i)-f(t_{i-1})|>\overset{x_0+\delta}{\underset{x_0}{V}}(f)-\varepsilon. \tag{5.21}$$

由于$\{t_i\}_{i=1}^{n}$ 是区间$[t_1,x_0+\delta]$的一个分割,因此

$$\sum_{i=2}^{n}|f(t_i)-f(t_{i-1})|\leqslant \overset{x_0+\delta}{\underset{t_1}{V}}(f). \tag{5.22}$$

利用式(5.21)、式(5.22) 两式,我们有

$$\begin{aligned}\overset{t_1}{\underset{x_0}{V}}(f)&=\overset{x_0+\delta}{\underset{x_0}{V}}(f)-\overset{x_0+\delta}{\underset{t_1}{V}}(f)\\&<\sum_{i=1}^{n}|f(t_i)-f(t_{i-1})|+\varepsilon-\sum_{i=2}^{n}|f(t_i)-f(t_{i-1})|\\&=\varepsilon+|f(t_1)-f(t_0)|<2\varepsilon.\end{aligned}$$

于是当 $x\in[x_0,t_1]$ 时,

$$\overset{x}{\underset{a}{V}}(f)-\overset{x_0}{\underset{a}{V}}(f)=\overset{x}{\underset{x_0}{V}}(f)\leqslant\overset{t_1}{\underset{x_0}{V}}(f)<2\varepsilon.$$

因此 $\overset{x}{\underset{a}{V}}(f)$ 在 $x_0$处是右连续的. ■

在定理 5.6 中,将右连续改为左连续结论也是成立的. 特别地,$\overset{x}{\underset{a}{V}}(f)$ 在$[a,b]$上连续的充要条件是$f(x)$ 在$[a,b]$上连续.

## 5.3 绝对连续函数与不定积分

设$f(x)$是定义在$[a,b]$上的实值函数. 本节讨论在什么情况下，$f'(x)\in L[a,b]$并且成立 Newton-Leibniz 公式

$$f(x)-f(a)=\int_a^x f'(t)\mathrm{d}t \quad (x\in[a,b]). \tag{5.23}$$

根据推论 5.1，当$f\in BV[a,b]$时，$f(x)$在$[a,b]$上几乎处处可导，并且$f'(x)$是 Lebesgue 可积的. 由 5.1 节中例 1 知道，即使$f(x)$是单调函数，式(5.23)也不一定成立. 看来$f(x)$必须满足更强的条件，才能使式(5.23)成立. 为此，我们需要考虑一类特殊的有界变差函数 —— 绝对连续函数.

**定义 5.3** 设$f(x)$是定义在$[a,b]$上的实值函数. 若对任意$\varepsilon>0$，存在$\delta>0$，使得对$[a,b]$上的任意有限个互不相交的开区间$\{(a_i,b_i)\}_{i=1}^n$，当$\sum\limits_{i=1}^n(b_i-a_i)<\delta$时，

$$\sum_{i=1}^n |f(b_i)-f(a_i)|<\varepsilon,$$

则称$f(x)$是$[a,b]$上的绝对连续函数. $[a,b]$上的绝对连续函数的全体记为$AC[a,b]$.

关于绝对连续函数显然成立如下事实：

(1) 绝对连续函数是连续函数.

(2) 若$f,g\in AC[a,b]$，$\alpha\in\mathbf{R}^1$，则$\alpha f$，$f+g\in AC[a,b]$.

**定理 5.7** 设$f(x)$是$[a,b]$上的 Lebesgne 可积函数. 则$f(x)$的不定积分

$$f(x)=\int_a^x f(t)\mathrm{d}t+C$$

(其中$C$是任意常数)是$[a,b]$上的绝对连续函数.

**证** 由积分的绝对连续性，对任意$\varepsilon>0$，存在$\delta>0$，使得对$[a,b]$中的任意可测集$A$，当$m(A)<\delta$时，$\int_A |f(t)|\mathrm{d}t<\varepsilon$. 于是对$[a,b]$上的任意有限个互不相交的开区间$\{(a_i,b_i)\}_{i=1}^n$，当$\sum\limits_{i=1}^n(b_i-a_i)<\delta$时，令$A=\bigcup\limits_{i=1}^n(a_i,b_i)$，则

$$m(A)=\sum_{i=1}^n(b_i-a_i)<\delta.$$

于是

$$\sum_{i=1}^n|F(b_i)-F(a_i)|=\sum_{i=1}^n\left|\int_{a_i}^{b_i}f(t)\mathrm{d}t\right|\leqslant\sum_{i=1}^n\int_{a_i}^{b_i}|f(t)|\mathrm{d}t=\int_A|f(t)|\mathrm{d}t<\varepsilon.$$

因此$F\in AC[a,b]$.

定义了绝对连续函数后，再来考查式(5.23). 若式(5.23)成立，则$f(x)$是$f'(x)$的不定积分. 根据定理 5.7 知道，式(5.23)成立的必要条件是$f(x)$是$[a,b]$上的绝对连续函数. ■

**例 1** 若$f$在$[a,b]$上满足 Lipschitz 条件，则$f\in AC[a,b]$.

**证** 若$\{(a_i,b_i)\}_{i=1}^n$是$[a,b]$上的互不相交的开区间，使得$\sum_{i=1}^n(b_i-a_i)<\delta$，则

$$\sum_{i=1}^n|f(b_i)-f(a_i)|\leqslant M\sum_{i=1}^n(b_i-a_i)<M\delta,$$

其中$M$是 Lipschitz 常数. 因此对任意$\varepsilon>0$，只要$\delta\leqslant\frac{\varepsilon}{M}$，就有

$$\sum_{i=1}^n|f(b_i)-f(a_i)|<\varepsilon.$$

因此$f\in AC[a,b]$.

**定理 5.8** 绝对连续函数是有界变差函数.

**证** 设$f\in AC[a,b]$. 对$\varepsilon=1$，设$\delta>0$是绝对连续函数定义中与$\varepsilon$相应的正数. 取自然数$k$使得$\frac{b-a}{k}<\delta$. 设$a=x_0<x_1<\cdots<x_k=b$是$[a,b]$的一个分割，该分割将区间$[a,b]$分成$k$等份. 对$[x_{i-1},x_i]$任一分割$x_{i-1}=t_0<t_1<\cdots<t_m=x_i$，由于

$$\sum_{i=1}^m(t_i-t_{i-1})=x_i-x_{i-1}<\delta,$$

因此$\sum_{i=1}^m|f(t_i)-f(t_{i-1})|\leqslant 1$. 于是$\bigvee_{x_{i-1}}^{x_i}(f)\leqslant 1(i=1,2,\cdots,k)$. 利用定理 5.4(5)，得到

$$\bigvee_a^b(f)=\sum_{i=1}^k\bigvee_{x_{i-1}}^{x_i}(f)\leqslant k.$$

因此$f(x)$是$[a,b]$上的有界变差函数.■

**推论 5.2** 设$f\in AC[a,b]$. 则$f(x)$在$[a,b]$上几乎处处可导，并且$f'(x)$是 Lebesgue 可积的.

**证** 利用推论 5.1 即知推论成立.■

由 5.2 节中例 3 知道连续函数不一定是有界变差的. 再结合定理 5.8 知道，连续函数不一定是绝对连续的.

**定理 5.9** 设$f(x)$是$[a,b]$上的Lebesgue 可积函数. 则$f(x)$的不定积分

$$f(x)=\int_a^x f(t)\mathrm{d}t+C$$

在$[a,b]$上几乎处处可导并且$F'(x)=f(x)$ a.e.

**证** 由定理 5.7 知道$F\in AC[a,b]$. 由推论 5.2 知道$f(x)$在$[a,b]$上几乎处处可导. 下面证明$F'(x)=f(x)$ a.e. 先证明若$\varphi$是$[a,b]$上的Lebesgue 可积函数，则

$$\int_a^b\left|\left(\int_a^x\varphi(t)\mathrm{d}t\right)'\right|\mathrm{d}x\leqslant\int_a^b|\varphi(x)|\mathrm{d}x. \tag{5.24}$$

事实上，由于$\int_a^x\varphi^+(t)\mathrm{d}t$和$\int_a^x\varphi^-(t)\mathrm{d}t$都是单调递增的函数，根据定理 5.2 我们有

$$\int_a^b\left(\int_a^x\varphi^+(t)\mathrm{d}t\right)'\mathrm{d}x\leqslant\int_a^b\varphi^+(x)\mathrm{d}x,$$

$$\int_a^b\left(\int_a^x\varphi^-(t)\mathrm{d}t\right)'\mathrm{d}x\leqslant\int_a^b\varphi^-(x)\mathrm{d}x.$$

因此

$$\int_a^b \left| \left(\int_a^x \varphi(t)\mathrm{d}t\right)' \right| \mathrm{d}x \leqslant \int_a^b \left(\int_a^x \varphi^+(t)\mathrm{d}t\right)'\mathrm{d}x + \int_a^b \left(\int_a^x \varphi^-(t)\mathrm{d}t\right)'\mathrm{d}x$$

$$\leqslant \int_a^b \varphi^+(x)\mathrm{d}x + \int_a^b \varphi^-(x)\mathrm{d}x = \int_a^b |\varphi(x)|\mathrm{d}x.$$

即式(5.24)成立. 由定理4.17，对任意$\varepsilon>0$，存在$[a,b]$上的一个连续函数$g(x)$，使得$\int_a^b |f(t)-g(t)|\mathrm{d}t<\varepsilon$. 由数学分析中熟知的定理知道$\left(\int_a^x g(t)\mathrm{d}t\right)'=g(x)$. 对函数$f-g$应用式(5.24)我们有

$$\begin{aligned}
&\int_a^b \left| \left(\int_a^x f(t)\mathrm{d}t\right)' - f(x) \right| \mathrm{d}x \\
=&\int_a^b \left| \left(\int_a^x (f(t)-g(t))\mathrm{d}t\right)' + g(x) - f(x) \right| \mathrm{d}x \\
\leqslant&\int_a^b \left| \left(\int_a^x (f(t)-g(t))\mathrm{d}t\right)' \right| \mathrm{d}x + \int_a^b |g(x)-f(x)|\mathrm{d}x \\
\leqslant& 2\int_a^b |f(x)-g(x)|\mathrm{d}x < 2\varepsilon.
\end{aligned}$$

由$\varepsilon>0$的任意性我们得到

$$\int_a^b \left| \left(\int_a^x f(t)\mathrm{d}t\right)' - f(x) \right| \mathrm{d}x = 0.$$

因此$\left(\int_a^x f(t)\mathrm{d}t\right)'-f(x)=0$ a.e.，此即$F'(x)=f(x)$ a.e. ■

我们知道若$f(x)$在$[a,b]$上处处可导并且$f'(x)=0(x\in[a,b])$，则$f(x)$在$[a,b]$上为常数. 5.1节中的例3表明一般情况下，若在$[a,b]$上$f'(x)=0$ a.e.，$f(x)$在$[a,b]$上不一定为常数. 但是下面的定理表明当$f\in AC[a,b]$时，情况就不同了.

**定理 5.10** 设$f\in AC[a,b]$，并且在$[a,b]$上$f'(x)=0$ a.e. 则$f(x)$在$[a,b]$上为常数.

**证** 对任意$\varepsilon>0$，设$\delta>0$是绝对连续函数定义中与$\varepsilon$相应的正数. 令

$$E=\{x\in(a,b): f'(x)=0\}.$$

由于$f'(x)=0$ a.e.，故$m((a,b)-E)=0$. 对任意$x\in E$，存在$h>0$使得

$$|f(x+h)-f(x)|<\varepsilon h.$$

因此区间族

$$\boldsymbol{\Gamma}=\{[x,x+h]\subset(a,b): x\in E, h>0, |f(x+h)-f(x)|<\varepsilon h\}$$

构成了集$E$的一个Vitali覆盖. 根据Vitali覆盖定理，可以从$\boldsymbol{\Gamma}$中选出有限个互不相交的区间$[x_1,y_1],[x_2,y_2],\cdots,[x_k,y_k]$，使得

$$m\left((a,b)-\bigcup_{i=1}^k [x_i,y_i]\right)=m\left(E-\bigcup_{i=1}^k [x_i,y_i]\right)<\delta. \tag{5.25}$$

不妨设这些区间的端点可以排列为

$$a=y_0<x_1<y_1<x_2<\cdots<x_k<y_k<x_{k+1}=b.$$

由于下列区间

$$(y_0,x_1),(y_1,x_2),(y_2,x_3),\cdots,(y_k,x_{k+1})$$

包含在$(a,b)-\bigcup_{i=1}^{k}[x_i,y_i]$中，由式(5.25)知道这些区间的长度之和小于$\delta$. 由于$f(x)$是绝对连续的，因此

$$\sum_{i=0}^{k}|f(x_{i+1})-f(y_i)|<\varepsilon. \tag{5.26}$$

另一方面,由$\boldsymbol{\Gamma}$中的区间的性质，我们有

$$\sum_{i=1}^{k}|f(y_i)-f(x_i)|<\varepsilon\sum_{i=1}^{k}(y_i-x_i)<\varepsilon(b-a). \tag{5.27}$$

综合式(5.26)、式(5.27)得到

$$\begin{aligned}|f(b)-f(a)|&\leqslant\sum_{i=0}^{k}|f(x_{i+1})-f(y_i)|+\sum_{i=1}^{k}|f(y_i)-f(x_i)|\\&<\varepsilon+\varepsilon(b-a).\end{aligned}$$

由$\varepsilon$的任意性得到$f(b)=f(a)$.在上面的证明中，若将$b$换成任意$c\in[a,b]$，同样得到$f(c)=f(a)$. 因此$f(x)$在$[a,b]$上为常数. ■

**定理 5.11**(Newton-Leibniz 公式)　设$f\in AC[a,b]$. 则

$$f(x)-f(a)=\int_a^x f'(t)\mathrm{d}t\quad(x\in[a,b]). \tag{5.28}$$

**证**　根据推论5.2，$f(x)$在$[a,b]$上几乎处处可导，并且$f'(x)$是Lebesgue可积的. 令

$$\varphi(x)=f(x)-f(a)-\int_a^x f'(t)\mathrm{d}t\quad(x\in[a,b]).$$

则$\varphi\in AC[a,b]$. 由定理5.9，在$[a,b]$上

$$\varphi'(x)=f'(x)-\left(\int_a^x f'(t)\mathrm{d}t\right)'=0\ \text{a.e.}$$

根据定理5.10，$\varphi(x)$在$[a,b]$上为常数. 但$\varphi(a)=0$，故$\varphi(x)\equiv0$. 这表明式(5.28)成立. ■

**推论 5.3**(分部积分公式)　设$f,g\in AC[a,b]$，则

$$\int_a^b f(x)g'(x)\mathrm{d}x=f(x)g(x)\Big|_a^b-\int_a^b g(x)f'(x)\mathrm{d}x. \tag{5.29}$$

**证**　容易证明$fg\in AC[a,b]$. 利用定理5.11我们有

$$f(b)g(b)-f(a)g(a)=\int_a^b(fg)'\mathrm{d}x=\int_a^b fg'\mathrm{d}x+\int_a^b gf'\mathrm{d}x.$$

由此即得式(5.29). ■

结合定理5.7和定理5.11，可以将本节的主要结果总结如下：设$f(x)$是定义在区间$[a,b]$上的实值函数. 则存在可积函数$g(x)$使得

$$f(x)-f(a)=\int_a^x g(t)\mathrm{d}t\quad(a\leqslant x\leqslant b) \tag{5.30}$$

的充要条件是$f\in AC[a,b]$. 并且当式(5.30)成立时，$f'(x)=g(x)$ a.e.

## 习　题　5

### A　类

1. 证明 Vitali 覆盖定理的结论可以改为：存在 $\boldsymbol{\Gamma}$ 中的一列区间$\{I_n\}$，使得

$$m^*\left(E-\bigcup_{n=1}^{\infty} I_n\right)=0.$$

2. 设 $E$ 是 $\mathbf{R}^1$ 中一族(开的、闭的、半开半闭的)区间的并集. 证明 $E$ 是可测集.

3. 设 $f(x)$ 是 $\mathbf{R}^1$ 上有界的单调递增函数. 证明 $f(x)$ 在 $\mathbf{R}^1$ 上几乎处处可导并且 $f'(x)\in L(\mathbf{R}^1)$.

4. 设$\{f_n\}$是$[0,1]$上的一列单调递增的函数，并且对每个 $x\in[0,1]$，$\lim\limits_{n\to\infty} f_n(x)=1$. 证明在$[0,1]$上 $\varliminf\limits_{n\to\infty} f'_n(x)=0$ a.e.

5. 计算函数$f(x)=\sin x$ 在$[0,2\pi]$上的全变差，并计算 $\bigvee\limits_0^x(f)$.

6. 证明若 $f,g\in\mathrm{BV}[a,b]$，则 $fg\in\mathrm{BV}[a,b]$.

7. 证明若 $f\in\mathrm{BV}[a,b]$，则$|f|\in\mathrm{BV}[a,b]$. 举例说明反过来的结论不成立.

8. 设 $f(x)$ 是$[a,b]$上的可微函数，并且 $f'(x)$ 在$[a,b]$上有界，则 $f\in\mathrm{BV}[a,b]$.

9. 证明$f(x)=\cos x^2$ 是$[0,\pi]$上的有界变差函数.

10. 设$f(x)=-\dfrac{1}{\ln x}\left(0<x\leqslant\dfrac{1}{2}\right)$，$f(0)=0$. 证明 $f\in\mathrm{BV}\left[0,\dfrac{1}{2}\right]$，但 $f$ 在$\left[0,\dfrac{1}{2}\right]$上不满足任何 $\alpha>0$ 阶的 Lipschitz 条件. 即不存在常数 $M>0$，使得

$$|f(x)-f(y)|\leqslant M|x-y|^{\alpha}\quad\left(x,y\in\left[0,\frac{1}{2}\right]\right).$$

11. 设 $f\in\mathrm{BV}[0,a]$. 证明 $F\in\mathrm{BV}[0,a]$. 这里

$$f(x)=\frac{1}{x}\int_0^x f(t)\mathrm{d}t\ (F(0)=0).$$

12. 设$\{f_n\}\subset BV[a,b]$，使得 $\bigvee\limits_a^b(f_n)\leqslant M(n\geqslant 1)$，并且 $\lim\limits_{n\to\infty} f_n(x)=f(x)$ $(x\in[a,b])$. 证明 $F\in\mathrm{BV}[a,b]$，并且 $\bigvee\limits_a^b(f)\leqslant M$.

13. 设 $f\in\mathrm{BV}[a,b]$. 证明$\displaystyle\int_a^b|f'(x)|\mathrm{d}x\leqslant\bigvee_a^b(f)$.

14. 证明：$f\in\mathrm{BV}[a,b]$ 当且仅当存在$[a,b]$上的有界增函数 $\varphi$，使得当 $a\leqslant x<y\leqslant b$ 时，

$$|f(y)-f(x)|\leqslant\varphi(y)-\varphi(x).$$

15. 设$f(x)$是定义在$[a,b]$上的实值函数. 若对任意 $\varepsilon>0$，存在 $\delta>0$，使得对$[a,b]$上的任意有限个互不相交的开区间$\{(a_i,b_i)\}_{i=1}^n$，当$\sum\limits_{i=1}^n(b_i-a_i)<\delta$ 时，有

$$\left|\sum_{i=1}^{n} f(b_i)-f(a_i)\right|<\varepsilon,$$

则$f(x)$是$[a,b]$上的绝对连续函数.

16. 证明若 $f,g\in AC[a,b]$，则 $fg\in AC[a,b]$.

17. 设$f\in AC[a,b]$，$f([a,b])\subset[c,d]$，$g\in AC[c,d]$. 证明若进一步满足以下条件之一，则复合函数 $g(f(x))\in AC[a,b]$：

(1) $f$ 在$[a,b]$上是严格递增的；

(2) $g$ 在$[c,d]$上满足 Lipschitz 条件.

18. 证明若 $f\in AC[a,b]$，$p\geqslant 1$，则$|f|^p\in AC[a,b]$.

19. 利用定理 5.9 证明，若 $f\in L[a,b]$，并且对任意 $a\leqslant c\leqslant b$，恒有$\int_a^c f\mathrm{d}x=0$，则 $f=0$ a.e.(参见习题 4,B 类第 5 题).

20. 设 $f(x)$是$[a,b]$上的单调递增函数，并且成立有

$$\int_a^b f'(x)\mathrm{d}x=f(b)-f(a).$$

证明 $f\in AC[a,b]$.

21. 设 $f\in AC[a,b]$，并且 $f'(x)\geqslant 0$ a.e. 证明 $f$ 是单调递增的.

22. 设$f(x)=x^{\alpha}\sin\dfrac{1}{x^{\beta}}(0<x\leqslant 1)$，$f(0)=0$，其中 $\alpha,\beta>0$.讨论$f(x)$的绝对连续性.

23. 设$\{f_n\}\subset AC[a,b]$，并且存在 $F\in L[a,b]$，使得对每个 $n$，$|f_n'|\leqslant F$ a.e. $(n\geqslant 1)$. 又设

$$f_n(x)\to f(x)(x\in[a,b]),\quad f_n'(x)\to g(x)\ \text{a.e.}$$

证明 $f\in AC[a,b]$，并且 $f'(x)=g(x)$ a.e.

24. 设 $f_n(n=1,2,\cdots)$是$[a,b]$上的单调递增的绝对连续函数，并且级数$\sum_{n=1}^{\infty}f_n(x)$在$[a,b]$上处处收敛. 证明$f(x)=\sum_{n=1}^{\infty}f_n(x)$是$[a,b]$上的绝对连续函数.

25. 设 $f\in L[a,b]$. 令$g(x)=f(x)\int_a^x f(t)\mathrm{d}t\ (a\leqslant x\leqslant b)$. 证明

$$\int_a^b g(x)\mathrm{d}x=\frac{1}{2}\left(\int_a^b f(x)\mathrm{d}x\right)^2.$$

## B　类

1.设 $f\in BV[a,b]$，并且 $\bigvee_a^b(f)=f(b)-f(a)$. 证明 $f$ 在$[a,b]$上是单调递增的.

2. 证明若$|f|\in BV[a,b]$，并且 $f$ 在$[a,b]$上连续，则 $f\in BV[a,b]$.

3. 设 $A\subset[a,b]$，$m(A)<b-a$. 证明对任意 $\varepsilon>0$，存在开区间 $I\subset[a,b]$，使得

$$m(A\cap I)<\varepsilon|I|.$$

4. 设 $f\in AC[a,b]$，$E\subset[a,b]$ 并且 $m(E)=0$. 证明 $m(f(E))=0$.

5. 设 $f$ 是$[a,b]$上的单调递增函数. 证明 $f$ 可以分解成 $f=g+h$，其中 $g$ 是单调递增的绝对连续函数，$h$ 是单调递增的并且 $h'=0$ a.e.

6. 设 $f$ 是定义在区间$[a,b]$上的实值函数. 证明 $f$ 满足 Lipschitz 条件当且仅当 $f$ 是有界可测函数的不定积分.

7. 设$\{f_n\}\subset AC[a,b]$，使得 $\sum_{n=1}^{\infty}\int_a^b|f_n'(x)|\,dx<\infty$，并且级数 $\sum_{n=1}^{\infty}f_n(x)$ 在$[a,b]$中某点 $c$ 处收敛. 证明：

(1) 级数 $\sum_{n=1}^{\infty}f_n(x)$ 在$[a,b]$上处处收敛；

(2) $f(x)=\sum_{n=1}^{\infty}f_n(x)$ 是$[a,b]$上的绝对连续函数，并且

$$f'(x)=\sum_{n=1}^{\infty}f_n'(x)\ \text{a.e.}$$

8. 设 $f\in AC[a,b]$. 证明

$$\int_a^b|f'(x)|\,dx=\bigvee_a^b(f).$$

9. 设 $f\in AC[0,1]$，$f(0)=0$. 证明

$$\int_0^1|f(x)f'(x)|dx\leqslant\int_0^1|f'(x)|^2dx.$$

10. 设 $f$ 是定义在区间$[a,b]$上的实值函数. 证明 $f\in AC[a,b]$ 当且仅当

$$\bigvee_a^x(f)\in AC[a,b].$$

# 第 6 章　$L^p$ 空间

在前面各章我们介绍了Lebesgue 积分理论. 这种新的积分理论不仅扩大了可积函数类，而且使得我们能够在可积函数的空间上建立分析理论. 本章介绍的 $L^p$ 空间理论研究一些可积函数类的整体结构及其相互关系. 我们将看到可积函数的全体具有与欧氏空间 $\mathbf{R}^n$ 非常相近的结构性质. $L^p$ 空间理论在微分方程、积分方程和 Fourier 分析等领域具有广泛的应用. $L^p$ 空间理论不仅是Lebesgue积分理论的自然延伸和应用，而且为今后学习泛函分析等课程打下基础.

本章所讨论的可测函数均为实值的(但允许取 $\pm\infty$ 为值). 但本章的结果对复值可测函数的情形仍成立.

## 6.1　$L^p$ 空间的定义

**定义 6.1**　设 $E$ 是 $\mathbf{R}^n$ 中的可测集，$1\leqslant p<\infty$. 若 $f$ 是 $E$ 上的可测函数并且

$$\int_E |f|^p \mathrm{d}x<\infty,$$

则称 $f$ 在 $E$ 上是 $p$ 方可积的. $E$ 上的 $p$ 方可积函数的全体记为 $L^p(E)$.

由于当 $a,b\in\mathbf{R}^1$ 时

$$|a+b|^p\leqslant\left(2\max(|a|,|b|)\right)^p\leqslant 2^p(|a|^p+|b|^p).$$

因此当 $f,g\in L^p(E)$ 时，

$$|f(x)+g(x)|^p\leqslant 2^p\left(|f(x)|^p+|g(x)|^p\right)\quad(x\in E).$$

由此知道 $f+g\in L^p(E)$. 又显然当 $\alpha\in\mathbf{R}^1$ 时，$\alpha f\in L^p(E)$ .因此 $L^p(E)$ 按函数的加法和数乘运算成为线性空间. 对每个 $f\in L^p(E)$，令

$$\|f\|_p=\left(\int_E |f|^p \mathrm{d}x\right)^{\frac{1}{p}}. \tag{6.1}$$

称 $\|f\|_p$ 为 $f$ 的 $p$ 范数. 下面证明 $p$ 范数成立两个重要的不等式.

**定理 6.1** (Hölder 不等式)　设 $1<p,q<\infty$ 并且 $\dfrac{1}{p}+\dfrac{1}{q}=1$. 若 $f\in L^p(E)$，$g\in L^q(E)$，则 $fg\in L^1(E)$ 并且

$$\int_E |fg|\mathrm{d}x\leqslant\left(\int_E |f|^p \mathrm{d}x\right)^{\frac{1}{p}}\left(\int_E |g|^q \mathrm{d}x\right)^{\frac{1}{q}}. \tag{6.2}$$

用 $p$ 范数的记号表示就是 $\|fg\|_1\leqslant\|f\|_p\|g\|_q$.

**证** 先证明对任意实数 $a,b\geqslant 0$，有

$$ab\leqslant\frac{a^p}{p}+\frac{b^q}{q}.\tag{6.3}$$

只需考虑 $a,b>0$ 的情形. 令 $\varphi(x)=\ln x\,(x>0)$. 由于 $\varphi''(x)<0$，因此 $\varphi(x)$ 是 $(0,\infty)$ 上的上凸函数. 于是当 $0<\lambda<1$ 时，对任意 $x,y\in(0,\infty)$，有

$$\lambda\ln x+(1-\lambda)\ln y\leqslant\ln(\lambda x+(1-\lambda)y.$$

上式的左端是 $\ln x^{\lambda}y^{1-\lambda}$，从而 $x^{\lambda}y^{1-\lambda}\leqslant\lambda x+(1-\lambda)y$. 令 $\lambda=\frac{1}{p}$，则 $1-\lambda=\frac{1}{q}$. 再令 $x=a^p,y=b^q$，即得式(6.3).

现在证明式(6.2).

若 $\|f\|_p=0$ 或 $\|g\|_q=0$，则 $f=0$ a.e. 或 $g=0$ a.e. 此时式(6.3) 显然成立. 现在设 $\|f\|_p>0,\|g\|_q>0$. 对任意 $x\in E$，对 $a=\frac{|f(x)|}{\|f\|_p}$ 和 $b=\frac{|g(x)|}{\|g\|_p}$ 应用 Young 不等式得到

$$\frac{|f(x)g(x)|}{\|f\|_p\|g\|_q}\leqslant\frac{|f(x)|^p}{p\|f\|_p^p}+\frac{|g(x)|^q}{q\|g\|_q^q}\quad(x\in E).$$

两边积分得到

$$\frac{1}{\|f\|_p\|g\|_q}\int_E|fg|\,\mathrm{d}x\leqslant\frac{1}{p\|f\|_p^p}\int_E|f|^p\,\mathrm{d}x+\frac{1}{q\|g\|_q^q}\int_E|g|^q\,\mathrm{d}x=\frac{1}{p}+\frac{1}{q}=1.$$

由此得到 $\int_E|fg|\,\mathrm{d}x\leqslant\|f\|_p\|g\|_q$. 此即式(6.2). ■

当 $p=q=2$ 时，Hölder 不等式变为

$$\int_E|fg|\,\mathrm{d}x\leqslant\left(\int_E|f|^2\,\mathrm{d}x\right)^{\frac{1}{2}}\left(\int_E|g|^2\,\mathrm{d}x\right)^{\frac{1}{2}}.$$

这个不等式又称为 Cauchy 不等式.

**定理 6.2**(Minkowski 不等式) 设 $1\leqslant p<\infty$，$f,g\in L^p(E)$. 则

$$\left(\int_E|f+g|^p\,\mathrm{d}x\right)^{\frac{1}{p}}\leqslant\left(\int_E|f|^p\,\mathrm{d}x\right)^{\frac{1}{p}}+\left(\int_E|g|^p\,\mathrm{d}x\right)^{\frac{1}{p}}.\tag{6.4}$$

用 $p$ 范数的记号的表示就是 $\|f+g\|_p\leqslant\|f\|_p+\|g\|_p$.

**证** 当 $p=1$ 时，式(6.4) 显然成立. 现在设 $p>1$. 我们有

$$\begin{aligned}\int_E|f+g|^p\,\mathrm{d}x&=\int_E|f+g||f+g|^{p-1}\,\mathrm{d}x\\&\leqslant\int_E|f||f+g|^{p-1}\,\mathrm{d}x+\int_E|g||f+g|^{p-1}\,\mathrm{d}x.\end{aligned}$$

令 $q=\frac{p}{p-1}$，则 $\frac{1}{p}+\frac{1}{q}=1$. 对上式右边的两个积分应用 Hölder 不等式得到

$$\begin{aligned}\int_E|f+g|^p\,\mathrm{d}x&\leqslant\|f\|_p\left(\int_E|f+g|^{(p-1)q}\,\mathrm{d}x\right)^{\frac{1}{q}}+\|g\|_p\left(\int_E|f+g|^{(p-1)q}\,\mathrm{d}x\right)^{\frac{1}{q}}\\&=\left(\|f\|_p+\|g\|_p\right)\left(\int_E|f+g|^p\,\mathrm{d}x\right)^{\frac{1}{q}}.\end{aligned}$$

当$\int_E |f+g|^p \mathrm{d}x=0$时,式(6.4)显然成立. 当$\int_E |f+g|^p \mathrm{d}x>0$时,用$\left(\int_E |f+g|^p \mathrm{d}x\right)^{\frac{1}{q}}$除上式的两边得到

$$\left(\int_E |f+g|^p \mathrm{d}x\right)^{1-\frac{1}{q}} \leqslant \|f\|_p+\|g\|_p.$$

注意到$1-\dfrac{1}{q}=\dfrac{1}{p}$,因此上式即式(6.4). ■

**例 1** 设$E=[0,\infty)$, $f(x)=\dfrac{1}{x^\lambda(1+x)}(\lambda>0)$. 由于

$$\begin{aligned}\int_0^\infty |f(x)|^p \mathrm{d}x &= \int_0^1 \frac{1}{x^{\lambda p}(1+x)^p}\mathrm{d}x+\int_1^\infty \frac{1}{x^{\lambda p}(1+x)^p}\mathrm{d}x \\ &\leqslant \int_0^1 \frac{1}{x^{\lambda p}}\mathrm{d}x+\int_1^\infty \frac{1}{x^{(\lambda+1)p}}\mathrm{d}x,\end{aligned}$$

因此当$1\leqslant p<\dfrac{1}{\lambda}$时,上式最后的两个广义Riemann积分都收敛. 根据定理4.15, $|f|^p$在$[0,\infty)$上是Lebesgue可积的,因此当$1\leqslant p<\dfrac{1}{\lambda}$时,$f\in L^p[0,\infty)$.

下面我们定义空间$L^\infty(E)$.

**定义 6.2** 设$E$是$\mathbf{R}^n$中的可测集,$f$是$E$上的可测函数,称$f$是本性有界的,若存在$M>0$,使得$|f|\leqslant M$ a.e.,即存在$E$的零测度子集$E_0$,使得当$x\in E-E_0$时$|f(x)|\leqslant M$. $E$上的本性有界可测函数的全体记为$L^\infty(E)$. 显然$L^\infty(E)$按函数的加法和数乘运算成为一个线性空间. 对任意$f\in L^\infty(E)$,令

$$\|f\|_\infty=\inf\{M: |f|\leqslant M \text{ a.e.}\}. \tag{6.5}$$

称$\|f\|_\infty$为$f$的本性最大模.

**定理 6.3** 对任意$f,g\in L^\infty(E)$有

$$\|f+g\|_\infty \leqslant \|f\|_\infty+\|g\|_\infty. \tag{6.6}$$

**证** 首先注意,对任意$f\in L^\infty(E)$,有$|f|\leqslant \|f\|_\infty$ a.e. 事实上,对任意$n\geqslant 1$,存在可测集$E_n$使得$m(E_n)=0$,并且

$$|f(x)|\leqslant \|f\|_\infty+\frac{1}{n} \quad (x\in E-E_n).$$

令$E_0=\bigcup\limits_{n=1}^\infty E_n$,则$m(E_0)=0$. 由于$E-E_0\subset E-E_n(n\geqslant 1)$,因此对任意$n\geqslant 1$,有

$$|f(x)|\leqslant \|f\|_\infty+\frac{1}{n} \quad (x\in E-E_0).$$

令$n\to\infty$得到$|f(x)|\leqslant \|f\|_\infty (x\in E-E_0)$. 因而

$$|f|\leqslant \|f\|_\infty \quad \text{a.e.} \tag{6.7}$$

若$f$, $g\in L^\infty(E)$,则

$$|f+g|\leqslant |f|+|g|\leqslant \|f\|_\infty+\|g\|_\infty \quad \text{a.e.}$$

由上式即得

$$\|f+g\|_\infty \leqslant \|f\|_\infty + \|g\|_\infty. \blacksquare$$

式(6.7)表明在式(6.5)中的下确界是可以达到的，即$\|f\|_\infty$是满足$|f|\leqslant M$ a.e.的常数$M$中的最小的一个. 下面的定理解释了为何将$f$的本性最大模记为$\|f\|_\infty$.

**定理 6.4** 若$m(E)<\infty$，则对任意$f\in L^\infty(E)$有

$$\|f\|_\infty = \lim_{p\to\infty}\|f\|_p. \tag{6.8}$$

**证** 记$M=\|f\|_\infty$. 由式(6.7)知道$|f|\leqslant M$ a.e. 因此

$$\|f\|_p = \left(\int_E |f|^p \mathrm{d}x\right)^{\frac{1}{p}} \leqslant \left(\int_E M^p \mathrm{d}x\right)^{\frac{1}{p}} = M(m(E))^{\frac{1}{p}}. \tag{6.9}$$

由式(6.9)得到

$$\overline{\lim_{p\to\infty}}\|f\|_p \leqslant \lim_{p\to\infty} M(m(E))^{\frac{1}{p}} = M.$$

另一方面，对任意$0<\varepsilon<M$，令$A=E(|f|>M-\varepsilon)$，则$m(A)>0$. 我们有

$$\|f\|_p = \left(\int_E |f|^p \mathrm{d}x\right)^{\frac{1}{p}} \geqslant \left(\int_A (M-\varepsilon)^p \mathrm{d}x\right)^{\frac{1}{p}} = (M-\varepsilon)m(A)^{\frac{1}{p}}. \tag{6.10}$$

由式(6.10)得到

$$\underline{\lim_{p\to\infty}}\|f\|_p \geqslant \lim_{p\to\infty}(M-\varepsilon)m(A)^{\frac{1}{p}} = M-\varepsilon.$$

令$\varepsilon\to 0$，得到$\underline{\lim}_{p\to\infty}\|f\|_p \geqslant M$. 这就证明了$\lim_{p\to\infty}\|f\|_p = M$. $\blacksquare$

设$1\leqslant p,q\leqslant\infty$并且满足$\dfrac{1}{p}+\dfrac{1}{q}=1$，则称$p$和$q$为一对共轭指标. 其中规定，当$p=1$时$q=\infty$.当$p=\infty$时$q=1$.上面我们已经在$1<p,q<\infty$并且$\dfrac{1}{p}+\dfrac{1}{q}=1$时证明了 Hölder 不等式. 事实上 Hölder 不等式当$p=1,q=\infty$或者$p=\infty$，$q=1$时仍然成立. 例如，当$f\in L^1(E)$，$g\in L^\infty(E)$时，我们有

$$\int_E |fg|\,\mathrm{d}x \leqslant \int_E |f|\,\mathrm{d}x\,\|g\|_\infty = \|f\|_1\|g\|_\infty.$$

因此 Hölder 不等式对任意一对共轭指标都成立.

## 6.2 $L^p$ 空间的性质

为了从更一般的视野考查$L^p(E)$空间的性质，首先介绍赋范线性空间的概念.为此先看看我们熟悉的 Euclid 空间$\mathbf{R}^n$. 对任意$x=(x_1,x_2,\cdots,x_n)\in\mathbf{R}^n$，令

$$\|x\| = \left(\sum_{i=1}^n |x_i|^2\right)^{\frac{1}{2}}. \tag{6.11}$$

称$\|x\|$为向量$x$的范数(或模). 熟知$\mathbf{R}^n$上的范数满足以下性质：

(1) $\|x\|\geqslant 0\ (x\in\mathbf{R}^n)$并且$\|x\|=0$当且仅当$x=0$；

(2) $\|\alpha x\| = |\alpha|\,\|x\|\ (x\in\mathbf{R}^n,\alpha\in\mathbf{R}^1)$；

(3) $\|x+y\|\leqslant\|x\|+\|y\|\ (x,y\in\mathbf{R}^n)$.

由于对任意$x,y\in\mathbf{R}^n$，$d(x,y)=\|x-y\|$，因此在$\mathbf{R}^n$上，$x_n\to x$当且仅当

$\|x_n - x\| \to 0(n\to\infty)$. 这启发我们思考，对于一般的线性空间 $X$，若对每个 $x\in X$ 都对应一个范数 $\|x\|$，满足上述 (1) ~ (3)，则与在 $\mathbf{R}^n$ 上一样，可以在 $X$ 上研究与范数有关的理论. 如序列的收敛等. 基于这样的考虑，下面的赋范线性空间的定义就是很自然的了. 由于这里不打算介绍赋范线性空间的一般理论，因此下面我们只考虑实赋范线性空间.

**定义 6.3** 设 $X$ 是一个线性空间，其标量域为 $\mathbf{R}^1$. 若对每个 $x\in X$ 都对应一个实数 $\|x\|$，满足如下条件：

(1) 正定性：$\|x\|\geqslant 0(x\in X)$，并且 $\|x\|=0$ 当且仅当 $x=0$；

(2) 绝对齐性：$\|\alpha x\|=|\alpha|\,\|x\|(x\in X,\alpha\in\mathbf{R}^1)$；

(3) 三角不等式：$\|x+y\|\leqslant\|x\|+\|y\|(x,y\in X)$，

则称函数 $\|\cdot\|$ 为 $X$ 上的范数. 称 $\|x\|$ 为向量 $x$ 的范数. 给定了范数的线性空间称为赋范线性空间，简称为赋范空间.

例如 $\mathbf{R}^n$ 按照由式(6.11) 定义的范数成为赋范空间.

为了使 $\|\cdot\|_p$ 是 $L^p(E)(1\leqslant p\leqslant\infty)$ 上的范数，我们作如下规定. 设 $f,g\in L^p(E)$. 若 $f=g$ a.e.，则将 $f$ 和 $g$ 视为是 $L^p(E)$ 中的同一向量.

**例 1** 当 $1\leqslant p<\infty$ 时，由式(6.1) 定义的 $p$ 范数 $\|\cdot\|_p$ 是 $L^p(E)$ 上的范数，$L^p(E)$ 按照范数 $\|\cdot\|_p$ 成为赋范空间.

事实上，显然对任意 $f\in L^p(E)$，$\|f\|_p\geqslant 0$. 由积分的性质，$\|f\|_p=0$ 当且仅当 $f=0$ a.e. 按照 $L^p(E)$ 两个元相等的规定，这表明 $\|f\|_p=0$ 当且仅当 $f=0$ . 显然对任意 $\alpha\in\mathbf{R}^1$，有 $\|\alpha f\|_p=|\alpha|\,\|f\|$. 而 Minkowski 不等式表明 $\|\cdot\|_p$ 满足三角不等式. 因此 $\|\cdot\|_p$ 满足范数定义的(1) ~ (3). 这表明 $p$ 范数 $\|\cdot\|_p$ 确实是 $L^p(E)$ 上的范数，$L^p(E)$ 按照 $p$ 范数 $\|\cdot\|_p$ 成为赋范空间.

**例 2** 由式(6.5) 定义的本性最大模 $\|\cdot\|_\infty$ 是 $L^\infty(E)$ 上的范数，$L^\infty(E)$ 按照范数 $\|\cdot\|_\infty$ 成为赋范空间.

事实上，显然对任意 $f\in L^\infty(E)$，$\|f\|_\infty\geqslant 0$. 利用式(6.7) 知道 $\|f\|_\infty=0$ 当且仅当 $f=0$ a.e. 按照 $L^\infty(E)$ 两个元相等的规定，这表明 $\|f\|_p=0$ 当且仅当 $f=0$. 显然对任意 $\alpha\in\mathbf{R}^1$ 有 $\|\alpha f\|_\infty=|\alpha|\,\|f\|_\infty$. 式(6.6) 表明 $\|\cdot\|_\infty$ 满足三角不等式. 因此 $\|\cdot\|_\infty$ 满足范数定义的(1) ~ (3). 这说明 $\|\cdot\|_\infty$ 是 $L^\infty(E)$ 上的范数，$L^\infty(E)$ 按照范数 $\|\cdot\|_\infty$ 成为赋范空间.

赋范空间 $L^p(E)(1\leqslant p<\infty)$ 和 $L^\infty(E)$ 统称为 $L^p$ 空间.

**定义 6.4** 设 $\{f_n\}$ 是 $L^p(E)(1\leqslant p<\infty)$ 中的序列，$f\in L^p(E)$，若

$$\lim_{n\to\infty}\|f_n-f\|_p=0,$$

则称 $\{f_n\}$ 按 $p$ 范数收敛于 $f$，记为 $f_n\xrightarrow{L^p}f\ (n\to\infty)$.

现在对 $\{f_n\}$ 按 $p$ 范数收敛于 $f$ 的意义作些说明. 设 $1\leqslant p<\infty$，$0<m(E)<\infty$. 若 $f_n\xrightarrow{L^p}f\ (n\to\infty)$，则

$$\frac{1}{m(E)}\int_E|f_n-f|^p\mathrm{d}x=\frac{1}{m(E)}\|f_n-f\|_p^p\to 0\quad(n\to\infty).$$

这表明 $|f_n-f|^p$ 在 $E$ 上的平均值趋于 0 . 因此按 $p$ 范数收敛又称为 $p$ 次方平均收敛.

**定理 6.5** $L^p(E)(1\leqslant p\leqslant\infty)$ 中的收敛序列的极限是唯一的. 即若 $f_n\xrightarrow{L^p}f$ 并且 $f_n\xrightarrow{L^p}g$，则 $f=g$ a.e.

**证** 由于 $\|f_n-f\|_p\to 0$ 并且 $\|f_n-g\|_p\to 0$，利用三角不等式得到

$$\|f-g\|_p\leqslant\|f-f_n\|_p+\|f_n-g\|_p\to 0\quad(n\to\infty).$$

因此 $\|f-g\|_p=0$. 这表明 $f=g$ a.e. ■

**定理 6.6** 设 $1\leqslant p<\infty$，$f_n,f\in L^p(E)$. 若 $f_n\xrightarrow{L^p}f$，则 $f_n\xrightarrow{m}f$.

**证** 设 $\|f_n-f\|_p\to 0$. 对任意 $\varepsilon>0$，当 $n\to\infty$ 时，我们有

$$mE\left(|f_n-f|>\varepsilon\right)=mE\left(|f_n-f|^p>\varepsilon^p\right)\leqslant\frac{1}{\varepsilon^p}\int_E|f_n-f|^p\,\mathrm{d}x$$

$$=\frac{1}{\varepsilon^p}\|f_n-f\|_p^p\to 0.$$

因此 $f_n\xrightarrow{m}f$. ■

**推论 6.1** 设 $1\leqslant p<\infty$，$f_n$，$f\in L^p(E)$. 若 $f_n\xrightarrow{L^p}f$，则存在$\{f_n\}$ 的一个子列 $\{f_{n_k}\}$ 使得 $f_{n_k}\to f$ a.e.

**证** 利用 3.2 节中的 Riesz 定理即知推论成立. ■

**例 3** 设 $m(E)<\infty$，$1\leqslant p_1<p_2<\infty$. 则有

(1) $L^{p_2}(E)\subset L^{p_1}(E)$；

(2) 若 $f_n\xrightarrow{L^{p_2}}f$，则 $f_n\xrightarrow{L^{p_1}}f$.

**证** 令 $p=\dfrac{p_2}{p_1},q=\dfrac{p_2}{p_2-p_1}$，则 $1<p,q<\infty$ 并且$\dfrac{1}{p}+\dfrac{1}{q}=1$. 对函数 $\varphi=|f|^{p_1}$ 和 $\psi=1$ 应用 Hölder 不等式得到

$$\int_E|f|^{p_1}\,\mathrm{d}x\leqslant\left(\int_E|f|^{p_1p}\,\mathrm{d}x\right)^{\frac{1}{p}}\left(\int_E 1\mathrm{d}x\right)^{\frac{1}{q}}=\left(\int_E|f|^{p_2}\,\mathrm{d}x\right)^{\frac{1}{p}}m(E)^{\frac{1}{q}}.$$

利用上式立即知道结论(1) 成立. 将上式中的 $f$ 换成 $f_n-f$ 即知(2) 成立.

我们知道 $\mathbf{R}^n$ 有一个很重要的性质，就是 $\mathbf{R}^n$ 中的每个 Cauchy 序列都是收敛的. 下面我们证明在 $L^p$空间中成立类似的性质. 先给出赋范空间完备性的定义.

**定义 6.5** 设 $X$ 为一赋范空间，$\{x_n\}$ 是 $X$ 中的一个序列，$x\in X$. 如果 $\lim\limits_{n\to\infty}\|x_n-x\|=0$，则称$\{x_n\}$(按范数) 收敛于 $x$，记为$\lim\limits_{n\to\infty}x_n=x$ 或 $x_n\to x(n\to\infty)$.

显然，上面定义的 $L^p(E)$ 中的按 $p$ 范数收敛就是按范数收敛.

**定义 6.6** 设 $X$ 为一赋范空间，$\{x_n\}$ 是 $X$ 中的一个序列. 若对任意 $\varepsilon>0$，存在相应的 $N>0$，使得当 $m,n>N$ 时恒有$\|x_m-x_n\|<\varepsilon$，则称 $\{x_n\}$ 为 Cauchy 序列. 若 $X$ 中的每个 Cauchy 序列都收敛，则称 $X$ 是完备的.

**定理 6.7** 空间 $L^p(E)(1\leqslant p\leqslant\infty)$ 是完备的.

**证** 先考虑 $1\leqslant p\leqslant\infty$ 的情形. 设$\{f_n\}$ 是 $L^p(E)$ 中的 Cauchy 序列. 先证明存在 $\{f_n\}$ 一个子列收敛. 由于 $\{f_n\}$ 是 Cauchy 序列，存在 $\{f_n\}$ 的一个子列$\{f_{n_k}\}$，使得 $\|f_{n_{k+1}}-f_{n_k}\|_p<\dfrac{1}{2^k}(k\geqslant 1)$. 令

$$g(x)=|f_{n_1}(x)|+\sum_{i=1}^{\infty}|f_{n_{i+1}}(x)-f_{n_i}(x)|.$$

由单调收敛定理和 Minkowski 不等式，我们有

$$\begin{aligned}\int_E g^p\,\mathrm{d}x&=\lim_{k\to\infty}\int_E\Big(|f_{n_1}(x)|+\sum_{i=1}^{\infty}|f_{n_{i+1}}(x)-f_{n_i}(x)|\Big)^p\mathrm{d}x\\&\leqslant\lim_{k\to\infty}\Big(\|f_{n_1}\|_p+\sum_{i=1}^{\infty}\|f_{n_{i+1}}-f_{n_i}\|_p\Big)^p\leqslant\Big(\|f_{n_1}\|_p+1\Big)^p<\infty.\end{aligned}$$

因此 $g\in L^p(E)$.于是

$$g(x)=|f_{n_1}(x)|+\sum_{i=1}^{\infty}|f_{n_{i+1}}(x)-f_{n_i}(x)|<\infty\ \text{a.e.}$$

这表明对几乎所有 $x\in E$，级数 $f_{n_1}(x)+\sum_{i=1}^{\infty}\Big(f_{n_{i+1}}(x)-f_{n_i}(x)\Big)$ 绝对收敛. 令

$$f(x)=f_{n_1}(x)+\sum_{i=1}^{\infty}\Big(f_{n_{i+1}}(x)-f_{n_i}(x)\Big)\ (\text{a.e. } x\in E).$$

由于 $f_{n_k}$ 是上述级数的部分和，故 $f_{n_k}(x)\to f(x)$ a.e.$(k\to\infty)$. 由于 $|f|\leqslant g$ a.e., 并且 $g\in L^p(E)$，故 $f\in L^p(E)$. 对每个 $k\geqslant 1$,有

$$|f-f_{n_k}|^p\leqslant\Big(|f|+|f_{n_k}|\Big)^p\leqslant 2^pg^p\ \text{a.e.}$$

并且 $|f_{n_k}-f|\to 0$ a.e. 利用控制收敛定理得到

$$\lim_{k\to\infty}\|f_{n_k}-f\|_p^p=\lim_{k\to\infty}\int_E|f_{n_k}-f|^p\,\mathrm{d}x=0.$$

因此$\lim\limits_{k\to\infty}\|f_{n_k}-f\|_p=0$. 由于$\{f_n\}$是 Cauchy 序列，对任意 $\varepsilon>0$，存在 $N>0$ 使得当$m$，$n>N$ 时$\|f_n-f_m\|\leqslant\frac{\varepsilon}{2}$. 取 $k$ 足够大使得 $n_k>N$ 并且$\|f_{n_k}-f\|_p<\frac{\varepsilon}{2}$. 则当$n>N$ 时

$$\|f_n-f\|_p\leqslant\|f_n-f_{n_k}\|_p+\|f_{n_k}-f\|_p<\frac{\varepsilon}{2}+\frac{\varepsilon}{2}=\varepsilon.$$

从而 $f_n\xrightarrow{L^p}f\,(n\to\infty)$，这就证明了 $L^p(E)$ 是完备的.

现在考虑 $p=\infty$ 的情形. 设 $\{f_n\}$ 是$L^\infty(E)$中的一个Cauchy序列. 则对任意 $\varepsilon>0$，存在 $N>0$，使得当$m,n>N$ 时有$\|f_m-f_n\|_\infty<\varepsilon$. 于是存在零测度集 $E_0\subset E$，使得当 $m,n>N$ 时

$$|f_m(x)-f_n(x)|\leqslant\|f_m-f_n\|_\infty<\varepsilon\quad(x\in E-E_0).\tag{6.12}$$

这说明对任意 $x\in E-E_0$,$\{f_n(x)\}$ 是 Cauchy 数列. 令

$$f(x)=\lim_{n\to\infty}f_n(x)\quad(x\in E-E_0).$$

则 $f$ 是$E$ 上的可测函数. 在式(6.12) 中固定 $n>N$，令 $m\to\infty$ 得到

$$|f(x)-f_n(x)|\leqslant\|f_m-f_n\|_\infty<\varepsilon\|f_m-f_n\|_\infty<\varepsilon\quad(x\in E-E_0).\tag{6.13}$$

这表明 $f-f_n\in L^\infty(E)$. 由于 $L^\infty(E)$ 对加法运算封闭，故 $f=(f-f_n)+f_n\in L^\infty(E)$. 而且式(6.13) 表明当 $n>N$ 时$\|f-f_n\|_\infty<\varepsilon$. 因此$\lim\limits_{n\to\infty}\|f_n-f\|_\infty=0$. 这就证明了

$L^{\infty}(E)$ 是完备的. ■

$L^p$ 空间的完备性是 $L^p$ 空间非常重要的性质，是在 $L^p$ 空间上建立分析学的基础. 这与实数集的完备性在数学分析中的重要性是一样的. Lebesgue 积分理论之所以重要正是由于这个原因. 如果在 $L^p$ 空间的定义中用 Riemann 积分代替 Lebesgue 积分，则可以举出反例说明此时所得到的空间不是完备的.

我们知道在实数集 $\mathbf{R}^1$ 中有一个既是可列又是稠密的子集，就是有理数集. 这个事实有时是很有用的. 下面我们证明在 $L^p(1 \leqslant p < \infty)$ 中也存在这样的子集.

**定义 6.7** 设 $X$ 是赋范空间. $A \subset X$. 若对任意 $x \in X$ 和 $\varepsilon > 0$，存在 $a \in A$，使得 $\|x-a\| < \varepsilon$，则称 $A$ 是 $X$ 的稠密子集，或称 $A$ 在 $X$ 中稠密. 若在 $X$ 中存在一个可数的稠密子集，则称 $X$ 是可分的.

例如，由于 $\mathbf{Q}^n$ 是 $\mathbf{R}^n$ 中可列的稠密子集，因此 $\mathbf{R}^n$ 是可分的.

利用现在的术语，定理 4.19 现在可以叙述为如下的定理：

**定理 6.8** 设 $E \subset \mathbf{R}^n$，$1 \leqslant p < \infty$. 则

(1) $L^p(E)$ 中的简单函数的全体在 $L^p(E)$ 中是稠密的；

(2) 具有紧支集的连续函数的全体在 $L^p(E)$ 中是稠密的.

(3) 若 $E \subset \mathbf{R}^1$，则具有紧支集的阶梯函数的全体在 $L^p(E)$ 中是稠密的.

**定理 6.9** 设 $E \subset \mathbf{R}^1$. 则 $L^p(E)(1 \leqslant p < \infty)$ 是可分的.

**证** 令 $A$ 是 $\mathbf{R}^1$ 上的形如 $\varphi(x) = \sum_{i=1}^{k} r_i \chi_{I_i}(x)$ 的阶梯函数的全体，其中 $r_i$ 是有理数，$I_1, I_2, \cdots, I_k$ 是以有理数为端点的互不相交的有界区间. 则 $A$ 是 $L^p(E)$ 中的可列集. 对任意 $f \in L^p(E)$ 和 $\varepsilon > 0$，由定理 6.8，存在 $\mathbf{R}^1$ 上具有紧支集的阶梯函数 $g(x)$ 使得

$$\|f-g\|_p < \frac{\varepsilon}{2}. \tag{6.14}$$

设 $g(x) = \sum_{i=1}^{k} a_i \chi_{J_i}(x)$. 不妨设 $|a_i| \leqslant M (i=1,2,\cdots,k)$. 由于 $g(x)$ 是具有紧支集的，不妨设 $|J_i| \leqslant L (i=1,2,\cdots,k)$. 对每个 $i=1,2,\cdots,k$，取有理数 $r_i$ 和以有理数为端点的区间 $I_i \subset J_i$，使得

$$|a_i - r_i|^p < \frac{\varepsilon^p}{2^{p+1}kL},$$

$$|J_i - I_i| < \frac{\varepsilon^p}{2^{p+1}kM^p} \quad (i=1,2,\cdots,k).$$

令 $\varphi(x) = \sum_{i=1}^{k} r_i \chi_{I_i}(x)$，则 $\varphi \in A$. 我们有

$$\begin{aligned}
\|g-\varphi\|_p^p &= \int_E |g-\varphi|^p \mathrm{d}x \\
&= \sum_{i=1}^{k} \int_{I_i} |a_i - r_i|^p \mathrm{d}x + \sum_{i=1}^{k} \int_{J_i - I_i} |a_i|^p \mathrm{d}x \\
&< \sum_{i=1}^{k} \frac{\varepsilon^p}{2^{p+1}kL} m(I_i) + \sum_{i=1}^{k} M^p m(J_i - I_i)
\end{aligned}$$

$$\leqslant \frac{\varepsilon^p}{2^{p+1}}+\frac{\varepsilon^p}{2^{p+1}}=\frac{\varepsilon^p}{2^p}.$$

因此$\|g-\varphi\|_p<\frac{\varepsilon}{2}$.结合式(6.14)，得到

$$\|f-\varphi\|_p\leqslant\|f-g\|_p+\|g-\varphi\|_p<\frac{\varepsilon}{2}+\frac{\varepsilon}{2}=\varepsilon.$$

这表明$A$在$L^p(E)$中是稠密的. 这就证明了$L^p(E)$是可分的. ■

类似于定理6.9，可以证明当$E\subset\mathbf{R}^n$时，$L^p(E)(1\leqslant p<\infty)$也是可分的. 在证明中阶梯函数要换为形如$g(x)=\sum_{i=1}^{k}a_i\chi_{I_i}(x)$的函数，其中$I_1,I_2,\cdots,I_k$是$\mathbf{R}^n$中的方体. 详细过程从略.

**例 4** $L^\infty[a,b]$不是可分的.

**证** 设$A$是$L^\infty[a,b]$的稠密子集，我们证明$A$必定不是可数集. 令

$$B=\{\varphi_s=\varphi_s(x):a\leqslant s\leqslant b\},$$

其中$\varphi_s(x)=\chi_{[0,s]}(x)$，则$B\subset L^\infty[a,b]$. 由于$B$中的元与区间$[a,b]$中的实数一一对应，因此$B$是不可数集. 既然$A$在$L^\infty[a,b]$中稠密，对任意$\varphi_s\in B$，存在$f_s\in A$，使得$\|f_s-\varphi_s\|_\infty<\frac{1}{2}$. 对$B$中的任意两个不同的元$\varphi_s$和$\varphi_t$，显然$\|\varphi_s-\varphi_t\|_\infty=1$. 若$f_s=f_t$，则有

$$\|\varphi_s-\varphi_t\|_\infty\leqslant\|\varphi_s-f_s\|_\infty+\|f_s-\varphi_t\|_\infty<1.$$

这与$\|\varphi_s-\varphi_t\|_\infty=1$矛盾，因此必有$f_s\neq f_t$. 这表明$B$与$A$的一个子集对等. 由于$B$是不可数集，因此$A$也是不可数集. 这表明$L^\infty[a,b]$中不存在可数的稠密子集. 所以$L^\infty[a,b]$不是可分的.

## 6.3 $L^2$ 空间

在6.2节中我们已经看到，$L^p$空间具有一些与Euclid空间$\mathbf{R}^n$相似的结构性质. 在$L^p$空间的一个特别情形$L^2$空间中，由于可以定义内积和向量的正交，因而比一般的$L^p$空间在结构上更接近于$\mathbf{R}^n$.

### 6.3.1 $L^2$ 空间中的正交性

先给出内积空间的定义. 我们只考虑实空间的情形.

**定义 6.8** 设$X$是定义在实数域$\mathbf{R}^1$上的线性空间. 若对任意$x,y\in X$都对应有实数$(x,y)$，满足

(1) 正定性：$(x,x)\geqslant 0$，并且$(x,x)=0$当且仅当$x=0$；

(2) 对称性：$(x,y)=(y,x)$ $(x,y\in X)$；

(3) 线性性：$(\alpha x+\beta y,z)=\alpha(x,z)+\beta(y,z)$ $(x,y,z\in X,\alpha,\beta\in\mathbf{R}^1)$，

则称$(x,y)$为$x$与$y$的内积. 定义了内积的线性空间$X$称为内积空间.

这里我们只考虑实空间的情形，由于内积的对称性和关于第一个变元的线性性，内积关于第二个变元也是线性的.

例如对任意 $x=(x_1,x_2,\cdots x_n)$，$y=(y_1,y_2,\cdots,y_n)\in\mathbf{R}^n$，定义

$$(x,y)=x_1y_1+x_2y_2+\cdots+x_ny_n.$$

则 $(x,y)$ 是 $\mathbf{R}^n$ 上的内积，$\mathbf{R}^n$ 按照这样定义的内积成为一个内积空间.

**例 1** 设 $E$ 是 $\mathbf{R}^n$ 中的可测集. 在 $L^2(E)$ 空间上定义

$$(f,g)=\int_E fg\,\mathrm{d}x \quad (f,g\in L^2(E)).$$

当 $f,g\in L^2(E)$ 时，由 Hölder 不等式我们有

$$\int_E |fg|\,\mathrm{d}x \leqslant \left(\int_E |f|^2\mathrm{d}x\right)^{\frac{1}{2}}\left(\int_E |g|^2\mathrm{d}x\right)^{\frac{1}{2}}<\infty. \tag{6.15}$$

即 $fg$ 是可积的，这表明 $(f,g)$ 的定义有意义. 容易验证 $(f,g)$ 满足定义 6.8 中的条件 (1) ～ (3)，因此 $(f,g)$ 是 $L^2(E)$ 上的内积，$L^2(E)$ 按照这个内积成为一个内积空间.

由于在本节我们只考虑 $L^2(E)$ 空间，因此在本节我们将 $\|f\|_2$ 简记为 $\|f\|$.

**定理 6.10** $L^2(E)$ 上的内积具有下面的两个性质：

(1) Schwarz 不等式：对任意 $f,g\in L^2(E)$ 有

$$|(f,g)|\leqslant\|f\|\|g\|.$$

(2) 内积关于两个变量是连续的，即当 $\|f_n-f\|\to 0$，$\|g_n-g\|\to 0$ 时

$$(f_n,g_n)\to(f,g)\quad(n\to\infty).$$

**证** 由式(6.15) 即知(1) 成立. 现在证明(2). 由内积的线性性和 Schwarz 不等式，我们有

$$\begin{aligned}|(f_n,g_n)-(f,g)|&=|(f_n,g_n-g)+(f_n-f,g)|\\&\leqslant|(f_n,g_n-g)|+|(f_n-f,g)|\\&\leqslant\|f_n\|\|g_n-g\|+\|f_n-f\|\|g\|.\end{aligned} \tag{6.16}$$

由 $\|f_n-f\|\to 0$ 容易推出，存在 $M>0$ 使得 $\|f_n\|\leqslant M(n\geqslant 1)$. 因此由式(6.16) 知道

$$(f_n,g_n)\to(f,g)\quad(n\to\infty).$$

因此(2) 得证. ■

在 $\mathbf{R}^n$ 中我们已经熟悉两个向量正交的概念. 设 $x=(x_1,x_2,\cdots,x_n)$ 和 $y=(y_1,y_2,\cdots,y_n)$ 是 $\mathbf{R}^n$ 中的两个向量. 若 $(x,y)=0$，则称 $x$ 与 $y$ 正交. 在 $L^2(E)$ 上定义了内积后，可以与在 $\mathbf{R}^n$ 中一样，定义 $L^2(E)$ 中两个向量的正交.

**定义 6.9** 设 $f,g\in L^2(E)$. 若 $(f,g)=0$，则称 $f$ 与 $g$ 正交，记为 $f\perp g$.

**定理 6.11** 设 $f_1,f_2,\cdots,f_k$ 是 $L^2(E)$ 中的 $k$ 个两两正交的向量，则成立勾股公式

$$\|f_1+f_2+\cdots+f_k\|^2=\|f_1\|^2+\|f_2\|^2+\cdots+\|f_k\|^2.$$

若进一步每个 $f_i\neq 0$，则 $f_1,f_2,\cdots,f_k$ 是线性无关的.

**证** 由于 $f_1,f_2,\cdots,f_k$ 是两两正交的，当 $i\neq j$ 时 $(f_i,f_j)=0$. 因此

$$\|f_1+f_2+\cdots+f_k\|^2=\left(\sum_{i=1}^k f_i,\sum_{j=1}^k f_i\right)=\sum_{i,j=1}^k(f_i,f_j)$$

$$=\|f_1\|^2+\|f_2\|^2+\cdots+\|f_k\|^2.$$

现在进一步设每个 $f_i\neq 0$. 设 $\alpha_1,\alpha_2,\cdots,\alpha_k$ 是 $k$ 个实数使得 $\alpha_1 f_1+\alpha_2 f_2+\cdots+\alpha_k f_k=0$. 则

$$\alpha_i(f_i,f_i)=(\alpha_1 f_1+\alpha_2 f_2+\cdots+\alpha_k f_k,f_i)=0.$$

由于 $(f_i,f_i)>0$, 因此 $\alpha_i=0(i=1,2,\cdots,k)$. 所以 $f_1,f_2,\cdots,f_k$ 是线性无关的. ■

### 6.3.2 规范正交系

设 $e_1,e_2,\cdots,e_n$ 是 $\mathbf{R}^n$ 中的一组两两正交的单位向量, 则 $e_1,e_2,\cdots,e_n$ 是线性无关的. 因此对任意 $x\in\mathbf{R}^n$, $x$ 可以唯一地表示为

$$x=x_1e_1+x_2e_2+\cdots+x_ne_n.$$

容易计算出 $x_i=(x,e_i)(i=1,2,\cdots,n)$. 因此上式可以表示为

$$x=\sum_{i=1}^{n}(x,e_i)e_i.$$

本节将证明在 $L^2(E)$ 空间中有类似的结果. 当然由于 $L^2(E)$ 是无穷维空间, 我们必须用一列两两正交的单位向量代替上述的 $e_1,e_2,\cdots,e_n$.

**定义 6.10** 设 $\{\varphi_n\}$ 是 $L^2(E)$ 中的一个函数系. 若 $\{\varphi_n\}$ 中的任意两个不同的元都正交, 则称 $\{\varphi_n\}$ 为正交系. 若进一步对每个 $\varphi_n$ 都有 $\|\varphi_n\|=1$, 则称 $\{\varphi_n\}$ 为规范正交系.

由定义知道, 若 $\{\varphi_n\}$ 是规范正交系, 则 $(\varphi_i,\varphi_j)=\delta_{ij}$, 这里 $\delta_{ii}=1,\delta_{ij}=0(i\neq j)$.

**例 2** 函数系

$$\left\{\frac{1}{\sqrt{2\pi}},\frac{\cos x}{\sqrt{\pi}},\frac{\sin x}{\sqrt{\pi}},\cdots,\frac{\cos nx}{\sqrt{\pi}},\frac{\sin nx}{\sqrt{\pi}},\cdots\right\}$$

是 $L^2[0,2\pi]$ 中的规范正交系. 这个事实可以用定义直接验证.

设 $\{\varphi_n\}$ 是 $L^2(E)$ 中的规范正交系, $\{c_n\}$ 是一数列. 称形式和

$$\sum_{n=1}^{\infty}c_n\varphi_n=c_1\varphi_1+c_2\varphi_2+\cdots+c_n\varphi_n+\cdots \tag{6.17}$$

为 $L^2(E)$ 中的级数. 令 $s_n=\sum_{i=1}^{n}c_i\varphi_i(n=1,2,\cdots)$. 称 $\{s_n\}$ 为级数(6.17)的部分和序列. 若存在 $f\in L^2(E)$ 使得 $\lim_{n\to\infty}s_n=f$ (注意, 这里指的是 $\lim_{n\to\infty}\|s_n-f\|=0$), 则称 $f$ 为级数(6.17)的和, 记为

$$f=\sum_{n=1}^{\infty}c_n\varphi_n.$$

若 $f=\sum_{n=1}^{\infty}c_n\varphi_n$, 利用内积的连续性得到

$$\begin{aligned}(f,\varphi_j)&=\lim_{n\to\infty}(s_n,\varphi_j)=\lim_{n\to\infty}\left(\sum_{i=1}^{n}c_i\varphi_i,\varphi_j\right)\\&=\lim_{n\to\infty}\sum_{i=1}^{n}c_i(\varphi_i,\varphi_j)=c_j\quad(j=1,2,\cdots).\end{aligned}\tag{6.18}$$

因此我们给出如下定义.

**定义 6.11** 设 $\{\varphi_n\}_{n=1}^{\infty}$ 是 $L^2(E)$ 中的规范正交系, $f\in L^2(E)$. 称

$$c_n=(f,\varphi_n)=\int_E f\varphi_n \mathrm{d}x \quad (n=1,2,\cdots)$$

为 $f$ 关于 $\{\varphi_n\}$ 的 Fourier 系数. 称级数 $\sum_{n=1}^{\infty}c_n\varphi_n$ 为 $f$ 关于 $\{\varphi_n\}$ 的 Fourier 级数. 若级数 $\sum_{n=1}^{\infty}c_n\varphi_n$ 收敛并且 $f=\sum_{n=1}^{\infty}c_n\varphi_n$，则称 $\sum_{n=1}^{\infty}c_n\varphi_n$ 为 $f$ 关于 $\{\varphi_n\}$ 的 Fourier 展开式.

**定理 6.12** 设 $\{\varphi_n\}$ 是 $L^2(E)$ 中的规范正交系. 则对任意 $f\in L^2(E)$ 有：

(1) $\sum_{n=1}^{\infty}|(f,\varphi_n)|^2\leqslant\|f\|^2$ (Bessel 不等式)；

(2) $\lim_{n\to\infty}(f,\varphi_n)=0$.

**证** 对任意 $n\geqslant1$，令 $s_n=\sum_{i=1}^{n}(f,\varphi_i)\varphi_i$. 由于 $(\varphi_i,\varphi_j)=\delta_{ij}$，我们有

$$\begin{aligned}(f-s_n,s_n)&=\left(f-\sum_{i=1}^{n}(f,\varphi_i)\varphi_i,\sum_{j=1}^{n}(f,\varphi_j)\varphi_j\right)\\&=\sum_{i=1}^{n}(f,\varphi_i)(f,\varphi_i)-\sum_{i,j=1}^{n}(f,\varphi_i)(f,\varphi_j)(\varphi_i,\varphi_j)\\&=\sum_{i=1}^{n}(f,\varphi_i)(f,\varphi_i)-\sum_{i=1}^{n}(f,\varphi_i)(f,\varphi_i)=0.\end{aligned}$$

因此 $(f-s_n)\perp s_n$. 利用勾股公式得到

$$\|f\|^2=\|f-s_n\|^2+\|s_n\|^2=\|f-s_n\|^2+\sum_{i=1}^{n}|(f,\varphi_i)|^2. \tag{6.19}$$

于是

$$\sum_{i=1}^{n}|(f,\varphi_i)|^2=\|f\|^2-\|f-s_n\|^2\leqslant\|f\|^2.$$

令 $n\to\infty$ 即得(1). 由于收敛级数的通项收敛于零，由(1)的结果即知(2)成立. ■

在后面我们将得到 Bessel 不等式成为等式的充要条件.

根据 Bessel 不等式，若 $c_n=(f,\varphi_n)(n\geqslant1)$ 是 $f$ 关于规范正交系 $\{\varphi_n\}$ 的 Fourier 系数，则

$$\sum_{n=1}^{\infty}|c_n|^2=\sum_{n=1}^{\infty}|(f,\varphi_n)|^2\leqslant\|f\|^2<\infty.$$

反过来，下面的定理表明若 $\{c_n\}$ 是一数列并且满足 $\sum_{n=1}^{\infty}|c_n|^2<\infty$，则 $\{c_n\}$ 是某个 $f\in L^2(E)$ 关于 $\{\varphi_n\}$ 的 Fourier 系数.

**定理 6.13**(Riesz-Fischer) 设 $\{\varphi_n\}$ 是 $L^2(E)$ 中的规范正交系. 若 $\{c_n\}$ 是一数列，满足

$$\sum_{n=1}^{\infty}|c_n|^2<\infty, \tag{6.20}$$

则级数 $\sum_{n=1}^{\infty}c_n\varphi_n$ 收敛. 若记 $f=\sum_{n=1}^{\infty}c_n\varphi_n$，则 $c_n=(f,\varphi_n)(n\geqslant1)$.

**证** 对任意自然数 $n$，令 $s_n=\sum_{i=1}^{n}c_i\varphi_i$ 由勾股公式和式(6.20)，对任意 $m>n$，我们有

$$\|s_m-s_n\|^2=\left\|\sum_{i=n+1}^{m}c_i\varphi_i\right\|^2=\sum_{i=n+1}^{m}|c_i|^2\to 0\ (m,n\to\infty).$$

故 $\{s_n\}$ 是 $L^2(E)$ 中的Cauchy序列. $L^2(E)$ 是完备的，因此 $\{s_n\}$ 收敛. 这表明级数 $\sum_{i=1}^{\infty}c_i\varphi_i$ 收敛. 设 $f=\sum_{n=1}^{\infty}c_n\varphi_n$，由式(6.18) 知道 $c_n=(f,\varphi_n)(n\geqslant 1)$. ■

**推论 6.2** 设 $\{\varphi_n\}$ 是 $L^2(E)$ 中的规范正交系. 则对任意 $f\in L^2(E)$，级数 $\sum_{n=1}^{\infty}(f,\varphi_n)\varphi_n$ 收敛.

**证** 由 Bessel 不等式，$\sum_{n=1}^{\infty}|(f,\varphi_n)|^2\leqslant\|f\|^2<\infty$. 再根据定理 6.13 即知级数 $\sum_{n=1}^{\infty}(f,\varphi_n)\varphi_n$ 是收敛的. ■

由推论 6.2 知道，对任意 $f\in L^2(E)$，级数 $\sum_{n=1}^{\infty}(f,\varphi_n)\varphi_n$ 是收敛的. 但是 $\sum_{n=1}^{\infty}(f,\varphi_n)\varphi_n$ 未必一定收敛于 $f$，为保证 $\sum_{n=1}^{\infty}(f,\varphi_n)\varphi_n$ 收敛于 $f$，$\{\varphi_n\}$ 必须满足进一步条件.

**定义 6.12** 设 $\{\varphi_n\}$ 是 $L^2(E)$ 中的正交系. 若 $L^2(E)$ 中不存在非零元 $f$ 与所有 $\varphi_n$ 都正交(即若对任意 $n\geqslant 1$，$(f,\varphi_n)=0$，则必有 $f=0$)，则称 $\{\varphi_n\}$ 是完全的.

**定理 6.14** 设 $\{\varphi_n\}$ 是 $L^2(E)$ 中的规范正交系. 则以下几项是等价的：

(1) 对任意 $f\in L^2(E)$，有 $f=\sum_{n=1}^{\infty}(f,\varphi_n)\varphi_n$；

(2) 对任意 $f\in L^2(E)$，成立 Parseval 等式

$$\|f\|^2=\sum_{n=1}^{\infty}|(f,\varphi_n)|^2;$$

(3) $\{\varphi_n\}$ 的有限线性组合的全体在 $L^2(E)$ 中是稠密的；

(4) $\{\varphi_n\}$ 是完全的.

**证** (1)⇒(2) 设 $f\in L^2(E)$. 对任意 $n\geqslant 1$，令 $s_n=\sum_{i=1}^{n}(f,\varphi_i)\varphi_i$. 由假设条件，$\lim_{n\to\infty}\|s_n-f\|=0$. 利用内积的连续性，我们有

$$\|f\|^2=(f,f)=\lim_{n\to\infty}(s_n,s_n)=\lim_{n\to\infty}\sum_{i=1}^{n}|(f,\varphi_i)|^2=\sum_{i=1}^{\infty}|(f,\varphi_i)|^2.$$

(2)⇒(3) 设 $f\in L^2(E)$. 对任意 $n\geqslant 1$，令 $s_n=\sum_{i=1}^{n}(f,\varphi_i)\varphi_i$. 则 $s_n$ 是 $\{\varphi_n\}$ 的有限线性组合. 利用式(6.19) 和假设条件得到

$$\|f-s_n\|^2=\|f\|^2-\sum_{i=1}^{n}|(f,\varphi_i)|^2\to 0\quad(n\to\infty).$$

于是对任意 $\varepsilon>0$，当 $n$ 充分大时 $\|f-s_n\|<\varepsilon$. 这表明$\{\varphi_n\}$的有限线性组合的全体在 $L^2(E)$ 中是稠密的.

(3)⇒(4) 设 $f\in L^2(E)$ 并且$(f,\varphi_n)=0(n\geqslant 1)$. 由假设条件，对任意 $\varepsilon>0$，存在 $\{\varphi_n\}$ 的有限线性组合，不妨设为 $g=\sum_{i=1}^{n}c_i\varphi_i$ 使得$\|f-g\|<\varepsilon$. 我们有

$$(f,g)=\left(f,\sum_{i=1}^{n}c_i\varphi_i\right)=\sum_{i=1}^{n}c_i(f,\varphi_i)=0.$$

利用上式和 Schwarz 不等式得到

$$\|f\|^2=(f,f)=(f,f-g)\leqslant\|f\|\|f-g\|<\varepsilon\|f\|.$$

由 $\varepsilon>0$ 的任意性知道$\|f\|=0$. 因此 $f=0$. 这表明$\{\varphi_n\}$是完全的.

(4)⇒(1) 设 $f\in L^2(E)$. 由推论 6.2，级数 $\sum_{n=1}^{\infty}(f,\varphi_n)\varphi_n$ 是收敛的. 记 $g=\sum_{n=1}^{\infty}(f,\varphi_n)\varphi_n$. 由内积的连续性，对每个 $j=1,2,\cdots$，我们有

$$(g,\varphi_j)=\lim_{n\to\infty}\left(\sum_{i=1}^{n}(f,\varphi_i)\varphi_i,\varphi_j\right)=\lim_{n\to\infty}\sum_{i=1}^{n}(f,\varphi_i)(\varphi_i,\varphi_j)=(f,\varphi_j).$$

因此

$$(g-f,\varphi_j)=0\quad(j=1,2,\cdots).$$

由于$\{\varphi_n\}$是完全的，这蕴涵 $g-f=0$. 因此 $f=g=\sum_{n=1}^{\infty}(f,\varphi_n)\varphi_n$. ■

根据定理 6.14，若规范正交系$\{\varphi_n\}$是完全的，则对任意 $f\in L^2(E)$ 有

$$f=\sum_{n=1}^{\infty}(f,\varphi_n)\varphi_n.$$

这类似于在 $\mathbf{R}^n$ 中给定一组基向量后，将一个向量分解为其沿各基向量的分量之和. 而且由定义 6.11 前面的分析知道，$f$ 的这种分解式是唯一的. 因此$\{\varphi_n\}$起着类似于 $\mathbf{R}^n$ 的基底的作用. 所以当定理 6.14 中的(1) 成立时，我们称$\{\varphi_n\}$为$L^2(E)$的一个规范正交基.

**例 3** 在例 2 中我们已经指出，函数系

$$\{\varphi_n\}=\left\{\frac{1}{\sqrt{2\pi}},\frac{\cos x}{\sqrt{\pi}},\frac{\sin x}{\sqrt{\pi}},\cdots,\frac{\cos nx}{\sqrt{\pi}},\frac{\sin nx}{\sqrt{\pi}},\cdots\right\}$$

是 $L^2[0,2\pi]$ 中的规范正交系. 可以证明$\{\varphi_n\}$是完全的(这里略去其证明). 根据定理 6.14，对任意 $f\in L^2[0,2\pi]$ 有

$$\begin{aligned}f(x)&=\left(f,\frac{1}{\sqrt{2\pi}}\right)\frac{1}{\sqrt{2\pi}}+\sum_{n=1}^{\infty}\left[\left(f,\frac{\cos nx}{\sqrt{\pi}}\right)\frac{\cos nx}{\sqrt{\pi}}+\left(f,\frac{\sin nx}{\sqrt{\pi}}\right)\frac{\sin nx}{\sqrt{\pi}}\right]\\&=\frac{1}{2\pi}(f,1)+\frac{1}{\pi}\sum_{n=1}^{\infty}[(f,\cos nx)\cos nx+(f,\sin nx)\sin nx]\\&=\frac{a_0}{2}+\sum_{n=1}^{\infty}(a_n\cos nx+b_n\sin nx),\end{aligned}\tag{6.21}$$

其中，

$$a_n=\frac{1}{\pi}\int_0^{2\pi} f(x)\cos nx\,\mathrm{d}x \quad (n=0,1,\cdots),$$

$$b_n=\frac{1}{\pi}\int_0^{2\pi} f(x)\sin nx\,\mathrm{d}x \quad (n=1,2,\cdots).$$

Parseval 等式变为

$$\int_0^{2\pi}|f(x)|^2\mathrm{d}x=\left|\left(f,\frac{1}{\sqrt{2\pi}}\right)\right|^2+\sum_{n=1}^{\infty}\left[\left|\left(f,\frac{\cos nx}{\sqrt{\pi}}\right)\right|^2+\left|\left(f,\frac{\sin nx}{\sqrt{\pi}}\right)\right|^2\right]$$

$$=\frac{\pi a_0^2}{2}+\pi\sum_{n=1}^{\infty}(a_n^2+b_n^2).$$

注意式(6.21)中的级数是按照 $L^2[0,2\pi]$ 上的范数收敛的，这与数学分析中的 Fourier 级数的逐点收敛是不同的.

前面的讨论都是在给定 $L^2(E)$ 的一个规范正交系的前提下讨论的. 一个规范正交系必须是线性无关的，但是一个线性无关的函数系未必是规范正交系. 通过下面介绍的 Gram-Schmidt 正交化方法，可以从一个线性无关的函数系构造出一个规范正交系.

设 $\{g_n\}$ 是 $L^2(E)$ 中的一个线性无关的函数系，则 $g_n\neq 0(n\geqslant 1)$. 令 $h_1=g_1$，则 $h_1\neq 0$. 再令

$$h_2=g_2-\frac{(h_1,g_2)}{\|h_1\|^2}h_1.$$

直接计算知道 $(h_1,h_2)=0$. 由于 $g_1,g_2$ 线性无关，容易知道 $h_2\neq 0$，再令

$$h_3=g_3-\frac{(h_1,g_3)}{\|h_1\|^2}h_1-\frac{(h_2,g_3)}{\|h_2\|^2}h_2.$$

则不难验证 $h_1,h_2,h_3$ 是两两正交的，并且 $h_3\neq 0$. 一般地，若 $h_1,h_2,\cdots,h_{n-1}$ 已经作出，令

$$h_n=g_n-\frac{(h_1,g_n)}{\|h_1\|^2}h_1-\frac{(h_2,g_n)}{\|h_2\|^2}h_2-\cdots-\frac{(h_{n-1},g_n)}{\|h_{n-1}\|^2}h_{n-1}.$$

则 $h_1,h_2,\cdots,h_n$ 是两两正交的. 这样一直作下去，得到一个正交函数系 $\{h_n\}$. 再令 $\varphi_n=\dfrac{h_n}{\|h_n\|}(n\geqslant 1)$，则 $\{\varphi_n\}$ 就是一个规范正交系.

## 习 题 6

### A 类

以下各题中，设 $E$ 是 $\mathbf{R}^n$ 中的可测集.

1. 举出反例说明当 $0<p<1$ 时，由式(6.1)定义的 $\|\cdot\|_p$ 不满足三角不等式，因而不是 $L^p(E)$ 上的范数.

2. 证明：(1) 若 $p,q,r>1$，$\dfrac{1}{p}+\dfrac{1}{q}=\dfrac{1}{r}$，则对任意 $f\in L^p$，$g\in L^q$，有

$$\|fg\|_r \leqslant \|f\|_p \|g\|_q.$$

(2) 若 $p,q,r>1$ 并且 $\frac{1}{p}+\frac{1}{q}+\frac{1}{r}=1$. 则对任意 $f\in L^p$, $g\in L^q$, $h\in L^r$ 有

$$\|fgh\|_1 \leqslant \|f\|_p \|g\|_q \|h\|_r.$$

3. 设 $1\leqslant r,s<\infty$, $f\in L^r(E)\cap L^s(E)$. 若 $0<\lambda<1$, $\frac{1}{p}=\frac{\lambda}{r}+\frac{1-\lambda}{s}$, 证明

$$\|f\|_p \leqslant \|f\|_r^{\lambda}\cdot\|f\|_s^{1-\lambda}.$$

4. 设 $\|f_n-f\|_p\to 0$, $\|g_n-g\|_q\to 0$, 其中 $1<p,q<\infty$, $\frac{1}{p}+\frac{1}{q}=1$. 证明

$$\|f_ng_n-fg\|_1\to 0.$$

5. 设 $f,g$ 是 $[a,b]$ 上的非负可测函数并且 $f\in L[a,b]$. 证明对任意 $1\leqslant p<\infty$, 有

$$\left(\int_a^b fg\,\mathrm{d}x\right)^p \leqslant \|f\|_1^{p-1}\int_a^b fg^p\,\mathrm{d}x.$$

6. 设 $f\in L^2[0,1]$, $g(x)=\int_0^x f(t)\mathrm{d}t$. 证明 $\|g\|_2\leqslant\frac{1}{\sqrt{2}}\|f\|_2$.

7. 设 $0<m(E)<\infty$, $1\leqslant p_1<p_2<\infty$. 证明对任意可测函数 $f$, 有

$$\left(\frac{1}{m(E)}\int_E |f|^{p_1}\mathrm{d}x\right)^{\frac{1}{p_1}} \leqslant \left(\frac{1}{m(E)}\int_E |f|^{p_2}\mathrm{d}x\right)^{\frac{1}{p_2}}.$$

8. 设 $f,g$ 是 $[0,1]$ 上的非负可测函数, 并且 $f(x)g(x)\geqslant 1$ a.e. 证明 $\|f\|_1\|g\|_1\geqslant 1$.

9. 设 $f$ 和 $g$ 是 $E$ 上的正值可测函数, $0<p<1$, $q=\frac{p}{p-1}$. 证明

$$\int_E fg\,\mathrm{d}x \geqslant \left(\int_E f^p\,\mathrm{d}x\right)^{\frac{1}{p}}\left(\int_E g^q\,\mathrm{d}x\right)^{\frac{1}{q}}.$$

10. 设 $f\in L^p[0,1]$ $(1\leqslant p<\infty)$, $g(x)=\int_0^1\frac{f(t)}{\sqrt{|x-t|}}\mathrm{d}t$ $(0\leqslant x\leqslant 1)$. 证明

$$\|g\|_p\leqslant 2\sqrt{2}\,\|f\|_p.$$

11. 设 $f\in L^p(E)$ $(1\leqslant p<\infty)$, $A$ 是 $E$ 的可测子集. 证明

$$\|f\|_p\leqslant\left(\int_A |f|^p\,\mathrm{d}x\right)^{\frac{1}{p}}+\left(\int_{E-A}|f|^p\,\mathrm{d}x\right)^{\frac{1}{p}}.$$

12. 设 $2\leqslant p<\infty$, $f_1,f_2,\cdots,f_n\in L^p(E)$. 证明

$$\left\|\left(\sum_{i=1}^n |f_i|^2\right)^{\frac{1}{2}}\right\|_p \leqslant \left(\sum_{i=1}^n \|f_i\|_p^2\right)^{\frac{1}{2}}.$$

13. 设 $1\leqslant p<\infty$, $\{f_n\}\subset L^p(E)$, $f_n\to f$ a.e. 若存在 $g\in L^p(E)$, 使得 $|f_n|\leqslant g$ $(n\geqslant 1)$, 证明 $f\in L^p(E)$, 并且 $f_n\xrightarrow{L^p}f$.

14. 设 $1\leqslant p<\infty$. 若 $\{f_n\}\subset L^p(E)$, 并且 $\sum_{n=1}^{\infty}\|f_n\|_p<\infty$, 证明:

(1) 级数 $\sum_{n=1}^{\infty} f_n(x)$ 在 $E$ 上几乎处处收敛. 并且 $\left\| \sum_{n=1}^{\infty} f_n \right\|_p \leqslant \sum_{n=1}^{\infty} \| f_n \|_p$;

(2) 记 $f(x) = \sum_{n=1}^{\infty} f_n(x)$. 则级数 $\sum_{n=1}^{\infty} f_n(x)$ 在 $L^p(E)$ 中收敛于 $f$.

15. 设 $1 \leqslant p < \infty$, $f_n \to f$ a.e., $\| f_n \|_p \to \| f \|_p$. 证明 $f_n \xrightarrow{L^p} f$.

16. 设 $1 \leqslant p < \infty$, $f$, $f_n \in L^p[a,b] (n \geqslant 1)$, 并且 $f_n \xrightarrow{L^p} f (n \to \infty)$. 证明

$$\lim_{n \to \infty} \int_a^t f_n \mathrm{d}x = \int_a^t f \mathrm{d}x \quad (a \leqslant t \leqslant b).$$

17. 设 $\{f_n\}$ 是 $L^2(E)$ 中的序列. 证明若 $\sup_{n \geqslant 1} \| f_n \|_2 \leqslant M < \infty$, 则 $\dfrac{f_n}{n} \to 0$ a.e.

18. 证明简单函数的全体在 $L^\infty(E)$ 中是稠密的.

19. 证明若存在 $M > 0$, 使得对任意的 $p > 1$ 总有 $\| f \|_p \leqslant M$, 则 $f \in L^\infty(E)$.

20. 设 $f$ 是 $E$ 上的可测函数. 若存在 $M > 0$, 使得对任意 $g \in L^2(E)$, 有 $\| fg \|_2 \leqslant M \| g \|_2$. 证明 $\| f \|_\infty \leqslant M$.

21. 设 $f \in L^2[0,\pi]$. 证明以下两个不等式不能同时成立:

(1) $\int_0^\pi (f(x) - \sin x)^2 \mathrm{d}x \leqslant \dfrac{4}{9}$;  (2) $\int_0^\pi (f(x) - \cos x)^2 \mathrm{d}x \leqslant \dfrac{1}{9}$.

22. 设 $\{\varphi_n\}$ 是 $L^2(E)$ 中的规范正交系. 证明 $\{\varphi_n\}$ 是完全的当且仅当对任意 $f, g \in L^2(E)$, 有

$$(f, g) = \sum_{n=1}^{\infty} (f, \varphi_n)(g, \varphi_n).$$

23. 设 $m(E) < \infty$, $\{\varphi_n\}$ 是 $L^2(E)$ 中完全的规范正交系, $f \in L^2(E)$. 证明对任意可测集 $A \subset E$, 有

$$\int_A f \mathrm{d}x = \sum_{n=1}^{\infty} (f, \varphi_n) \int_A \varphi_n \mathrm{d}x.$$

24. 设 $\{\varphi_n\}$ 是 $L^2(E)$ 中的规范正交系. 证明若 $\varphi_n \to \varphi$ a.e., 则 $\varphi = 0$ a.e.

25. 证明 $\{\sin nx : n = 1, 2, \cdots\}$ 是 $L^2[0,\pi]$ 中的完全的正交系.

## B 类

1. 设 $f \in L^1[a,b]$. 证明

$$\| f \|_1 = \sup \left\{ \int_a^b fg \mathrm{d}x : g \in C[a,b], \text{并且} |g| \leqslant 1 \right\}.$$

2. 设 $0 < m(E) < \infty$, $f \in L^\infty(E)$, 并且 $\| f \|_\infty > 0$. 证明 $\lim_{n \to \infty} \dfrac{\| f \|_{n+1}^{n+1}}{\| f \|_n^n} = \| f \|_\infty$.

3. 设 $\{f_n\} \subset L^2[0,1]$, $\| f_n \|_2 \leqslant M (n \geqslant 1)$, 并且 $f_n \xrightarrow{m} f$. 证明 $\lim_{n \to \infty} \| f_n \|_1 = 0$.

4. 设 $1 \leqslant p < \infty$, $\dfrac{1}{p} + \dfrac{1}{q} = 1$, $f \in L^p(E)$. 证明

$$\| f \|_p = \sup \left\{ \int_E fg \mathrm{d}x : g \in L^q(E), \| g \|_q \leqslant 1 \right\}.$$

5. 设 $f \in L^{\infty}(E)$. 证明

$$\|f\|_{\infty} = \sup\left\{\int_E fg\,dx : g \in L^1(E), \|g\|_1 \leqslant 1\right\}.$$

6. 设 $m(E) < \infty$，$f$ 是可测函数，$1 \leqslant p < \infty$. 证明 $f \in L^p(E)$ 当且仅当

$$\sum_{n=1}^{\infty} n^{p-1} mE(|f| \geqslant n) < \infty.$$

7. 设 $f \in L^p(\mathbf{R}^n)$，$g \in L^q(\mathbf{R}^n)$，其中 $1 \leqslant p, q < \infty, \frac{1}{p} + \frac{1}{q} = 1$. 证明

$$\lim_{t \to 0} \int_{\mathbf{R}^n} |f(x+t)g(x) - f(x)g(x)|\,dx = 0.$$

8. 设 $f \in L^p[a-h, b+h]$ $(1 \leqslant p < \infty)$. 证明

$$\lim_{t \to 0} \int_a^b |f(x+t) - f(x)|^p\,dx = 0.$$

9. 设 $1 < p < \infty$，$f \in L^p(\mathbf{R}^n)$，并且对 $\mathbf{R}^n$ 上的任意具有紧支集的连续函数 $\varphi$，有 $\int_{\mathbf{R}^n} f\varphi\,dx = 0$. 证明 $f = 0$ a.e.

10. 设 $\{\varphi_n\}$ 和 $\{\psi_n\}$ 是 $L^2(E)$ 中规范正交系，并且满足

$$\sum_{n=1}^{\infty} \int_E (\varphi_n - \psi_n)^2\,dx < 1.$$

证明若 $\{\varphi_n\}$ 是完全的，则 $\{\psi_n\}$ 也是完全的.

11. 设 $\{\varphi_n\}$ 是 $L^2(E)$ 中完全的规范正交系，$\{\psi_k\}$ 是 $L^2(E)$ 中规范正交系，并且满足

$$\|\varphi_n\|^2 = \sum_{k=1}^{\infty} |(\varphi_n, \psi_n)|^2 \quad (n = 1, 2, \cdots).$$

证明 $\{\psi_k\}$ 也是完全的.

12. 设 $\{\varphi_i(x)\}$ 和 $\{\psi_j(y)\}$ 分别是 $L^2(A)$ 和 $L^2(B)$ 上的完全的规范正交系. 证明 $e_{ij}(x, y) = \varphi_i(x)\psi_j(y)$ 是 $L^2(A \times B)$ 上的完全的规范正交系.

# 附录　等价关系　半序集与 Zorn 引理

在 2.3 节中构造 Lebesgue 不可测集的例子时，我们用到了等价关系的知识和 Zermelo 选取公理. 关于等价关系、半序集与 Zorn 引理的相关概念在泛函分析和其他数学分支中也经常用到. 这里将这方面的内容作一简要介绍.

**定义 1**　设 $X$ 是一非空集合. 在 $X$ 上规定了元素之间的一种关系“$\sim$”. 若这种关系 $\sim$ 满足如下条件：

(1) 自反性：对任意 $x \in X$，$x \sim x$；

(2) 对称性：若 $x \sim y$，则 $y \sim x$；

(3) 传递性：$x \sim y$，$y \sim z$，则 $y \sim z$，

则称 $\sim$ 是 $X$ 上的等价关系. 当 $x \sim y$ 时，称 $x$ 与 $y$ 等价.

例如，实数的相等，两个可测函数的几乎处处相等，三角形的相似，线性空间的同构等关系都是等价关系.

设 $\sim$ 是 $X$ 上的等价关系. 对任意 $x \in X$ 令，$\tilde{x} = \{y : y \sim x\}$，则 $\tilde{x}$ 是由所有与 $x$ 等价的元所成的集. 称 $\tilde{x}$ 是 $X$ 中的一个等价类. 容易验证，对 $X$ 中的任意两个等价类 $\tilde{x}$ 和 $\tilde{y}$，若 $x \sim y$. 则 $\tilde{x} = \tilde{y}$. 若不成立 $x \sim y$，则 $\tilde{x} \cap \tilde{y} = \varnothing$. 因此这些等价类是互不相交的，$X$ 等于这些等价类的不相交之并.

**定义 2**　设在 $X$ 上给定了一个等价关系 $\sim$. 由 $X$ 的等价类的全体所成的集称为 $X$ 关于等价关系 $\sim$ 的商集，记为 $X/\sim$.

**例 1**　设 $E$ 是 $\mathbf{R}^n$ 中的可测集，$\mathscr{L}^p(E)(1 \leqslant p < \infty)$ 是 $E$ 上的 $p$ 方可积函数的全体. 规定 $f \sim g$ 当且仅当 $f = g$ a.e. 则 $\sim$ 是 $\mathscr{L}^p(E)$ 上的等价关系. 此时 $\mathscr{L}^p(E)$ 关于等价关系 $\sim$ 的商集 $\mathscr{L}^p(E)/\sim$ 就是 6.1 节中的 $L^p(E)$.

商集还常常用来定义商空间.

**定义 3**　设 $X$ 是一非空集合. 在 $X$ 上规定了元素之间的一种关系“$\prec$”. 若这种关系 $\prec$ 满足如下条件：

(1) 自反性：对任意 $x \in X$，$x \prec x$；

(2) 反对称性：若 $x \prec y$，$y \prec x$，则 $x = y$；

(3) 传递性：若 $x \prec y$，$y \prec z$，则 $x \prec z$，

则称 $\prec$ 是 $X$ 上的一个半序. 此时称 $X$ 按半序关系 $\prec$ 成为一个半序集. 若 $\prec$ 进一步还满足

(4) 对任意 $x, y \in X$，$x \prec y$ 或者 $y \prec x$ 必有一个成立，则称 $X$ 是一个全序集.

**例 2**　实数集按小于或等于关系 $\leqslant$ 是一个全序集.

**例 3**　设 $X$ 是一非空集，$\mathscr{P}(X)$ 是由 $X$ 的全体子集所成的集类. 则包含关系 $\subset$ 是

$\mathscr{P}(X)$ 上的一个半序. $\mathscr{P}(X)$ 按包含关系 $\subset$ 成为一个半序集.

**定义 4**　设 $X$ 是一个半序集. $A \subset X$. 若存在 $a \in X$，使得对每个 $x \in A$，成立 $x \prec a$，则称 $a$ 是 $A$ 的一个上界.

**定义 5**　设 $X$ 是一个半序集. $A \subset X$. 若存在 $a \in A$，具有如下的性质：对任意 $x \in A$，若 $a \prec x$，则必有 $x = a$，则称 $a$ 为集 $A$ 的极大元.

类似地可以定义 $A$ 的下界和极小元.

一般情况下，给定半序集 $X$ 的一个子集 $A$，$A$ 的上界和极大元不一定存在，在存在的时候，也不一定唯一. 下面的 Zorn 引理在泛函分析中会用到.

**Zorn 引理**　设 $X$ 是一个半序集. 若 $X$ 的每个全序子集都有上界，则 $X$ 必有极大元.

Zorn 引理习惯上称为引理，但实际上该引理是一个公理. 该引理与下面的 Zermelo 选取公理是等价的.

**Zermelo 选取公理**　若 $\{A_\alpha\}_{\alpha \in I}$ 是一族互不相交的非空集. 则存在一个集 $E \subset \bigcup\limits_{\alpha \in I} A_\alpha$，使得对每个 $\alpha \in I$，$E \cap A_\alpha$ 是单点集. 换言之，存在一个集 $E$，使得 $E$ 是由每个 $A_\alpha$ 中选取一个元构成的.

# 部分习题的提示与解答要点

## 习　题　1

### A　类

3. $\{x:\lim\limits_{n\to\infty}f_n(x)=+\infty\}=\bigcap\limits_{k=1}^{\infty}\bigcup\limits_{m=1}^{\infty}\bigcap\limits_{n=m}^{\infty}\{x:f_n(x)>k\}$.

6. $\overline{\lim\limits_{n\to\infty}}A_n=(0,\infty)$，$\underline{\lim\limits_{n\to\infty}}A_n=\varnothing$.

7. 令 $A_n=\{x:\ f_n(x)\geqslant\frac{1}{2}\}$. 证明 $A\subset\underline{\lim\limits_{n\to\infty}}A_n$ 并且 $\overline{\lim\limits_{n\to\infty}}A_n\subset A$.

8. 令 $A_k=\{x\in[0,1]:\ |f(x)|>\frac{1}{k}\}$，则 $A=\bigcup\limits_{k=1}^{\infty}A_k$. 证明每个 $A_k$ 是有限集.

9. 设 $A=\{a_1,a_2,\cdots,a_n,\cdots\}$ 是可列集，$F$ 是 $A$ 的有限子集的全体. 令 $A_n=\{a_1,a_2,\cdots,a_n\}(n\geqslant1)$,则 $F=\bigcup\limits_{n=1}^{\infty}\mathscr{P}(A_n)$.

10. 设 $f:A\to B$ 是单射. 令 $B_1=f(A)$，则 $A\sim B_1$.

11. 作出一个 $A$ 到 $\mathbf{Q}\times\mathbf{Q}$ 的单射，利用第 10 题的结论.

12. 对任意 $x\in A$，设 $\varepsilon>0$ 使得 $A\cap(x-\varepsilon,x+\varepsilon)$ 是可数集. 取一个以有理点为端点的开区间 $I_x$，使得 $x\in I_x\subset(x-\varepsilon,x+\varepsilon)$，则 $A=\bigcup\limits_{x\in A}A\cap I_x$. 利用第 11 题的结论.

13. 设非负有理数的全体为$\{r_n\}$.任取 $x_0\in A$，令 $A_n=\{x\in A:\ d(x,x_0)=r_n\}$.则 $A=\bigcup\limits_{n=1}^{\infty}A_n$. 证明每个 $A_n$ 是可数集.

14. (1) 将无理数集记为 $A$，则 $\mathbf{R}^1=A\cup\mathbf{Q}$. 仿照定理 1.11 的证明方法，可以作出一个 $\mathbf{R}^1$ 到 $A$ 的双射.

(2) 先考虑半径为$\frac{1}{n}(n=1,2,\cdots)$ 的圆. 或者先作出一个从$[0,1]$ 到$[0,1)$ 的双射，再利用这个双射作出所需要的映射.

15. 考虑两个对应关系：圆$(x-a)^2+(y-b)^2=r^2$ 与$(a,b,r)$ 的对应，非负实数 $r$ 与圆 $x^2+y^2=r^2$ 的对应. 利用 Bernstein 定理.

16. 利用第 2 题的结论.

20. 必要性的证明类似于 1.4 节例 1. 充分性：注意对任意 $x_0\in\mathbf{R}^n$ 和 $\varepsilon>0$，$G=$

$(f(x_0)-\varepsilon, f(x_0)+\varepsilon)$ 是 $\mathbf{R}^1$ 中的开集.

21. $A'=\mathbf{N}\cup\left\{n+\frac{1}{p}: n, p=1,2,\cdots\right\}, A''=\mathbf{N}, A'''=\varnothing$.

25. 为证明第一个结论，先证明 $A^\circ$ 是开集，再证明若 $G$ 是任意一个包含在 $A$ 中的开集，则 $G\subset A^\circ$.

27. (2) 先证明对任意 $x, y\in\mathbf{R}^n$，有 $|d(x,A)-d(y,A)|\leqslant d(x,y)$.

28. 取充分大的自然数 $k$，使得 $\overline{U(0,k)}\cap A\neq\varnothing$. 令 $F=\overline{U(0,k)}\cap A$，则 $F$ 是有界闭集. 并且 $d(x,A)=d(x,F)$. 注意对于固定的 $x$，$f(y)=d(x,y)$ 是连续函数.

29. 利用定理 1.23，并且注意到在 $\mathbf{R}^p\times\mathbf{R}^q$ 中，若 $(x_n, y_n)\to(x,y)$，则 $x_n\to x$，$y_n\to y$.

30. 利用定理 1.23.

31. 利用定理 1.24.

32. (1) 令 $E$ 是 $A$ 的孤立点所成之集. 对集 $E$ 利用第 12 题的结论.

(2) 注意 $A-A'$ 就是 $A$ 的孤立点所成之集，而 $A\subset(A-A')\cup A'$. 利用(1) 的结论.

33. 利用直线上开集的构造定理.

34. 对每个 $n$，取 $x_n\in F_n$，则 $\{x_n\}$ 是有界数列. 利用定理 1.25.

35. 设 $F$ 是 $\mathbf{R}^n$ 中的闭集. 令 $G_n=\bigcup\limits_{x\in F}U\left(x, \frac{1}{n}\right)(n=1,2,\cdots)$. 则 $F=\bigcap\limits_{n=1}^{\infty}G_n$. 第二个结论利用开集与闭集的对偶性.

36. $A'=K$.

37. 设 $\mathscr{C}_1$ 是 $\mathbf{R}^n$ 中的开集的全体. 定理 1.27 蕴含 $\mathscr{C}_1\subset\sigma(\mathscr{C})$. 于是 $\sigma(\mathscr{C}_1)\subset\sigma(\mathscr{C})$，即 $\mathscr{B}(\mathbf{R}^n)\subset\sigma(\mathscr{C})$. 再证明反向的包含关系.

## B 类

1. 令 $E=\{x-y: x, y\in A\}$，可证 $E$ 是可列集，因而 $\mathbf{R}^1-E\neq\varnothing$. 取 $x_0\in\mathbf{R}^1-E$.

2. 利用十进制无限小数表示法，作出一个 $[0,1]\times[0,1]$ 到 $[0,1]$ 的单射. 利用 Bernstein 定理.

3. 不妨设 $A, B\subset\mathbf{R}^2$，$A\cup B=\mathbf{R}^2$. 显然 $\overline{\overline{A}}\leqslant c, \overline{\overline{B}}\leqslant c$. 若 $\overline{\overline{A}}<c, \overline{\overline{B}}<c$，则存在 $x_0\in\mathbf{R}^1$，使得对任意 $y\in\mathbf{R}^1$，$(x_0, y)\notin A$（若不然，则 $x\to(x,y)$ 是 $\mathbf{R}^1$ 到 $A$ 的单射，这与 $\overline{\overline{A}}<c$ 矛盾）. 同理，存在 $y_0\in\mathbf{R}^1$，使得对任意 $x\in\mathbf{R}^1$，$(x, y_0)\notin B$. 这样 $(x_0, y_0)\notin A\cup B$. 矛盾.

4. 将定义在 $\mathbf{R}^1$ 上的实值函数的全体记为 $F$. 若 $A\subset\mathbf{R}^1$，则 $\chi_A\in F$. 由此得到 $\overline{\overline{\mathscr{P}(\mathbf{R}^1)}}\leqslant\overline{\overline{F}}$. 反过来，对任意 $f\in F$，设

$$\mathrm{Gr}(f)=\{(x,y)\in\mathbf{R}^2: y=f(x)\}$$

是 $f$ 的图形. 则映射 $f\to\mathrm{Gr}(f)$ 是 $F$ 到 $\boldsymbol{P}(\mathbf{R}^2)$ 的单射，故 $\overline{\overline{F}}\leqslant\overline{\overline{\mathscr{P}(\mathbf{R}^2)}}=\overline{\overline{\mathscr{P}(\mathbf{R}^1)}}$.

5. 将定义在 $[a,b]$ 上的单调函数的全体记为 $M$. 容易知道 $c=\overline{\overline{\mathbf{R}^1}}\leqslant\overline{\overline{M}}$. 反过来，将

$[a,b]$ 中的有理数的全体记为$\{r_n\}$. 设 $f \in M$ 是一单调函数. 则 $f$ 的间断点的全体是一可数集. 不妨设 $f$ 的间断点中的无理点的全体为$\{x_1,x_2,\cdots\}$. 作映射 $\varphi$: $M \to \mathbf{R}^\infty$ 如下:

$$f \to (f(r_1),x_1,f(x_1),f(r_2),x_2,f(x_2),\cdots).$$

证明 $\varphi$ 是单射. 再利用 Bernstein 定理.

6. 设 $A$ 是直线上的开集的全体. 容易知道 $c \leqslant \overline{\overline{A}}$. 反过来, 将形如$\left(\dfrac{p-1}{2^k},\dfrac{p}{2^k}\right]$ $(k \in \mathbf{N}, p \in \mathbf{Z})$ 的二进半开区间的全体记为 $I$, 则 $I$ 是一可列集. 根据定理1.27, 对任意 $G \in A$, $G$ 可以唯一地表示为一列二进半开区间的并. 因此每个开集 $G$ 对应 $I$ 的一个子集, 即 $\mathscr{P}(I)$ 中的一个元. 因此 $\overline{\overline{A}} \leqslant \overline{\overline{\mathscr{P}(I)}}=c$.

7. 用反证法可以证明 $F$ 是有界集. 若 $F$ 不是闭集, 则 $F'-F \neq \varnothing$. 任取 $x\in F'-F$, 可以作出 $F$ 的一个无限子集 $E$, 使得 $E'=\{x\}$. 于是 $E' \cap F=\varnothing$. 这与假设条件矛盾.

8. 只需证明对直线上的任一开区间$(a,b)$, $(a,b) \cap \bigcap\limits_{n=1}^{\infty} G_n \neq \varnothing$. 由于$G_1$ 是稠密的开集, $(a,b) \cap G_1 \neq \varnothing$, 故存在闭区间$[a_1,b_1] \subset (a,b) \cap G_1$. 同样存在闭区间$[a_2,b_2] \subset (a_1,b_1) \cap G_2$. 这样一直作下去, 得到一列有界闭区间$\{[a_n,b_n]\}$, 使得

$$[a_n,b_n] \subset [a_{n-1},b_{n-1}] \cap G_n \quad (n \geqslant 1).$$

再利用 $A$ 类第 34 题的结论.

9. 反设 $\mathbf{Q}$ 是 $G_\delta$ 型集. 则存在一列开集$\{G_n\}$, 使得 $\mathbf{Q}=\bigcap\limits_{n=1}^{\infty} G_n$. 由于 $\mathbf{Q}$ 在 $\mathbf{R}^1$ 中是稠密的, 故每个 $G_n$ 在 $\mathbf{R}^1$ 中是稠密的. 易知每个 $G_n+\sqrt{2}$ 也是稠密的开集. 根据上一题的结论, $\left(\bigcap\limits_{n=1}^{\infty} G_n\right)\cap\left(\bigcap\limits_{n=1}^{\infty}(G_n+\sqrt{2})\right)$ 也是稠密的. 但是

$$\left(\bigcap_{n=1}^{\infty} G_n\right)\cap\left(\bigcap_{n=1}^{\infty}(G_n+\sqrt{2})\right)=\mathbf{Q}\cap(\mathbf{Q}+\sqrt{2})=\varnothing.$$

10. 仿照1.3节例6的方法. 令 $\mathscr{C}$ 是 $\mathbf{R}^n$ 中开集的全体所成的集, $\mathscr{F}$ 是 $\mathbf{R}^n$ 中具有所述性质的子集的全体, 即 $\mathscr{F}=\{A \subset \mathbf{R}^n: x_0+A \in \mathscr{B}(\mathbf{R}^n)\}$. 显然 $\mathscr{C} \subset \mathscr{F}$. 利用 $A$ 类第 5 题的结果容易证明 $\mathscr{F}$ 是 $\sigma$- 代数. 而 $\sigma(\mathscr{C})$ 是包含 $\mathscr{C}$ 的最小 $\sigma$- 代数, 于是 $\mathscr{B}(\mathbf{R}^n)=\sigma(\mathscr{C}) \subset \mathscr{F}$. 这说明若 $A \in \mathscr{B}(\mathbf{R}^n)$, 则 $x_0+A \in \mathscr{B}(\mathbf{R}^n)$.

11. 将 $f(x)$ 的连续点的全体记为 $A$, 则 $A=\{a: \lim\limits_{x\to a} f(x)$ 存在并且有限$\}$. 对每个自然数 $n$, 令 $G_n=\left\{a: \exists\,\delta>0\text{, 使得当 } x',x'' \in U(a,\delta)\text{ 时, } |f(x')-f(x'')|<\dfrac{1}{n}\right\}$. 则 $A=\bigcap\limits_{n=1}^{\infty} G_n$. 证明每个 $G_n$ 是开集.

12. 将集 $\{x: \varliminf\limits_{n\to\infty} f_n(x)>0\}$ 和 $\{x: \varlimsup\limits_{n\to\infty} f_n(x)=+\infty\}$ 分别用形如 $\left\{x: f_n(x) \geqslant \dfrac{1}{k}\right\}$ 的集和形如$\{x: f_n(x)>k\}$ 的集运算表示出.

13. 设$\{G_\alpha, \alpha \in I\}$ 是 $A$ 的开覆盖. 又设 $\mathscr{B}$ 是 $\mathbf{R}^n$ 中的以有理点为中心, 以有理数为半径的开球的全体. 则 $\mathscr{B}$ 是可列集. 对任意 $x \in A$, 存在开集 $G_\alpha$ 和开球 $U_x \in \mathscr{B}$, 使得

$x \in U_x \subset G_\alpha$. 这样的$U_x$ 的全体 $\mathscr{U}=\{U_x : x \in A\}$ 是$\mathscr{B}$的子族，因而是可数的. 由此可以选出$\{G_\alpha : \alpha \in I\}$ 的一个可数子族$\{G_n\}$ 覆盖 $A$.

14. 若 $f(x)$ 在 $x_0$不连续，不妨设 $x_0 \in (a, b)$. 由于 $f$ 在$[a, b]$ 上单调增加，因此 $f(x_0-0)$ 和 $f(x_0+0)$ 存在，并且 $f(x_0-0) < f(x_0+0)$. 显然 $f(x)$ 不能取到区间 $(f(x_0-0), f(x_0+0))$ 中的值. 但

$$(f(x_0-0), f(x_0+0)) \subset [f(a), f(b)].$$

这与 $f([a, b])$ 在$[f(a), f(b)]$ 中稠密的题设条件矛盾！

## 习　题　2

### A　类

2. 曲线 $y=f(x)$ 的作为 $\mathbf{R}^2$ 的子集，将其记为$A$. 利用 $f(x)$ 在$[a, b]$上的一致连续性，可证对任意 $\varepsilon>0$，存在有限个闭矩形，使得 $A$ 包含在这有限个闭矩形的并中，并且这些矩形的面积之和为 $\varepsilon(b-a)$.

3. 由于 $A=\bigcup\limits_{k=1}^{\infty} A \cap [-k, k]$，利用外测度的单调性和次可列可加性，不妨设 $A$ 是有界集. 又由于外测度是平移不变的，不妨设 $A \subset (0, l)$.

4. 将$A$ 表示为$A=\bigcup\limits_{x \in A}(A \cap I_x)$，其中 $I_x$ 是适当选取的以有理点为顶点的开方体. 注意以有理点为顶点的开方体的全体是可列集.

5. 注意 $B=(A-(A-B)) \cup (B-A)$. 利用可测集的运算封闭性.

6. 由题设条件，对每个自然数$k$，存在可测集 $E_k \subset A$，使得 $m^*(A-E_k)<\dfrac{1}{k}$. 由此可以作出 $A$ 的一个可测子集$E$，使得 $m^*(A-E)=0$.

8. 利用测度的下连续性和上连续性.

9. 将$[0,1]$视为全空间，对任意 $A \subset [0,1]$，记 $A^C=[0,1]-A$. 先计算

$$m\left(\left(\bigcap_{n=1}^{\infty} A_n\right)^C\right).$$

11. $m(\{x \in [0,1] : f(x \geqslant 0\})=1-\dfrac{1}{\pi}\ln 2$.

12. $m(E)=0$.

14. 只需证明 $\overline{G} \subset \overline{G-A}$. 设 $x \notin \overline{G-A}$，则存在 $\varepsilon>0$ 使得$(G-A) \cap U(x, \varepsilon)=\varnothing$. 这说明 $G \cap U(x, \varepsilon) \subset A$，从而 $m(G \cap U(x, \varepsilon))=0$. 这蕴含 $x \notin \overline{G}$.

15. 证明若 $F$ 是包含在$[0,1]$中的闭集，并且 $F \neq [0,1]$，则必有 $m(F)<1$.

16. 作出的开集 $G$ 应包含$([0,1])$ 中的所有有理数.

17. 先作出一个开集 $G$，使得 $G$ 包含$[0,1]$ 中的所有有理数，并且 $m(G)<1$.

18. 令 $a=1-c$. 仿照 Cantor 集的构造方法. 在$[0,1]$去掉位于中间的长度为$\dfrac{a}{3}$ 的开区间. 在剩下的两个闭区间中，各去掉位于该区间中间的长度为$\dfrac{a}{3^2}$ 的开区间 ……

19. 不妨设 $A$ 包含在某个区间$[a,b]$中(否则取充分大的自然数 $n$，用$A\cap[-n,n]$代替 $A$). 考虑函数 $f(x)=m([a,x]\cap A)(x\in[a,b])$，利用连续函数的介值定理.

21. 根据定理2.6，存在一个闭集 $A\subset E$ 使得$m(E-A)<\frac{\varepsilon}{2}$. 取充分大的自然数 $k$，令 $F=A\cap\overline{U(0,k)}$.

22. 利用定理 2.6 和第 21 题的结论.

23. 若 $m^*(A)=\infty$，取 $G=\mathbf{R}^n$ 即可. 设 $m^*(A)<\infty$. 与定理 2.6 结论(1) 的证明一样，对任意 $\varepsilon>0$，存在开集 $G$，使得 $G\supset A$，并且 $m(G)<m^*(A)+\varepsilon$. 于是对每个自然数 $k$，存在开集 $G_k$ 使得 $G_k\supset A$，并且 $m(G_k)<m^*(A)+\frac{1}{k}$. 令 $G=\bigcap_{k=1}^{\infty}G_k$.

24. 利用上一题的结论.

25. 由题设条件容易推出$(-\delta,\delta)\subset(E-a)\cup(a-E)$. 利用 Lebesgue 测度的平移不变性和第 7 题(1) 中的等式.

26. 设$\{(a_k,b_k]\}$是 $A$ 的任意一个半开区间覆盖，则$\left\{\left(a_k,b_k+\frac{\varepsilon}{2^k}\right)\right\}$是$A$ 的一个开区间覆盖. 因此 $m^*(A)\leqslant\sum_{k=1}^{\infty}\left|\left(a_k,b_k+\frac{\varepsilon}{2^k}\right)\right|=\sum_{k=1}^{\infty}(b_k-a_k)+\varepsilon$. 对 $A$ 的所有半开区间覆盖取下确界得到 $m^*(A)\leqslant\mu(A)+\varepsilon$. 由 $\varepsilon$ 的任意性得到 $m^*(A)\leqslant\mu(A)$. 再证明反向不等式.

27. 利用定理 2.9 和测度的上连续性和下连续性.

28. (2).显然 $\mathscr{R}$ 对不相交并算封闭. 由(1) 的结论，只需再证 $\mathscr{R}$ 对差运算封闭.

32. 为证 $F$ 是右连续的，只需证明当 $x_n\downarrow x$ 时，$\lim_{n\to\infty}F(x_n)=F(x)$. 利用测度的上连续性和下连续性.

## B 类

1. 若 $m(G-F)>0$，则 $m(G\triangle F)>0$. 若 $m(G-F)=0$，可以推出 $G\subset F$. 进一步可以推出 $F=\mathbf{R}^1$，此时 $m(F-G)>0$.

2. 当 $\lambda=0$ 时，结论显然成立.设 $\lambda\neq0$. 若 $I$ 是方体，则$|\lambda I|=|\lambda|^n|I|$. 由此容易证明对任意 $E\subset\mathbf{R}^n$，有 $m^*(\lambda E)=|\lambda|^n m^*(E)$. 再仿照定理 2.7 的证明.

3. 令 $E=A\cap(-A)$，其中 $-A=\{-x:x\in A\}$. 则 $E$ 关于原点对称. 利用 A 类第 7 题(1) 中的等式可以证明 $m(E)>0$.

4. 不妨设 $m(A)<\infty$. 存在开集 $G\supset A$，使得 $m(G-A)<\lambda^{-1}(1-\lambda)m(A)$. 于是 $\lambda m(G)<m(A)$. 设 $G=\bigcup_i(a_i,b_i)$，则 $\lambda\sum_i(b_i-a_i)<\sum_i m(A\cap(a_i,b_i))$. 因此必存在某个 $i$，使得 $\lambda(b_i-a_i)<m(A\cap(a_i,b_i))$.

5. 由上一题的结论，存在开区间 $I$，使得 $m(A\cap I)>\frac{2}{3}|I|$. 不妨设 $A\subset I$，否则用 $A\cap I$ 代替 $A$. 容易知道 $m((x+I)\cup I)\leqslant|I|+2|x|$. 利用 A 类第 7 题(1) 中的等式得到 $m((x+A)\cap A)>\frac{1}{3}|I|-2|x|$. 因此当$|x|<\frac{1}{6}|I|$时，$m((x+A)\cap A)>0$.

6. 由B类第4题的结论，存在开区间$I$，使得$m(A\cap I)>\frac{2}{3}|I|$. 不妨设$A\subset I$. 又不妨设$I=(-a,a)$，否则将$A$和$I$同时作一平移. 设$x\notin A+A$. 令$B=\{x-y: y\in A\}$，则$A\cap B=\varnothing$. 由于$A\cup B\subset(-a,a)\cup(x-a,x+a)\subset(-|x|-a,|x|+a)$，我们有

$$\frac{4}{3}|I|<2m(A)=m(A)+m(B)=m(A\cup B)\leqslant|I|+2|x|.$$

因此$|x|>\frac{1}{6}|I|$. 这说明若令$\varepsilon=\frac{1}{6}|I|$，则$(-\varepsilon,\varepsilon)\subset A+A$.

7. 先证明若$E$是有界可测集，则$\lim_{x\to+\infty}m((x+E)\cap A)=0$. 对每个自然数$n$，令$E_n=A\cap[-n,n]$，则$\lim_{n\to\infty}m(A-E_n)=0$. 我们有

$$m((x+A)\cap A)-m((x+E_n)\cap A)\leqslant m(A-E_n).$$

在上式中令$x\to+\infty$，得到$\lim_{x\to+\infty}m((x+A)\cap A)\leqslant m(A-E_n)$. 再令$n\to\infty$即得.

8. 一方面，$\overline{\overline{\mathscr{M}(\mathbf{R}^1)}}\leqslant\overline{\overline{\mathscr{P}(\mathbf{R}^1)}}=2^c$. 另一方面，设$K$是Cantor集，则$\overline{\overline{K}}=c$. 由于$K$是零测度集，故$K$的每个子集都是可测集. 因此$\overline{\overline{\mathscr{M}(\mathbf{R}^1)}}\geqslant\overline{\overline{\mathscr{P}(K)}}=2^c$.

9. 在等式$m^*(f(A))=m^*(A)$中将$A$换为$f^{-1}(A)$，得到$m^*(A)=m^*(f^{-1}(A))$. 由原像的性质得到

$$f^{-1}(f(E))^C=(f^{-1}f(E))^C=E^C.$$

若$E$是可测集. 则$E$满足卡氏条件. 利用上述等式可以证明$f(E)$满足卡氏条件.

10. 用反证法. 设对任意$x,y\in A$，$x-y$都是有理数. 令$E=\{x-y: x,y\in A\}$，则$E$是可数集. 由此可推出$A$是可数集. 从而导致矛盾.

11. 不妨设$A\subset[a,b]$. 用反证法. 假设不存在$x,y\in A$使得$x-y$是有理数. 设$[0,1]$中的有理数的全体为$\{r_n\}$. 令$A_n=r_n+A\ (n\geqslant1)$，则$m(A_n)=m(A)$，并且当$m\neq n$时，$A_m\cap A_n=\varnothing$. 于是

$$\sum_{n=1}^{\infty}m(A)=\sum_{n=1}^{\infty}m(A_n)=m\left(\bigcup_{n=1}^{\infty}A_n\right)\leqslant m([a,b+1])=b-a+1.$$

如此必须$m(A)=0$. 矛盾!

## 习　题　3

### A　类

3. 只需证明$\frac{1}{g}$在$E$上可测.

4. (1) 利用在区间$[0,1]$中存在不可测集这个事实.

5. 充分性显然. 必要性：利用直线上开集的构造定理.

6. 将集$A$用形如$E\left(|f_m-f_n|<\frac{1}{k}\right)$的集的运算表示出.

7. 利用推论3.2.

8. 补充定义当 $x>b$ 时，$f(x)=f(b)$. 考虑函数列

$$f_n(x)=n[f(x+\frac{1}{n})-f(x)] \quad (x\in[a,b]).$$

9. 证明对任意实数 $a$，有$\{x\in\mathbf{R}^n: f(x+h)>a\}=\{x\in\mathbf{R}^n: f(x)>a\}-h$.

10. 当 $a\neq 0$ 时，$\{x\in\mathbf{R}^n: f(ax)>c\}=a^{-1}\{x\in\mathbf{R}^n: f(x)>c\}$. 利用习题 2,B 类第 2 题的结论.

11. 为证 $\varphi(t)$ 在点 $t$ 处连续，只需证明当 $t_n\downarrow t$ 时，$\lim\limits_{n\to\infty}\varphi(t_n)=\varphi(t)$.

12. (1) 设 $A$ 是$[0,1]$中的不可测集. 作一族可测函数$\{f_\alpha:\alpha\in I\}$，使得$\sup\limits_{\alpha\in I}f_\alpha(x)=\chi_A(x)$.

(2) 注意对任意实数 $a$，$E\left(\sup\limits_{\alpha\in I}f_\alpha>a\right)=\bigcup\limits_{\alpha\in I}E(f_\alpha>a)$，利用 1.4 节例 5 的结论.

13. 设$\{r_n\}$是$[a,b]$中的有理数的全体. 证明对任意实数 $c$，有

$$E(g>c)=\bigcup_{n=1}^{\infty}\{x\in E: f(x,r_n)>c\}.$$

14. 用反证法证明 $E(f-g\neq 0)=\varnothing$.

15. 利用不等式 $\ln(1+x)\leqslant x\ (x\geqslant 0)$.

16. 注意

$$mE(|f_n-f|\geqslant\varepsilon)\leqslant\sum_{k=1}^{k_0}m(x\in E_k:|f_n(x)-f(x)|\geqslant\varepsilon)+\sum_{k=k_0+1}^{\infty}m(E_k).$$

17. (2) 利用 Riesz 定理.

18. (2) 注意若在 $E_\delta$ 上$\{f_n\}$一致收敛于 $f$，则对任意 $\varepsilon>0$，存在 $N>0$，使得当 $n\geqslant N$ 时，对一切 $x\in E_\delta$ 有 $|f_n(x)-f(x)|<\varepsilon$. 这表明 $E(|f_n-f|\geqslant\varepsilon)\subset E-E_\delta$.

19. 利用 Riesz 定理.

20. (4) 利用定理 3.12.

21. 利用定理 3.12.

22. 利用 Riesz 定理.

23. (2) 证明$\{x:\chi_{A_k}(x)\not\to 0\}=\overline{\lim\limits_{k\to\infty}}A_k$.

24. 利用测度的上连续性证明$\lim\limits_{n\to\infty}mE(|f|>n)=0$. 或利用 Lusin 定理.

25. 设 $F$ 是 $\mathbf{R}^1$ 中的闭集，$f$ 是 $F$ 上的连续函数. 设 $F^C=\bigcup\limits_i(a_i,b_i)$. 补充 $f(x)$ 在 $F^C$ 上的定义，使得延拓后的函数在 $F^C$ 的构成区间的各端点处连续.

26. 利用 Lusin 定理，可以得到 $\mathbf{R}^n$ 上的连续函数列$\{g_n\}$，使得在 $E$ 上$\{g_n\}$依测度收敛于 $f$. 再利用 Riesz 定理.

27. 由题设条件可以证明存在可测集 $F\subset E$，$m(E-F)=0$，并且 $f$ 在 $F$ 上可测.

28. 若 $g(x)$是$[0,1]$上的连续函数，则 $g(x)$ 在$[0,1]$上有界. 设$|g(x)|\leqslant M(0<x\leqslant 1)$. 则当 $0<x<M^{-1}$ 时，$f(x)\neq g(x)$.

30. 利用定理 3.16.

## B 类

1. 对每个自然数 $n$，令 $f_n(x)=a_n$. 则 $f(x)=\max\limits_{n\geqslant 1}f_n(x)$. 每个 $f_n$ 都是简单函数. 例如，$f_1(x)=\sum\limits_{k=0}^{\infty}k\chi_{E_k}(x)$，其中 $E_k=\left(\dfrac{k}{10},\dfrac{k+1}{10}\right](k=0,1,\cdots,9)$.

2. 易知对每个 $n$，有 $\lim\limits_{k\to\infty}mE(|f_n|>k)=0$. 因此存在 $k_n>0$，使得

$$mE(|f_n|>k_n)<\frac{1}{2^n}\quad(n\geqslant 1).$$

令 $a_n=\dfrac{1}{nk_n}(n\geqslant 1)$. 再令 $E_0=\bigcap\limits_{N=1}^{\infty}\bigcup\limits_{n=N}^{\infty}E(|f_n|>k_n)$. 证明 $m(E_0)=0$，并且当$x\in E-E_0$ 时，$a_nf_n(x)\to 0$.

3. 题设条件蕴涵 $f_n\xrightarrow{m}0$. 因此可以依次选取自然数 $n_1<n_2<\cdots<n_k<\cdots$，使得

$$mE\left(|f_{n_k}|\geqslant\frac{1}{k^2}\right)<\frac{1}{2^k}\quad(k\geqslant 1).$$

令 $E_0=\bigcap\limits_{N=1}^{\infty}\bigcup\limits_{k=N}^{\infty}E\left(|f_{n_k}|\geqslant\dfrac{1}{k^2}\right)$. 证明 $m(E_0)=0$,并且当 $x\in E-E_0$ 时 $\sum\limits_{k=1}^{\infty}|f_{n_k}|<\infty$. (参见 Riesz 定理的证明.)

4. 注意闭集是 $G_\delta$ 型集. 设 $F=\bigcap\limits_{k=1}^{\infty}G_k$，其中每个 $G_k$ 是开集，并且 $G_k\supset F$. 对 $F$ 和 $G_k^C$ 利用引理 3.3，得到 $\mathbf{R}^n$ 上的连续函数列$\{f_k\}$,使得当 $x\in F$ 时 $f_k(x)=1$，当 $x\in G_k^C$ 时 $f_k(x)=0$. 则$\lim\limits_{k\to\infty}f_k(x)=\chi_F(x)(x\in\mathbf{R}^n)$.

6. 至多除去一个零测度集 $E_0$ 外，$\lim\limits_{n\to\infty}f_n(x)$ 存在并且有限. 因为收敛数列是有界的，故

$$E-E_0=\bigcup_{k=1}^{\infty}\bigcap_{n=1}^{\infty}E(|f_n|\leqslant k).$$

易知$\lim\limits_{k\to\infty}m\left(\bigcap\limits_{n=1}^{\infty}E(|f_n|\leqslant k)\right)=m(E)$. 取 $k$ 足够大，再取 $A=\bigcap\limits_{n=1}^{\infty}E(|f_n|\leqslant k)$.

7. 根据定理 3.1，对任意 $B\in\mathscr{B}(\mathbf{R}^1)$，$g^{-1}(B)$ 是可测集. 根据可测集的逼近性质，存在 $F_\sigma$ 型集 $F$ 和零测度集 $A$，使得 $g^{-1}(B)=F\cup A$. 于是

$$(g\circ f)^{-1}(B)=f^{-1}(g^{-1}(B))=f^{-1}(F\cup A)=f^{-1}(F)\cup f^{-1}(A).$$

这表明$(g\circ f)^{-1}(B)$ 是可测集. 同样可以证明 $E(g\circ f=+\infty)$ 是可测集.

8. 沿用 3.1 节例 9 中的记号. 由于 $\psi(x)$ 是严格单调增加的连续函数，因而是可测的. 由于 $A$ 是零测度集 Cantor 集 $K$ 的子集，故 $A$ 是可测的. 但 $\psi^{-1}(A)=E$ 不是可测的.

# 习　题　4

## A　类

1. 题设条件表明$\sum_{i=1}^{n}\chi_{A_i}(x)\geqslant q(0\leqslant x\leqslant 1)$.

3. $\int_a^b |f|\,\mathrm{d}x=\int_{E(|f|\leqslant 2)}|f|\,\mathrm{d}x+\int_{E(|f|>2)}|f|\,\mathrm{d}x$. 分别估计等式右端的两个积分.

4. $\int_{\mathbf{R}^1}\left|\dfrac{f(x)}{x}\right|\mathrm{d}x=\int_{(-\delta,\delta)}\left|\dfrac{f(x)}{x}\right|\mathrm{d}x+\int_{\mathbf{R}^1-(-\delta,\delta)}\left|\dfrac{f(x)}{x}\right|\mathrm{d}x$，其中 $\delta$ 是适当选取的正数.

5. 先对特征函数 $\chi_A$ 证明. 利用习题 2，B 类第 2 题的结论.

6. 由于 $f(x)>0(x\in E)$，可证存在正整数 $k$，使得 $mE\left(f\geqslant\dfrac{1}{k}\right)>0$.

7. 利用第 6 题的结论证明 $mE(f\neq g)=0$.

8. 利用 Chebyshev 不等式.

9. 必要性：易知 $mE(|f|\geqslant n)\to 0(n\to\infty)$，利用积分的绝对连续性.

10. 注意 $n\cdot mE(|f|\geqslant n)\leqslant\int_{E(|f|\geqslant n)}|f|\,\mathrm{d}x$.

11. 考虑函数 $\varphi(t)=\int_{[a,t]\cap E}f\,\mathrm{d}x\,(a\leqslant t\leqslant b)$. 利用连续函数的介值定理.

12. 不妨设 $f$ 是处处有限的. 令 $A_n=E(n\leqslant|f|<n+1)(n\geqslant 1)$，则

$$\int_{A_n}n\,\mathrm{d}x\leqslant\int_{A_n}|f|\,\mathrm{d}x\leqslant\int_{A_n}(n+1)\,\mathrm{d}x.$$

13. 先证明 $f_n\leqslant f_{n+1}$ a.e. 设 $f_n\to g$ a.e. 对$\{f_n-f_1\}$利用单调收敛定理，可证对 $E$ 的每个可测子集 $A$，有$\int_A(f-f_1)\,\mathrm{d}x=\int_A(g-f_1)\,\mathrm{d}x$.

15. 证明$\sum_{n=1}^{\infty}\chi_{A_n}(x)$在 $E$ 上可积.

16. 令 $g(x)=\sum_{n=1}^{\infty}|f_n(x)|$，题设条件蕴含 $g\in L(E)$. 这蕴含级数$\sum_{n=1}^{\infty}f_n(x)$几乎处处收敛. 利用控制收敛定理.

17. 存在$\{f_n\}$的子列$\{f_{n_k}\}$使得$\lim_{k\to\infty}\int_E f_{n_k}\,\mathrm{d}x=\varliminf_{n\to\infty}\int_E f_n\,\mathrm{d}x$. 利用 Fatou 引理.

18. 注意到$|f-f_n|+f-f_n\leqslant 2f(n\geqslant 1)$. 对函数列$|f-f_n|+f-f$利用控制收敛定理，得到$\lim_{n\to\infty}\int_E|f-f_n|\,\mathrm{d}x=0$. 这蕴含要证明的结论.

19. 充分性：利用有界收敛定理. 必要性. 由于函数 $\varphi(t)=\dfrac{t}{1+t}\ (t>0)$ 是增函数，因此 $E(|f_n|\geqslant\varepsilon)\subset E\left(\dfrac{|f_n|}{1+|f_n|}\geqslant\dfrac{\varepsilon}{1+\varepsilon}\right)$.

20. 若对任意 $x\in(0,1]$ 有 $|f_n(x)|\leqslant|f(x)|(n\geqslant 1)$，则必须

$$f(x)\geqslant\sum_{n=1}^{\infty}n^2\chi_{\left(\frac{1}{n+1},\frac{1}{n}\right]}(x).$$

这导致 $f\notin L(0,1]$. 因此$\{f_n\}$没有可积的控制函数.

21. 只需证明当$\{t_n\}\subset(0,\infty)$ 并且 $t_n\to+\infty$ 时，有$\lim\limits_{n\to\infty}\int_E[f(x)]^{\frac{1}{t_n}}\mathrm{d}x=m(E)$. 分别在 $E(f\leqslant 1)$ 和 $E(f>1)$ 上利用积分的极限定理.

22. 利用有界收敛定理.

23. 证明 $f\in L[0,1]$.

24. 令 $S(x)=\sum\limits_{n=1}^{\infty}|f(a_nx)|(x\in\mathbf{R}^1)$. 利用第 5 题的结论，证明 $S(x)\in L(\mathbf{R}^1)$. 从而 $S(x)<\infty$ a.e. 这表明级数$\sum\limits_{n=1}^{\infty}|f(a_nx)|$几乎处处收敛.

25. 利用定理 4.14(1).

26. 令$A$是$f$的间断点的全体，则$m(A)=0$. 令$E=\{x\in[0,1]:\sqrt{x}\in A\}$. 则$f(\sqrt{x})$的间断点的全体包含于$E$. 根据习题 2，A 类第 3 题的结论，$m(E)=0$.

27. 注意 $f(x)=\mathrm{e}^{-x}$ a.e.，利用定理 4.15(1).

28. 当 $\alpha>1$ 时，$f\in L[1,\infty)$.

29. 证明 $f=g$ a.e.

31. 利用幂级数展开式得到

$$\frac{x^{p-1}}{1+x^q}=\sum_{n=0}^{\infty}(-1)^n x^{p+nq-1}=\sum_{n=0}^{\infty}(x^{p+2nq-1}-x^{p+(2n+1)q-1})\quad(0\leqslant x<1).$$

等式右端级数的每一项都是非负的，可以逐项积分.

32. $\int_0^{\infty}\frac{x^2}{\mathrm{e}^x-1}\mathrm{d}x=\sum\limits_{n=1}^{\infty}\frac{2}{n^3}$. 注意$\frac{x^2}{\mathrm{e}^x-1}=\frac{x^2}{\mathrm{e}^x}\frac{1}{1-\mathrm{e}^{-x}}=\sum\limits_{n=1}^{\infty}x^2\mathrm{e}^{-nx}\ (0<x<\infty)$.

33. 将函数$\frac{\arctan x}{x}$展开为幂级数，利用第 16 题的结论.

34. 设$|g|\leqslant M$. 利用 4.1 节例 2 的结论得到

$$|I(t_0+\Delta t)-I(t_0)|\leqslant M\int_{\mathbf{R}^1}|f(x+\Delta t)-f(x)|\mathrm{d}x.$$

再利用 4.5 节例 1 的结论.

35. $I=\int_0^{\infty}\mathrm{d}x\int_a^b x\mathrm{e}^{-x^2y}\mathrm{d}y$. 利用 Fubini 定理.

36. 令 $A=\{(x,y):0\leqslant x\leqslant 1,0\leqslant y\leqslant x\}$，则 $A$ 是 $\mathbf{R}^2$ 中的可测集. 于是 $\chi_A(x,y)$ 是 $\mathbf{R}^2$ 上的可测函数. 当$(x,y)\in[0,1]\times[0,1]$时，

$$\chi_{[0,x]}(y)=\chi_A(x,y)=\chi_{[y,1]}(x).$$

因此 $g(x,y)=\chi_{[0,x]}(y)$ 是 $\mathbf{R}^2$ 上的可测函数. 对函数 $f(x,y)\chi_{[0,x]}(y)$ 利用 Fubini 定理.

37. 注意 $g(x)=\int_0^a\frac{f(t)}{t}\chi_{[x,a]}(t)\mathrm{d}t$. 由于

$$\int_0^a |g(x)|\mathrm{d}x \leqslant \int_0^a \mathrm{d}x \int_0^a \left|\frac{f(t)}{t}\chi_{[x,a]}(t)\right|\mathrm{d}t$$
$$= \int_0^a \mathrm{d}t \int_0^a \frac{|f(t)|}{t}\chi_{[0,t]}(x)\mathrm{d}x = \int_0^a |f(t)|\mathrm{d}t < \infty.$$

因此 $g \in L[0,a]$. 而且上式的最后一个等式说明可以对函数 $\frac{f(t)}{t}\chi_{[0,t]}(x)$ 利用 Fubini 定理.

38. $\varphi(x) = \frac{1}{2h}\int_a^b f(t)\chi_{[x-h,x+h]}(t)\mathrm{d}t$. 注意到 $\chi_{[x-h,x+h]}(t) = \chi_{[t-h,t+h]}(x)$，利用 Fubini 定理.

39. $\varphi(t) = \int_E f(x)\chi_{E(g \geqslant t)}(x)\mathrm{d}x$. 注意到当 $t \geqslant 0$ 时 $\chi_{E(g \geqslant t)}(x) = \chi_{[0,g(x)]}(t)$，利用 Fubini 定理.

40. 利用定理 4.22 容易证明，若将 $f(x)$ 和 $g(y)$ 视为 $\mathbf{R}^p \times \mathbf{R}^q$ 上的函数. 则它们都是可测的. 利用 Fubini 定理

41. 设 $|f(x)| \leqslant K (x \in E)$. 则当 $t > K$ 时，$mE(|f| > t) = 0$. 利用 4.6 节例 5 的结论.

43. $\int_{\mathbf{R}^1} f d\mu_F = -\mathrm{e}^2 + 3\mathrm{e} - 2$.

44. 直接计算即知.

45. 定义函数 $f(n) = a_n$ $(n \in \mathbf{N})$. 则 $f$ 在 $(\mathbf{N}, \mathscr{P}(\mathbf{N}), \mu)$ 上可积. 令 $f_n = \sum_{i=1}^n a_i\chi_{\{i\}}$ $(n \geqslant 1)$. 利用控制收敛定理.

46. 设 $(\mathbf{N}, \mathscr{P}(\mathbf{N}), \mu)$ 是自然数集的计数测度空间. 定义函数 $f(m,n) = a_{mn}$ $((m,n) \in \mathbf{N} \times \mathbf{N})$ 利用 Fubini 定理.

## B 类

1. 若该下确界等于零，则对每个自然数 $n$，存在 $A_n \subset E$，使得 $m(A_n) \geqslant q$，并且 $\int_{A_n} f\mathrm{d}x < \frac{1}{2^n}$. 令 $A = \overline{\lim_{n\to\infty}} A_n = \bigcap_{k=1}^{\infty}\bigcup_{n=k}^{\infty} A_n$. 可证 $m(A) \geqslant q$，但 $\int_A f\mathrm{d}x = 0$. 这与 A 类第 6 题的结论矛盾.

2. 令 $E_n = E(|f| \geqslant n)$, $A_n = E(n \leqslant |f| < n+1)$. 则对任意自然数 $k$，有

$$\sum_{n=1}^{k} n\cdot m(A_n) = \sum_{n=1}^{k} n[m(E_n) - m(E_{n+1})] = \sum_{n=1}^{k} m(E_n) - k\cdot m(E_{k+1}). \tag{1}$$

若 $f \in L(E)$, 则 $k\cdot m(E_{k+1}) \leqslant k\cdot m(E_k) \to 0 (k \to \infty)$. 因此

$$\sum_{n=1}^{\infty} n\cdot m(A_n) = \sum_{n=1}^{\infty} m(E_n).$$

再利用 A 类第 12 题的结论，得到 $\sum_{n=1}^{\infty} m(E_n) < \infty$. 利用(1) 式容易得到反过来的结论.

3. 一方面，容易推出 $\int_E |f|\mathrm{d}x \leqslant m(E) + 2\sum_{n=0}^{\infty} 2^n\cdot mE(|f| \geqslant 2^n)$. 另一方面，

$$\sum_{n=0}^{\infty} 2^n \cdot mE(|f| \geqslant 2^n) \leqslant mE(|f| \geqslant 2) + 2\sum_{n=1}^{\infty} \sum_{k=2^{n-1}+1}^{2^n} mE(|f| \geqslant k)$$

$$= m(E) + 2\sum_{k=1}^{\infty} mE(|f| \geqslant k).$$

4. 利用 B 类第 2 题的结论.

5. 由题设条件和开集的构造定理，可以逐步推出对 $(0,1)$ 中的任意闭集 $F$，有 $\int_F f\,\mathrm{d}x = 0$. 若 $mE(f \neq 0) > 0$，不妨设 $mE(f > 0) > 0$. 利用定理 2.6 导出矛盾.

6. 先证明对任意开集 $G \subset \mathbf{R}^1$，有 $\int_G f\,\mathrm{d}x \geqslant 0$. 若 $G = \bigcap_{n=1}^{\infty} G_n$ 是 $G_\delta$ 型集，不妨设 $G_n \downarrow$. 利用控制收敛定理得到 $\int_G f\,\mathrm{d}x = \lim_{n\to\infty}\int_{G_n} f\,\mathrm{d}x \geqslant 0$. 进一步利用定理 2.6 可推出，对 $\mathbf{R}^1$ 中的任意可测集 $E$，有 $\int_E f\,\mathrm{d}x \geqslant 0$. 再推出 $f \geqslant 0$ a.e.

7. 令 $A = E(f = 1), B = E(f > 1), C = E(0 \leqslant f < 1)$. 只需证明 $m(B) = m(C) = 0$. 先用反证法证明 $m(B) = 0$. 于是 $\int_E f\,\mathrm{d}x = \int_A f\,\mathrm{d}x + \int_C f\,\mathrm{d}x = m(A) + \int_C f\,\mathrm{d}x$. 另一方面

$$\int_E f\,\mathrm{d}x = \int_E f^n\,\mathrm{d}x = \int_A f^n\,\mathrm{d}x + \int_C f^n\,\mathrm{d}x = m(A) + \int_C f^n\,\mathrm{d}x.$$

于是 $\int_C f\,\mathrm{d}x = \int_C f^n\,\mathrm{d}x \quad (n \geqslant 1)$. 这蕴涵 $\int_C f\,\mathrm{d}x = \lim_{n\to\infty}\int_C f^n\,\mathrm{d}x = 0$.

8. 令 $A = \{x \in [0,1]: x$ 是 $\chi_E$ 的不连续点$\}$. 证明 $A = \overline{E} - E^\circ$.

9. 根据定理 4.17，对任意 $\varepsilon > 0$，存在 $\mathbf{R}^1$ 上的连续函数 $g$，使得 $\int_{a-h}^{b+h} |f(x) - g(x)|\,\mathrm{d}x < \frac{\varepsilon}{3}$. 余下的过程参考 4.5 节例 1 的证明.

10. 先设 $f(x) = \chi_{(\alpha,\beta)}(x)$，其中 $(\alpha,\beta) \subset [a,b]$. 令 $K = \left[\frac{n(\beta-\alpha)}{\pi}\right]$，则

$$\int_a^b f(x)|\sin nx|\,\mathrm{d}x = \frac{1}{n}\int_{n\alpha}^{n\beta} |\sin x|\,\mathrm{d}x$$

$$= \frac{1}{n}\left(\sum_{k=1}^{K}\int_{n\alpha+(k-1)\pi}^{n\alpha+k\pi} |\sin x|\,\mathrm{d}x + \int_{n\alpha+k\pi}^{n\beta} |\sin x|\,\mathrm{d}x\right)$$

$$= \frac{1}{n}\left(\sum_{k=1}^{K}\int_0^{\pi} \sin x\,\mathrm{d}x + I\right) = \frac{2K+I}{n}.$$

其中 $I = \int_{n\alpha+(k+1)\pi}^{n\beta} |\sin x|\,\mathrm{d}x \leqslant \pi$. 由上式易知

$$\lim_{n\to\infty}\int_a^b f(x)|\sin nx|\,\mathrm{d}x = \frac{2(\beta-\alpha)}{\pi} = \frac{2}{\pi}\int_a^b f(x)\,\mathrm{d}x.$$

余下过程仿照 4.5 节例 2.

11. 令 $A = \{x \in \mathbf{R}^1 : f(x) > 0\}$. 若 $m(A) > 0$，不妨设 $m(A) < \infty$，则 $\chi_A \in L(\mathbf{R}^n)$.

于是存在 $\mathbf{R}^n$ 上具有紧支集的连续函数列$\{g_k\}$，使得$\lim\limits_{k\to\infty}\int_{R^n}|\chi_A - g_k|\mathrm{d}x = 0$. 不妨设 $g_k \to \chi_A$ a.e. 由定理 4.17 的证明过程可以看出，可以设$|g_k| \leqslant \sup\limits_{x\in\mathbf{R}^n}\chi_A(x) = 1$. 利用控制收敛定理得到$\int_A f\mathrm{d}x = 0$. 另一方面，应有$\int_A f\mathrm{d}x > 0$. 矛盾！类似可证 $me(f < 0) = 0$.

12. 因为 $\chi_{A\cap(A+h)}(x) = \chi_A(x)\chi_{A+h}(x) = \chi_A(x)\chi_A(x-h)$，我们有

$$
\begin{aligned}
|m(A\cap(h+A)) - m(A)| &\leqslant \int_{\mathbf{R}^1}|\chi_A(x)\chi_A(x-h) - \chi_A(x)|\mathrm{d}x \\
&\leqslant \int_{\mathbf{R}^1}|\chi_A(x-h) - \chi_A(x)|\mathrm{d}x.
\end{aligned}
$$

根据积分的平均连续性(4.5 节例 1)，当 $h \to 0$ 时，上式的右端趋于零.

13. 考虑函数 $f(x) = \dfrac{1}{x}(0 < x < \infty)$. 则 $A$ 就是 $y = f(x)$ 的图形 $G(f)$. 根据定理 4.23，$m(A) = m(G(f)) = 0$.

14. 对任意 $t\in\mathbf{R}^1$，由于$|\mathrm{e}^{-\mathrm{i}tx}f(x)| \leqslant |f(x)|$，因此 $\mathrm{e}^{-\mathrm{i}tx}f(x)\in L(\mathbf{R}^1)$，从而 $\hat{f}(t)$ 在 $\mathbf{R}^1$ 上处处有定义. 利用复值可测函数积分的控制收敛可以定理证明 $\hat{f}(t)$ 连续.

## 习　题　5

### A　类

2. 设 $E$ 是区间族$\{I_\alpha\}$的并集. 将每个区间 $I_\alpha$ 都用一族区间

$$
\left\{I_\alpha \cap \left(\frac{i-1}{k}, \frac{i}{k}\right] : i = 0, \pm 1, \pm 2, \cdots, k = 1, 2, \cdots\right\}
$$

代替，得到的新的区间族，不妨仍记为$\{I_\alpha\}$. 因此可以设$\{I_\alpha\}$是 $E$ 的 Vitali 覆盖. 利用 Vitali 覆盖定理和习题 2，A 类第 6 题的结论.

3. 在每个区间$[-k, k]$上利用定理 5.2，可以推出 $f$ 在 $\mathbf{R}^1$ 上几乎处处可导，并且 $\int_{-\infty}^{\infty} f'(x)\mathrm{d}x < \infty$.

4. 利用定理 5.2 和 Fatou 引理证明$\int_0^1 \varliminf\limits_{n\to\infty} f'_n(x)\mathrm{d}x = 0$.

5. $\mathop{\mathrm{V}}\limits_0^{2\pi}(f) = 4$. 注意 $f(x) = \sin x$ 在$[0, 2\pi]$上是分区间单调的.

8. 利用拉格朗日中值定理.

9. 利用第 8 题的结论.

10. 若 $\alpha > 0$，则 $\lim\limits_{x\to+0}\dfrac{|f(x) - f(0)|}{|x - 0|^\alpha} = +\infty$. 由此易知 $f$ 在$\left[0, \dfrac{1}{2}\right]$上不满足 $\alpha$ 阶的 Lipschitz 条件.

11. 先证若 $f$ 在$[0, a]$上是单调增加的，则 $F(x)$ 是单调增加的. 当 $f\in \mathrm{BV}[0, a]$时，$f$ 可以表示为两个单调增加函数之差.

13. 若 $x_0, x \in [a,b]$，则 $|f(x)-f(x_0)| \leqslant \left|\bigvee_a^x(f)-\bigvee_a^{x_0}(f)\right|$. 于是 $|f'(x)| \leqslant \left(\bigvee_a^x(f)\right)'$ a.e. 再利用定理 5.2.

14. 必要性：取 $\varphi(x)=\bigvee_a^x(f)$.

15. 用反证法. 注意到若将 $\{(a_i,b_i)\}_{i=1}^n$ 分为两组 $\{(a_{i'},b_{i'})\}$ 和 $\{(a_{i''},b_{i''})\}$，使得 $f(b_{i'})-f(a_{i'})\geqslant 0$，$f(b_{i''})-f(a_{i''})<0$. 则

$$\sum_{i=1}^n |f(b_i)-f(a_i)| = \left|\sum_{i=1}^n (f(b_{i'})-f(a_{i'}))\right| + \left|\sum_{i=1}^n (f(b_{i''})-f(a_{i''}))\right|.$$

17. (1) 设 $(a_i,b_i)_{i=1}^n$ 是 $[a,b]$ 中的互不相交的开区间. 令 $c_i=f(a_i)$，$d_i=f(b_i)$. 则 $(c_i,d_i)_{i=1}^n$ 是 $[c,d]$ 中的互不相交的开区间，并且

$$\sum_{i=1}^n |g(f(b_i))-g(f(a_i))| = \sum_{i=1}^n |g(d_i)-g(c_i)|.$$

18. 令 $c=\max\limits_{a\leqslant x\leqslant b}|f(x)|$. 容易证明当 $t_1,t_2\in[0,c]$ 时，有 $|t_1^p-t_2^p|\leqslant 2c^{p-1}|t_1-t_2|$. 由此易知 $g(u)=|u|^p$ 在 $[-c,c]$ 上满足 Lipschitz 条件. 利用第 17 题的结论.

19. 令 $F(x)=\int_a^x f(t)\mathrm{d}t\ (x\in[a,b])$，则 $F'(x)=f(x)$ a.e. 题设条件表明 $F(x)=0$ $(x\in[a,b])$.

20. 利用定理 5.2，易证对任意 $x\in[a,b]$ 有

$$f(x)-f(a)=\int_a^x f'(t)\mathrm{d}t \quad (x\in[a,b]).$$

根据定理 5.7，$f\in AC[a,b]$.

21. 利用 Newton-Leibniz 公式.

22. 容易算出 $f'(0)=0$，$f'(x)=\alpha x^{\alpha-1}\sin\dfrac{1}{x^\beta}-\beta x^{\alpha-\beta-1}\cos\dfrac{1}{x^\beta}\ (0<x\leqslant 1)$. 讨论 $f'(x)$ 在 $[0,1]$ 上的可积性可知，当 $\alpha>\beta$ 时 $f'\in L[0,1]$. 此时 $f\in AC[0,1]$. 当 $0<\alpha\leqslant\beta$ 时，$f'(x)\notin L[0,1]$. 此时 $f(x)\notin AC[0,1]$.

23. 利用 Newton - Leibniz 公式和控制收敛定理.

24. 根据定理 5.3，有 $f'(x)=\sum\limits_{n=1}^\infty f_n'(x)$ a.e. 由于 $f_n'\geqslant 0$ a.e.，故可以逐项积分. 逐项积分可以得到 $\int_a^x \sum\limits_{n=1}^\infty f_n'(t)\mathrm{d}t=f(x)-f(a)\ (x\in[a,b])$. 利用定理 5.7.

25. 利用分部积分公式.

## B 类

1. 若不然，则存在 $x_1,x_2\in[a,b]$，$x_1<x_2$，使得 $f(x_2)<f(x_1)$. 由题设条件知道 $f(b)\geqslant f(a)$，因此或者 $x_1\neq a$，或者 $x_2\neq b$. 不妨设 $x_1\neq a$. 则

$$\bigvee_a^b(f)\geqslant |f(x_1)-f(a)|+|f(x_2)-f(x_1)|+|f(b)-f(x_2)|.$$

再分 $f(x_1)\leqslant f(a)$，$f(x_1)\geqslant f(b)$ 和 $f(a)<f(x_1)<f(b)$ 三种情形讨论，导出矛盾.

2. 设 $\{x_i\}_{i=0}^{n}$ 是 $[a,b]$ 的任一分割. 若 $f(x_{i-1})$ 与 $f(x_i)$ 同号，则

$$|f(x_i)-f(x_{i-1})|=\big||f(x_i)|-|f(x_{i-1})|\big|.$$

若 $f(x_{i-1})$ 与 $f(x_i)$ 异号，则存在 $\xi_i\in(x_{i-1},x_i)$ 使得 $f(\xi_i)=0$. 此时

$$|f(x_i)-f(x_{i-1})|\leqslant\big||f(x_i)|-|f(\xi_i)|\big|+\big||f(\xi_i)|-|f(x_{i-1})|\big|.$$

3. 令 $F(x)=\int_a^x\chi_A(t)\mathrm{d}t\ \ (x\in[a,b])$，则 $F'(x)=\chi_A$ a.e. 由于

$$m(\{F'(x)=0\})=m([a,b]-A)>0,$$

存在 $x_0\in(a,b)$，使得 $F'(x_0)=0$. 于是存在 $h>0$，使得 $\dfrac{F(x_0+h)-F(x_0)}{h}<\varepsilon$. 取 $I=(x_0,x_0+h)$.

4. 不妨设 $E\subset(a,b)$. 对任意 $\varepsilon>0$，设 $\delta>0$ 是绝对连续函数定义中与 $\varepsilon$ 相应的正数. 由于 $m(E)=0$，对上述 $\delta>0$，存在开集 $G\supset E$，使得 $m(G)<\delta$(不妨设 $G\subset(a,b)$). 设 $G=\bigcup\limits_i(a_i,b_i)$. 由于 $f$ 连续，对每个 $i$，存在 $x_i,y_i\in[a_i,b_i]$，使得

$$f([a_i,b_i])=[f(x_i),f(y_i)].$$

由于

$$\sum_{i=1}^{n}|y_i-x_i|\leqslant\sum_{i=1}^{n}(b_i-a_i)=m(G)<\delta,$$

可以得到 $m(f(E))<\varepsilon$.

5. 取 $g(x)=\int_a^x f'(t)\mathrm{d}t\ \ (x\in[a,b]),h(x)=f(x)-g(x)$. 利用定理5.2可证 $h(x)$ 是单调增加的.

6. 易证充分性成立. 反过来，设 $f(x)$ 在 $[a,b]$ 上满足 Lipschitz 条件. 则容易证明 $f(x)$ 在 $[a,b]$ 上处处可导并且 $|f'(x)|\leqslant M$($M$ 为 Lipschitz 常数). 利用 Newton-Leibniz 公式.

7. 既然 $\sum\limits_{n=1}^{\infty}\int_a^b|f'_n(x)|dx<\infty$，利用 Newton-Leibniz 公式，我们有

$$\sum_{n=1}^{\infty}|f_n(x)-f(c)|=\sum_{n=1}^{\infty}\left|\int_c^x f'(t)dt\right|\leqslant\sum_{n=1}^{\infty}\int_a^b|f'_n(t)|dt<\infty\quad(a\leqslant x\leqslant b).$$

由此可知级数 $\sum\limits_{n=1}^{\infty}f_n(x)$ 在 $[a,b]$ 上处处收敛. 注意 $\sum\limits_{n=1}^{\infty}f'_n(x)$ 可以逐项积分. 逐项积分可以得到 $\int_a^x\sum\limits_{n=1}^{\infty}f'_n(t)\mathrm{d}t=f(x)-f(a)(x\in[a,b])$. 这蕴含结论(2)成立.

8. 利用 Newton-Leibniz 公式，容易得到 $\bigvee\limits_a^b(f)\leqslant\int_a^b|f'(x)|\mathrm{d}x$. 反过来，先证明若 $g$ 是阶梯函数，使得 $|g|\leqslant 1$，则 $\left|\int_a^b f'g\,\mathrm{d}x\right|\leqslant\bigvee\limits_a^b(f)$. 由定理4.18，存在一个阶梯函数列 $\{g_n\}$，使得 $\lim\limits_{n\to\infty}\int_a^b|g_n-\mathrm{sgn}f'|\mathrm{d}x=0$. 可以设 $|g_n|\leqslant|\mathrm{sgn}f'|=1(n\geqslant 1)$. 易知 $\{g_n\}$ 依

测度收敛于 $\mathrm{sgn}f'$，因此不妨设 $g_n \to \mathrm{sgn}f'$ a.e. 利用控制收敛定理.

9. 利用上一题的结论，有

$$|f(x)|=|f(x)-f(0)|\leqslant \bigvee_0^x(f)=\int_0^x|f'(t)|\mathrm{d}t\leqslant\int_0^1|f'(t)|\mathrm{d}t\quad(0\leqslant x\leqslant 1).$$

因此 $|f(x)f'(x)|\leqslant|f'(x)|\int_0^1|f'(t)|\mathrm{d}t$.

10. 容易知道若 $\bigvee_a^x(f)\in AC[a,b]$，则 $f\in AC[a,b]$. 反过来，利用B类第8题的结论.

## 习　题　6

### A　类

2. (1) 由于 $\frac{1}{p}+\frac{1}{q}=\frac{1}{r}$，故 $\left(\frac{p}{r}\right)^{-1}+\left(\frac{q}{r}\right)^{-1}=1$. 对指标 $\frac{p}{r}$ 和 $\frac{q}{r}$ 利用 Hölder 不等式.

(2) 令 $\frac{1}{s}=\frac{1}{q}+\frac{1}{r}$，则 $p,s>1$，$\frac{1}{p}+\frac{1}{s}=1$. 于是 $\|fgh\|_1\leqslant\|f\|_p\|gh\|_s$.

3. 把 $|f|^p$ 分解为 $|f|^p=|f|^{\lambda p}|f|^{(1-\lambda)p}$. 令 $p_1=\frac{r}{\lambda p}$，$q_1=\frac{s}{(1-\lambda)p}$，对指标 $p_1$ 和 $q_1$ 利用 Hölder 不等式.

4. 利用 Hölder 不等式.

5. 当 $p=1$ 时，显然. 当 $p>1$ 时，$fg=f^{1-\frac{1}{p}}(f^{\frac{1}{p}}g)$. 令 $q=\frac{p}{p-1}$，则 $\frac{1}{p}+\frac{1}{q}=1$. 利用 Hölder 不等式.

6. 利用 Hölder 不等式可证 $g(x)\leqslant\sqrt{x}\|f\|_2$.

7. 令 $p=\frac{p_2}{p_1}$，$q=\frac{p_2}{p_2-p_1}$，对函数 $\varphi=|f|^{p_1}$ 和 $\psi=1$ 利用 Hölder 不等式.

8. 注意 $1\leqslant\int_0^1 f^{\frac{1}{2}}g^{\frac{1}{2}}\mathrm{d}x$. 利用 Hölder 不等式.

9. 令 $p_1=\frac{1}{p}$，$q_1=\frac{1}{1-p}$，则 $\frac{1}{p_1}+\frac{1}{q_1}=1$. 对指标 $p_1$ 和 $q_1$ 利用 Hölder 不等式，得到

$$\int_E f^p\mathrm{d}x=\int_E(fg)^p g^{-p}\mathrm{d}x\leqslant\left(\int_E fg\,\mathrm{d}x\right)^p\left(\int_E g^{p/p-1}\mathrm{d}x\right)^{1-p}.$$

10. 对任意 $0\leqslant x\leqslant 1$，我们有

$$\int_0^1\frac{1}{\sqrt{|x-t|}}\mathrm{d}t=2(\sqrt{x}+\sqrt{1-x})\leqslant 2\sqrt{2}.$$

利用第5题的结论得到 $|g(x)|^p\leqslant(2\sqrt{2})^{p-1}\int_0^1\frac{|f(t)|^p}{\sqrt{|x-t|}}\mathrm{d}t$. 再利用 Fubini 定理.

11. 对 $f\chi_A+f\chi_{E-A}$ 利用 Minkowski 不等式.

12. 对指标$\frac{p}{2}$利用 Minkowski 不等式.

13. 注意$|f_n-f|^p\leqslant 2^p g^p(n\geqslant 1)$. 利用控制收敛定理.

14. (1) 利用单调收敛定理和 Minkowski 不等式，有

$$\left(\int_E\left(\sum_{n=1}^{\infty}|f_n|\right)^p \mathrm{d}x\right)^{1/p}=\lim_{n\to\infty}\left(\int_E\left(\sum_{i=1}^{n}|f_i|\right)^p \mathrm{d}x\right)^{1/p}$$
$$\leqslant\lim_{n\to\infty}\sum_{i=1}^{n}\|f_i\|_p=\sum_{i=1}^{\infty}\|f_i\|_p<\infty.$$

因此$\sum_{n=1}^{\infty}|f_n|\in L^p(E)$，从而$\sum_{n=1}^{\infty}|f_n|<\infty$ a.e.

15. 令$g_n=2^p(|f_n|^p+|f|^p)-|f_n-f|^p$. 对函数列$\{g_n\}$利用 Fatou 引理.

16. 由于$f_n\xrightarrow{L^p}f(n\to\infty)$，由 6.2 节例 3 知道有$f_n\xrightarrow{L^1}f$.

17. 证明$\sum_{n=1}^{\infty}\frac{1}{n^2}|f_n(x)|^2$可积. 从而$\sum_{n=1}^{\infty}\frac{1}{n^2}|f_n(x)|^2<\infty$ a.e.

18. 设$f\in L^\infty(E)$，则存在$E$的零测度子$E_0$和$M>0$，使得当$x\in E-E_0$时$|f(x)|\leqslant M$. 在$E-E_0$上利用推论 3.1.

19. 设$K>M$，令$A=E(|f|>K)$. 则对任意$p\geqslant 1$，有$\|f\|_p\geqslant K\cdot(m(A))^{1/p}$. 若$m(A)>0$，则$\lim_{p\to+\infty}(m(A))^{1/p}=1$. 这导致当$p_0$充分大时$\|f\|_{p_0}>M$. 这与题设条件矛盾.

20. 令$A=E(|f|>M)$. 若$m(A)>0$(不妨设$m(A)<\infty$)，令$g=\chi_A$，则$\|fg\|_2>M\|g\|_2$. 这与题设条件矛盾!

21. 若这两个不等式同时成立，则推出$\left(\int_0^\pi(\cos x-\sin x)^2\mathrm{d}x\right)^{1/2}\leqslant 1$. 但实际计算知道$\left(\int_0^\pi(\cos x-\sin x)^2\mathrm{d}x\right)^{1/2}=\sqrt{\pi}$. 矛盾!

22. 充分性：令$f=g$，由题设条件得到关于$f$成立 Parseval 等式. 由定理 6.14 知道$\{\varphi_n\}$是完全的. 必要性：利用内积的连续性.

23. 由于$m(E)<\infty$，对$E$的任意可测子集$A$，$g=\chi_A\in L^2(E)$. 利用上一题的结论.

24. 由 Fatou 引理推出$\int_E\varphi^2\mathrm{d}x\leqslant 1$. 因此$\varphi\in L^2(E)$. 利用定理 6.12 的结论(2) 得到

$$\int_E\varphi^2\mathrm{d}x=\lim_{n\to\infty}\int_E\varphi\varphi_n\mathrm{d}x=\lim_{n\to\infty}(\varphi,\varphi_n)=0.$$

25. 设$\int_0^\pi f(x)\sin nx\,\mathrm{d}x=0(n=1,2,\cdots)$. 将$f(x)$延拓为$[-\pi,\pi]$上的奇函数. 延拓后的函数记为$\widetilde{f}$. 则$\widetilde{f}$与$\{\varphi_n\}=\{1,\cos x,\sin x,\cos 2x,\sin 2x,\cdots\}$中的所有元都正交. 这蕴含在$[-\pi,\pi]$上$\widetilde{f}=0$ a.e.，从而在$[0,\pi]$上$f=0$ a.e.

## B 类

1. 将题中的上确界记为$\alpha$. 容易得到$\alpha\leqslant\|f\|_1$. 反过来，对任意$\varepsilon>0$，存在$\delta>0$使

得当 $m(E)<\delta$ 时，$\int_E |f|\mathrm{d}x<\varepsilon$. 根据 Lusin 定理，存在 $g\in C[a,b]$，使得

$$m(\{g\neq \operatorname{sgn}f)<\delta,$$

并且 $\sup\limits_{a\leqslant x\leqslant b}|g(x)|\leqslant \sup\limits_{a\leqslant x\leqslant b}|\operatorname{sgn}f(x)|=1$. 由此推出 $\|f\|_1<\alpha+2\varepsilon$.

2. 一方面，由于 $|f|\leqslant\|f\|_\infty$ a.e.，容易得到 $\overline{\lim\limits_{n\to\infty}}\dfrac{\|f\|_{n+1}^{n+1}}{\|f\|_n^n}\leqslant\|f\|_\infty$. 另一方面，对共轭指标 $\dfrac{n+1}{n}$ 和 $n+1$ 利用 Hölder 不等式，得到 $\|f\|_n^n\leqslant\|f\|_{n+1}^n(m(E))^{\frac{1}{n+1}}$. 结合定理 6.4 可以得到 $\underline{\lim\limits_{n\to\infty}}\dfrac{\|f\|_{n+1}^{n+1}}{\|f\|_n^n}\geqslant\|f\|_\infty$.

3. 设 $\varepsilon>0$ 是任意给定的正数.令 $E_n=E(|f_n|\geqslant\varepsilon)$. 则 $m(E_n)\to 0$. 利用 Hölder 不等式可以得到 $\int_0^1|f_n|\mathrm{d}x\leqslant(m(E_n))^{\frac{1}{2}}+\varepsilon$

4. 将题中的上确界记为 $a$. 容易得到 $a\leqslant\|f\|_p$. 反过来，选取适当的函数 $g$.

5. 将题中的上确界记为 $a$. 容易得到 $a\leqslant\|f\|_\infty$. 反过来，不妨设 $\|f\|_\infty=M>0$. 对任意 $\varepsilon>0$，令 $A=E(|f|>M-\varepsilon)$. 考虑函数 $g=m(A)^{-1}\chi_A\operatorname{sgn}f$.

6. 利用 4.6 节例 4 的结论. 一方面可以得到

$$\int_E|f|^p dx\leqslant pm(E)+2^{p-1}p\sum_{n=1}^{\infty}n^{p-1}mE(|f|\geqslant n).$$

另一方面可以得到

$$\sum_{n=1}^{\infty}n^{p-1}mE(|f|\geqslant n)\leqslant m(E)+\frac{2^{p-1}}{p}\int_E|f|^p\mathrm{d}x.$$

7. 利用定理 6.8，仿照 4.5 节例 1 的方法可以证明，

$$\lim_{t\to 0}\int_{\mathbf{R}^n}|f(x+t)-f(x)|^p\mathrm{d}x=0.$$

再利用 Hölder 不等式.

8. 利用定理 6.8，仿照 4.5 节例 1 的方法证明.

9. 利用定理 6.8 的结论(2)，可证对任意 $g\in L^q(\mathbf{R}^n)\left(\dfrac{1}{p}+\dfrac{1}{q}=1\right)$，有 $\int_{\mathbf{R}^n}fg\,\mathrm{d}x=0$. 再令 $g=|f|^{p-1}\operatorname{sgn}f$，得到 $\int_{\mathbf{R}^n}|f|^p\mathrm{d}x=0$.

10. 设 $f\in L^2(E)$，$(f,\psi_n)=0(n\geqslant 1)$. 则

$$(f,\varphi_n)=(f,\psi_n)+(f,\varphi_n-\psi_n)=(f,\varphi_n-\psi_n).$$

由于 $\{\varphi_n\}$ 是完全的，利用定理 6.14 和 Schwarz 不等式，有

$$\|f\|^2=\sum_{n=1}^{\infty}|(f,\varphi_n)|^2=\sum_{n=1}^{\infty}|(f,\varphi_n-\psi_n)|^2\leqslant\sum_{n=1}^{\infty}\|f\|^2\|\varphi_n-\psi_n\|^2.$$

11. 首先注意到若 $f\in L^2(E)$，并且 $\|f\|^2=\sum\limits_{k=1}^{\infty}|(f,\psi_k)|^2$，则

$$f=\sum_{k=1}^{\infty}(f,\psi_k)\psi_k.$$

对每个 $n$，由于 $\|\varphi_n\|^2=\sum\limits_{k=1}^{\infty}|(\varphi_n,\psi_k)|^2$，因此 $\varphi_n=\sum\limits_{k=1}^{\infty}(\varphi_n,\psi_k)\psi_k$. 由此推出 $\|f\|^2\leqslant\sum\limits_{n=1}^{\infty}|(f,\psi_k)|^2$. 根据 Bessel 不等式，反向不等式成立.

12. 证明对任意 $f\in L^2(A\times B)$，关于 $\{e_{ij}\}$ 成立 Parseval 等式.

# 参考文献


[1] Cohn D L. Measure Theory. Birkhauser, Boston, 1980.

[2] Hewitt E, Stromberg K. Real and Abstract Analysis. Berlin, Heideberg, New York , Springer-Verlag, 1978.

[3] Royden H L. Real Analysis. New York, Macmillan Publishing Company, 1988.

[4] Rudin W. Real and Complex Analysis. Third edition. New York, Mcgraw-Hill, 1986.

[5] 周民强. 实变函数论. 北京：北京大学出版社，2001.

[6] 夏道行，等. 实变函数与泛函分析. 北京：高等教育出版社，1987.

[7] 刘培德. 实变函数教程. 北京：科学出版社，2006.

[8] 胡适耕. 实变函数. 北京：高等教育出版社，施普林格出版社，1999.

[9] 侯友良. 实变函数基础. 武汉：武汉大学出版社，2002.